数据建模与计算案例

徐定华　韩德仁 等　著

科　学　出　版　社

北　京

内 容 简 介

本书围绕数据模型及计算主线, 按共性算法案例、数据工程领域中数据计算案例展开. 第 1 章 (概述篇) 概述了数据建模与计算的思想与方法, 提出了数据建模的多模型融合思想和数据计算的多算法集成策略, 让模型和算法点亮数据的光芒. 第 2 章到第 6 章 (共性算法篇) 例举了若干共性数据计算方法, 包括几何模型重建、图像处理中的优化算法、数值微分算法、主成分分析方法与改进、数据拟合的梯度型优化算法. 第 7 章到第 17 章 (数据建模与计算篇) 围绕统计生成性模型与数据机理模型融合、多算法集成创新主线, 例举了十一个数据工程领域数据建模与计算的案例, 涉及医学、金融、量化投资、图像处理、智能决策、音乐流派分类、疫情数据分析、功能服装设计、海洋数据分析等领域的数据分析及应用. 后记概括了本书的主要特点和核心内容, 强调了数据模型融合和算法集成是上策, 对未来进一步完善本书内容进行了展望.

本书的共性算法案例和数据工程领域的建模案例独立成章, 读者可以自由选择感兴趣的章节研读. 为便于读者阅读和学以致用, 本书封底提供了二维码, 可通过扫码方式获取案例的程序代码和彩图.

本书适合于数学类专业、统计类专业、数据科学与工程类专业及相近专业的本科生、研究生和教师使用, 也可供计算机科学与技术、信息与人工智能等相关领域的师生、研究人员和业界技术人员参考.

图书在版编目 (CIP) 数据

数据建模与计算案例/徐定华等著. —北京: 科学出版社, 2023.8
ISBN 978-7-03-074739-6

I. ①数⋯ II. ①徐⋯ III. ①数据模型–建立模型 IV. ①TP311.13

中国国家版本馆 CIP 数据核字(2023)第 007921 号

责任编辑: 李 欣 李香叶 / 责任校对: 彭珍珍
责任印制: 张 伟 / 封面设计: 无极书装

科 学 出 版 社 出版
北京东黄城根北街 16 号
邮政编码: 100717
http://www.sciencep.com

北京中石油彩色印刷有限责任公司 印刷
科学出版社发行 各地新华书店经销

*

2023 年 8 月第 一 版 开本: 720 × 1000 1/16
2024 年 1 月第二次印刷 印张: 20
字数: 400 000

定价: **98.00 元**
(如有印装质量问题, 我社负责调换)

作者名单

(按姓氏拼音排序)

陈发来　　崔学英　　樊思含　　韩德仁　　李　彬

李婷月　　李学志　　李雨真　　刘　单　　刘可伋

刘唐伟　　罗康洋　　潘茂东　　邱淑芳　　沈　益

王国强　　王泽文　　徐定华　　杨　琳　　杨俊元

游文杰　　张　衡　　张　文　　张晓明　　郑　伟

前言

让模型和算法点亮数据光芒

万物皆数. ——毕达哥拉斯 (Pythagoras), 古希腊数学家、哲学家

万物皆变. 描述事物发展与过程, 需要数学和统计学.

数据无处不在、无时不在, 数据多样性、复杂性催促着数学春天的到来! 链的前端技术由电子计算机软件工程专业解决, 末端应用属于各行各业的数据工程. 中间段是极其重要的数据计算与分析, 是数学与统计学的使命, 数学大有作为!

人工智能的基石在数学, 核心关键是算法. AI = 数据 + 模型 + 算法. 数智时代学数学很时髦, 数学思维、数学推理、建模与计算能力是核心竞争力.

为什么编写本书?

数智时代我国新工科教育、应用理科教育快速发展, 急需数据建模与计算方面的参考书, 来满足新工科、应用理科专业人才培养的需要. "数据科学与大数据技术" "数据计算及应用" "大数据管理与应用" 专业近几年先后经教育部批准设置. 目前缺乏数据建模与计算的教材和参考书.

编写出版本书的目的是为数智时代的大学生、研究生、教师和感兴趣的研究人员提供一本聚焦数据建模与计算案例的交叉学科用书. 数智时代数据科学与工程的特征呈现基础性、交叉性、信息化、集成性、应用性, 在编写过程中尽可能展现这些特征, 以激发读者思考数据计算、活学活用数学的思维与热情.

数智时代科技发展呈现多学科交叉融通、大数据深度应用、人工智能快速发展的崭新特征. 数学与统计学、数学与大数据、数学与人工智能诸多领域深度融合, 孕育新发现、新理论、新方法、新技术! 数学发展拥有新的动力源! 美国科学院国家研究理事会编著的《2025 年的数学科学》指出, 数学学科覆盖范围不断扩大, 两个主要驱动力是无处不在的计算建模, 很多企业产生的呈指数级增长的数据量. 互联网使这些海量数据能随时随地被利用, 以及放大了这两个驱动力的影响. 人工智能的迅速发展深刻改变着人类社会生活、改变世界, 但人工智能诸多领域的发展归根到底是数据驱动核心算法创新.

本书撰写特点有三:

一能满足新工科和应用理科专业人才培养、科学研究与产学研合作的需要. "数据科学与大数据技术" "数据计算及应用" "大数据管理与应用" 专业目前急需

数据建模与计算的教材和参考书.

二望促进新工科、应用理科专业的科学研究与产学研合作. 科研及产学研合作也希望借助本书案例获取新思路、新方法, 打破学科合作、校企合作之间的 "墙", 让数学、统计、数据科学、人工智能技术融合发展, 并让我们看到数学学科对整个科学、工程、企业乃至国家发挥更大作用.

三为数智时代提供成功的数据计算案例. 在大数据和人工智能快速发展时代, 通过数据建模和计算机模拟, 可以从应用领域里提出新模型, 获得新的计算结果, 以实现数据建模、数据分析、算法研制、软件编制、程序运行、分析、验证和结果的可视化. 坚持以数据模型及计算为主线, 将计算科学与工程领域中的数据建模、模型分析、数据计算、编程实现得以实现, 希望在数据模型的改进、数值算法的优化、计算结果的解释、数学结果的应用等方面, 引起读者的共鸣!

特别说明的是, 本书展开的数据建模与算法可以延拓到诸多应用领域, 期待读者或同行举一反三.

聚焦数据的多模型融合、多算法集成, 让学生拥有扎实的数理基础和实践能力, 并活学活用, 打通学生发展与行业需求之间的 "最后一公里".

在新时代, 活学活用数学和统计学、解决数据科学和人工智能领域的科技问题, 成为人才培养和科学研究、技术研发进步的关键.

让学生接受问题驱动的系统而深入的数据建模与计算学术训练, 能够基于相关领域知识建立或简化模型. 并根据所研究问题对计算精度的要求, 研制算法, 减少计算量, 提高计算效率, 使得数据模型在现有计算机条件下可计算.

数据模型与算法需要理论分析和算法分析, 包括对模型的适定性、解的性质、算法优劣与改进方向进行分析. 数据计算的核心包括算法设计思想 (idea)、算法构造 (content)、算法分析 (analysis)、数值模拟与数值实现 (realization) (简缩为 iCar). 需要强调的是算法分析往往成为算法创新的源动力, 算法分析方面的学术训练与否往往是区分理科生在算法创新方面是否优于工科生的重要标准, 这方面的算法创新能力是数据人才的核心竞争力.

在数智时代, 学会核心数学、统计学、数据建模、数据计算成为本科生、研究生和数据业界从业人员的时髦要求.

本书由国内高校二十余名作者共同撰写.

书中各章标注了作者姓名、单位、学术方向和通信信息, 便于学术联络和进一步研讨. 本书由我们两位承担统稿与编撰, 并组织专家进行审稿. 感谢各位作者的精心编写、仔细研磨; 感谢审稿专家的多次审读及对完善书稿的中肯建议.

本书得以出版, 要特别感谢相关学术机构、组织、项目和专家学者.

感谢教育部数学类专业教学指导委员会专家的指导和关心! 感谢新工科课题 (批准号: E-DSJ20201110) 的支持! 感谢该项目的所有参与的高校专家教授和年

轻老师们. 感谢国家自然科学基金项目对我们研究工作的资助 (批准号: 12371428, 11871435, 91534113, 11471287). 感谢浙江理工大学对本书出版的资助.

感谢科学出版社科学数理分社对本书高质量的编辑及为本书出版付出的辛勤劳动!

本书的共性算法案例和数据工程领域的建模案例独立成章, 读者可以自由选择感兴趣的章节研读. 为便于读者阅读和学以致用, 本书提供了二维码扫码方式以获取案例的程序代码, 供参考使用并期待完善更新.

由于作者水平所限, 书中难免有不妥之处, 欢迎读者批评指正.

徐定华

杭州, 浙江理工大学

韩德仁

北京, 北京航空航天大学

2022 年 10 月 18 日

目　　录

数据建模与计算篇

概　述　篇

第 1 章　数据建模与计算概述

徐定华 [①]

(浙江理工大学理学院, 浙江省杭州市, 310018)

> 宇宙之大, 粒子之微, 火箭之速, 化工之巧, 地球之变,
> 生物之谜, 日用之繁, 无处不用数学.
>
> ——华罗庚, 中国科学院院士、著名数学家

> 科学工作者必须具备的素养: 第一是数学, 第二是数学, 第三还是数学.
>
> ——伦琴, 德国物理学家、X 射线发现者、首届诺贝尔物理学奖获得者

> 应用数学发展与国家实力正相关; 模型、算法是核心.
>
> ——张平文, 中国科学院院士、北京大学教授

> 重视培养数据建模能力, 提高数据计算精度. 工科做不成的事情, 数学能做成.
>
> ——郑志明, 中国科学院院士、北京航空航天大学教授

> 模型 + 数据, 双轮驱动 AI. 数据不够模型补; 模型不精数据补; 机理启发与知识融入为上策.
>
> ——徐宗本, 中国科学院院士、西安交通大学教授

> 华为 5G 标准是源于十多年前土耳其 Arikan 教授的一篇数学论文; P30 手机的照相功能依
> 赖数学把微弱的信号还原; 如今华为终端每三个月换一代, 主要是数学家的贡献.
>
> ——任正非, 中国华为公司 CEO

1.1　数智时代的数据工程、人工智能与数据建模

我们步入了科技发展呈现多学科交叉融通、大数据深度应用、人工智能快速发展的崭新时代, 数据科技与数字经济快速发展.

从工业革命发展历程看, 当今处于 Industry 4.0 智能化时代, 称为数智化时代, 它远高于机械化时代 (Industry 1.0)、电气化时代 (Industry 2.0)、数字化时代 (Industry 3.0), 并以前所未有的速度迈进数智化时代 (Industry 5.0), 实现万物互联、智慧世界的愿景.

[①] 徐定华, 教授, 从事可计算建模与反问题数值算法、数据建模与统计计算研究; 电子邮箱: dhxu6708@zstu.edu.cn.

数据在数智化时代是比石油更宝贵的资源. 从数据中提取价值、获得智能, 是高科技、大学问. 数据链的中间段是极其重要的数据计算与分析, 数学大有作为!

在数据驱动人工智能的新时代, 人工智能的基石在数学, 核心关键是算法. "可是, 我们有多少数学家投身进去了?!" 2019 年 4 月, 上海市市长、中国工程院院士徐匡迪在上海市第 94 期院士沙龙 "人工智能助力城市安全" 专题活动上发问, 点中当前国内人工智能发展之要害 (被称为 "徐匡迪之问").

在数智时代, 以数启智、驱动 AI. AI 对几乎所有产业具有重要的影响力和推动作用, 特别是医疗行业、自动化行业、金融服务行业、零售业技术、通信和娱乐领域、AI＋制造业、AI＋能源、智能物流等领域. AI 的发展水平从弱人工智能 (人工化) 到强人工智能 (自动化), 再到超人工智能 (自主化), 每次飞跃都依靠模型与算法的创新.

数据建模与数据计算点亮了数据的光芒! 多学多用数学, 活学活用数学, 培养数据建模与计算能力, 并拥有逻辑思维、具体问题概念化素养, 这才是人最最美丽、最最灿烂的智慧和核心竞争力!

这正如 CSIAM 理事长、北京大学张平文院士所言: 要大力发展应用数学! 他断言: 应用数学的发展, 时刻伴随着对于追求简洁与美、追求科学意义以及追求社会和经济价值这几种不同价值观的平衡与综合.

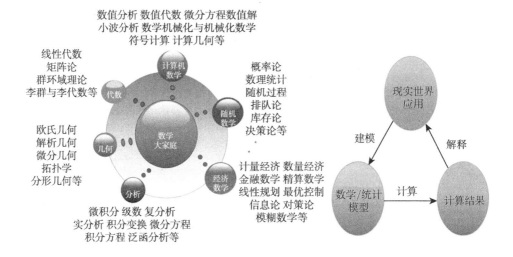

郑志明院士倡导数据建模能力培养, 打通 "数据感知、认知、决策" 全过程; 数据感知 "感而不全", 用的是线性统计方法, "颗粒度" 太大; 数据认知提高数据理解的精确性, 它融合数学方法和统计方法, 让 "颗粒度" 小下来; 提高数据计算的精度, 工科做不成的事情我们能做成.

1.2 数据建模与计算, 属于多学科交叉融合的新领域

数学、统计学、数据科学、人工智能交叉融合呈现新的发展趋势, 这是一个大应用数学迅猛发展的新时代!

一是数学与统计学、数学与大数据、数学与人工智能诸多领域深度融合, 孕育新发现、新理论、新方法、新技术! 根据应用领域未来的重要性与活跃程度, 有研究指出: 将数据科学、网络科学、量子信息与信息安全、不确定现象的数学方法、反问题、统计学、计算生物学、经济中的数学问题等热点专题列入了应用数学的重点研究领域.

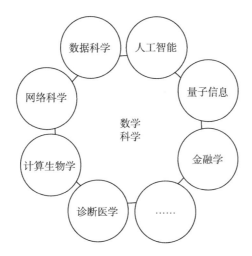

二是数学发展拥有新的动力源! 美国科学院国家研究理事会编著的《2025 年的数学科学》指出: 数学学科覆盖范围不断扩大, 两个主要驱动力是无处不在的计算建模、很多企业产生的呈指数级增长的数据量. 互联网使这些海量数据能随时随地被利用, 放大了这两个驱动力的影响.

三是人工智能的迅速发展深刻改变着人类社会生活、改变世界, 但人工智能诸多领域的发展归根到底是数据驱动核心算法创新! 在移动互联网、大数据、超级计算、传感网、脑科学等新理论、新技术以及经济社会发展强烈需求的共同驱动下, 人工智能迅速呈现出深度学习、跨界融合、人机协同等新特征. 国务院 2017 年 7 月印发的《新一代人工智能发展规划》明确指出: "推动人工智能与神经科学、认知科学、量子科学、心理学、数学、经济学、社会学等相关基础学科的交叉融合, 加强引领人工智能算法、模型发展的数学基础理论研究." 如何适应、引领新时代, 是每一个科学领域必须要面对的问题, 尤其给基础科学, 特别是数学带来了新机遇、新挑战.

数据链-学科专业链示意图

1.3　坚持数据建模的多模型融合思路

万物皆数, 万物皆变. 描述数量关系、几何关系及其变化过程的数学模型、数据模型是客观世界的近似表述.

传统的数学模型往往是基于机理 (Mechanism) 的模型; 传统的统计模型往往是基于数据的统计推断模型. 当今数据建模, 应坚持机理模型与统计生成性模型融合, 即基于机理和数据的混合建模.

基于机理的建模, 更多地表达因果关系, 如 CT 技术 (计算机断层扫描术) 中的积分方程模型、热传导方程模型、流体动力模型等. 由于涉及的物理背景往往具有各向异性、非均匀性、奇异性、高维、多尺度、不确定性等特征, 故常在合理简化假设下进行数学建模, 这种模型是物理过程或者变化的近似反映, 能够达到预设精算精度要求, 常称为可计算模型.

基于数据的建模, 更多地表达关联关系. 在大数据情况下, 数据后面的规律性并不能由物理规律表示出来, 往往以相关联方式呈现出来, 故需要先对数据进行建模及计算, 如数据拟合、数据分类、数据聚类、基于机器学习的参数识别模型等. 这种模型能够基于大数据、训练集获得解的信息, 在没有机理模型的前提下提升数据价值. 此所谓模型不清数据补.

模型不准数据补. 前期建立的机理模型不完善或者舍弃了相关影响因素的考虑, 此时的机理模型可能是个不适定、不精确的模型. 现实场景中的数据是具有价值的, 基于数据可获知模型参数信息或者解得部分信息, 实现解的全部信息重构.

数据不全模型补. 在数据工程与人工智能中, 数据往往不是大数据情形, 数据的获取往往代价大、成本高、危险性强, 数据的存储也要占用物理设备. 故少数据、稀疏数据的情况下, 如何利用机理模型描述解满足的方程和约束关系, 弥补数据不足、不全的缺陷, 同样达到揭示规律、提高计算精度的目标.

由此观之, 基于机理模型和数据统计生成性模型的融合模型, 是数据科学的常用建模方法. 其优势是揭示了事物发展的规律性机理, 又获取了数据有价值的补充, 依靠这种融合模型, 因果关系得以揭示出来, 可预测性大大提高、模型的效能大大提升.

1.4 坚持数据计算的多算法集成策略

数据计算是基于数据模型开展的, 基于机理模型, 或者数据统计生成性模型, 或者是两者融合模型.

大数据的复杂性和多样性, 既对数据建模带来了挑战, 又给数据计算带来了困难. 由此大数据分析成为与实验归纳、理论演绎、计算模拟并列的第四大研究范式.

小数据情形下数据建模计算, 也是数据计算重点解决的问题, 坚持机理模型和数据统计生成性模型的融合模型策略, 可以提高数据计算的精度.

因此, 数据计算应该是统计推断、机器学习、优化算法、参数反演、数值分析、微分方程数值算法的集大成者. 下面举一些数据计算方法及其应用例子, 说明数据计算方法涉及的分析、代数、方程、统计反演等众多理论基础与多算法集成特征.

• 矩阵的特征值与特征的向量理论与方法是 Google 著名 PageRank 算法、产品推荐软件 Netfix 的基础; 也是 PCA (主成分分析) 的基础.

• Hilbert 空间及其算子理论中的正交规范基常用于解的表示, 支持向量机方法正是基于基的线性表示得以实现.

• 积分与几何成就了 MRI (核磁共振成像) 和 PET (正电子发射计算机体层扫描术) 的实现.

• 社会网络日益丰富的数据量及日益增加的复杂性对数学与统计学建模, 既是机遇又是挑战.

• 随机图论可以用来了解大型复杂网络数据中的定性性质及属性.

• 传播和网络过程模型用来模拟金融市场的连续暴跌、流行病趋势, 据此制定防控策略.

• 数据采集能力惊人地增强, 产生了数以百万计的数据集: 激发了统计学方法的爆炸式发展, 特别是统计推断成为大家推崇的算法.

• 对高维数据, 解参数个数远大于数据量, 如图像、癌细胞基因表型, 催生了新的降维算法.

- 当解具稀疏结构, 稀疏回归——L_1 正则化、L_0 正则化、L_p 正则化理论与算法得到了迅猛的发展.

- 在压缩感知领域, 其原理是多稀疏或可压缩信号采用远比 Shannon-Nyquist 采样定理标准方式进行采样, 并实现稀疏或可压缩信号的精确重建. 如 MRI 技术中, 数据收集缓慢、数据量减少, 如何实现更快速、更高分辨率的动态图像 (视频)? 需要算法创新.

- Maxwell 和 Boltzmann 提出了将动力学理论用于描述稀薄气体的演变. 稀薄气体属于动力学系统, 其密度太小不足以称为流体, 其分散程度不足以称为粒子系统. 1980 年, Boltzmann 方程用于航天飞机通过上层大气时的动力学分析, 也用于描述半导体建模中的黏性颗粒、智能颗粒以及交通流量、人聚集和社会行为.

- 针对气候预测中的不确定性量化 (Uncertainty Quantilification), 大多情形下均将基于偏微分方程的确定性模型、描述不确定性的统计学模型结合起来.

- 密码学: 军事、经济、地理、人口数据属于国家机密. 美国安全部遴选了 7 个优先投资的科技领域, 以维护国家安全: 数据决策、工程化弹性系统、网络科学与技术、电子作战/电子保护、反击大规模杀伤性武器、自主系统、人类系统.

- 根据应用领域未来的重要性与活跃程度, 我国在应用数学领域中设置了九大研究专题: 数据科学、网络科学、量子信息与信息安全、不确定现象的数学方法、反问题、统计学、计算生物学、大规模科学计算、经济中的数学问题.

2012 年 3 月白宫科学技术政策办公室 “大数据研究和发展计划” 开幕式上, 办公室主任 John Holdren 指出: “数据本身不能创造价值. 真正重要的是我们能够从数据中获得新见解, 从数据中获得关系, 通过数据进行准确的预测. 我们的能力就是从数据中获得知识, 并采取行动.”

《数据建模与计算案例》旨在剖析数据工程与人工智能相关背景与数据预处理的基础上, 坚持数据建模 (多模型结合)—算法研制 (多算法集成), 着力提高建模与计算能力, 并在算法实施与编程、结果解释、模型与算法改进中实现 “打通一公里” 目标.

1.5　坚持数据思维、数据建模与计算综合训练

在数智时代, 活学数学、活用数学成为时髦! 知悉数学源流, 多学多用数学, 活学活用数学, 学好核心数学、随机数学、数据建模、数值模拟!

我们倡导研究性学习, 方能驾驭数据建模与计算. 我们的长期实践沉淀了研究性 BIMM 学习方法, 即 “融合背景 (Background Integration)、剖析思想 (Idea Interpretation)、多维表达 (Multidimensional Description)、多层训练 (Multilevel Training)”.

一是要掌握问题驱动的数据建模的学术训练, 活学活用数学是人才培养质量提升的必由之路. 开展 Modelling (建模及分析)—Algorithms (算法设计、算法分析)—Programming (程序与模拟) 综合训练. 基于相关领域知识建立或简化模型, 并根据所研究问题对计算精度的要求, 研制算法, 减少计算量, 提高计算效率, 使得模型在现有计算机条件下可计算. 主动探寻并善于抓住数学问题中的背景和本质, 能用准确、简明、规范的数学语言表达数学思想, 能以 "数学方式" 进行理性思维, 从多角度探寻解决问题的道路.

二是学会数据计算. 计算的核心内容包括算法设计思想 (Idea)、算法构造 (Content)、算法分析 (Analysis)、数值模拟与数值实现 (Realization) (简缩为 iCar), 这方面的学术训练属于算法设计与分析, 要求高于传统工科算法教育. 坚持算法研究 iCar 策略, 让大家不仅能够创新新算法, 而且具备算法分析、编程实现的能力. 算法 iCar 训练需要坚持循序渐进策略, 以实现上述目标.

三是反演方法成为新时代数据建模、人工智能 "调参" 的关键技术. 在数智时代, 反问题的理论成果和算法创新扮演着重要的、不可替代的作用, 成为应用数学与计算数学的重要领域, 也成为工程技术中识别、控制、设计问题得以完美解决的核心技术! 数据建模使问题变得简单.

这些思维、习惯、能力、素养的培养, 需要扎实的核心数学与统计学的基础, 也需要问题驱动的其他学科知识, 更需要建模与计算的长期深入的训练与积累. 培养数据思维、数据建模与计算能力, 需要从大学期间的第一门数学课程开始, 并在每门课的学习中不断强化、循序渐进、持续提升.

比如数学分析课程中讲授导数的经典内容时, 还要引导学生思考基于数据的函数拟合及其导数, 启发学生理解导数不存在的点在应用上是奇异点, 这在高科技中往往成为核心技术, 进而激发学生的数据思维养成、数据建模能力的提升. 再如高等代数课程中, 讲授线性代数方程组时联系医学诊断上的 CT 计算、讲授矩阵的特征值与特征向量时融入信号处理中的数据降维与主成分分析 (PCA), 让学生学以致用、学有所获. 在 "常微分方程" 和 "偏微分方程" 课程中介绍基于数据的微分方程建模、参数识别、预测与控制, 让学生活学活用数学与统计学, 掌握数据建模与计算方法.

为便于相关内容的学习与研究, 在此列举几本相关参考文献:

(1)《大数据建模方法》, 高等教育出版社, 2019 年, 张平文、戴文渊等著, 全书 238 页. 该书介绍了大数据概念、可计算建模、大数据建模思路与建模步骤、大数据平台和六个大数据建模的案例.

(2)《数据建模经典教程》, 人民邮电出版社 (中文版), 2017 年, Steve Hoberman 著, 全书 206 页. 该书介绍了数据建模要素、概念与逻辑数据模型、物理数据模型、数据模型质量、数据模型进阶. 没有数据建模实例、算法设计内容.

(3)《数据科学导论》, 高等教育出版社, 2017 年, 欧高炎、朱占星、董彬、鄂维南著, 全书 396 页. 该书介绍了数据预处理、回归模型、分类模型、聚类模型、降维方法、特征选择方法、EM 算法、深度学习、分布式计算等内容.

(4)《机器学习案例实战》, 人民邮电出版社, 2019 年, 赵卫东著, 全书 283 页. 该书介绍了利用机器学习理论和方法开展的十六个案例, 包括信用风险、贷款违约、保险风险、银行客户流失、股票预测、产品推荐、图片风格转化、人脸老化预测、出租车轨迹数据分析、城市声音分类等. 总体上属于软件应用层面的内容, 而没有涉及数学和统计学建模和算法内容.

(5)《数据分析与建模方法》, 国防工业出版社, 2013 年, 金光著, 全书 275 页. 该书介绍了数据分析常用方法, 包括点估计与区间估计、回归分析、状态估计、贝叶斯方法、特征提取、学习算法等. 内容聚焦统计建模与机器学习算法.

共性算法篇

第 2 章 基于径向基函数隐式表示的几何模型重建

陈发来ᵃ 潘茂东b①②③

(a. 中国科学技术大学数学学院, 安徽合肥, 230026;

b. 南京航空航天大学数学学院, 江苏南京, 211106)

随着三维扫描技术的不断发展, 几何模型 (建筑、文物、室内场景、工业产品等) 的三维数据获取越来越方便. 如何从获取的三维数据重建三维几何模型在虚拟现实、工业设计、文物修复与保护等广泛领域都有重要应用. 本案例基于径向基隐函数表示探讨三维模型重建的有效方法. 对于较准确的数据, 我们将问题建模为数据插值问题. 为保证求解问题的适定性, 我们通过增加辅助插值信息将问题转化为一个线性方程组求解. 对于带噪声的数据, 我们将问题建模为一个数据拟合问题, 并通过增加正则项来保证问题的适定性. 该问题转化为利用共轭梯度法求解一个二次优化问题. 最后案例给出了若干三维数据重建的例子.

该案例适用于数学类专业和计算机科学领域本科生、研究生的课程教学与专题研究, 也适用于新工科专业和交叉学科研究生开展科研训练.

2.1 背景与问题

随着三维数据采集技术, 如核磁共振成像、三维激光扫描、超声波、计算机断层扫描等的快速发展, 复杂三维物体的高精度数字化得以实现. 以三维激光扫描技术为例, 该技术采用非接触式高速激光测量方式, 来获取复杂物体表面密集点云的空间三维坐标 (如图 2.1 所示). 利用该技术, 我们可以构建几何模型的数字化表示, 例如谷歌地图中的建筑物体、数字化的文物等, 也可以获取工业产品 (如汽车、家电等) 的数字化模型, 从而减少产品设计周期.

---

① 本案例的知识产权归属作者及所在单位所有.

② 本案例受国家自然科学基金 (编号: 61972368、12101308) 及江苏省自然科学基金 (编号: BK20210268) 资助.

③ 作者简介: 陈发来, 教授, 研究方向为计算机辅助几何设计、计算机图形学、应用逼近论; 电子邮箱: chenfl@ustc.edu.cn. 潘茂东, 副教授, 研究方向为计算机辅助几何设计、等几何分析; 电子邮箱: maodong@nuaa.edu.cn.

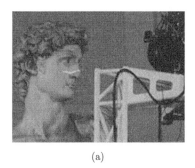
(a)

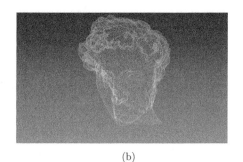
(b)

图 2.1　三维扫描

但实际应用中, 我们需要几何模型的连续与光滑表示, 而三维扫描设备获取的是离散的点云, 并且由于技术限制, 获得的点云可能存在数据缺失以及数据噪声. 因此, 如何将给定的点云数据正确、高效地恢复几何模型的连续表示就是一个重要的研究课题. 图 2.2 给出了一个点云重建光滑曲面的例子.

(a)

(b)

图 2.2　点云重建

2.2　几何模型的表示

点云重建是将离散的点集转化为连续的几何表示问题. 几何模型的连续表示主要有三种表示形式: 网格表示、参数表示与隐式表示. 网格表示就是将模型表示为一个多面体的表面, 它本质上是对几何模型的分片线性逼近. 多面体模型由点、线、面等基本元素构成. 多面体的顶点通过直线段 (边) 连接, 而面由封闭的平面多边形构成. 若干面合成起来构成了多面体的表面. 一个复杂的三维几何模型可以通过多面体模型近似表示, 也称为网格模型. 较常见的网格模型包括三角网格模型与四边形网格模型等. 图 2.3 给出了若干网格模型的例子.

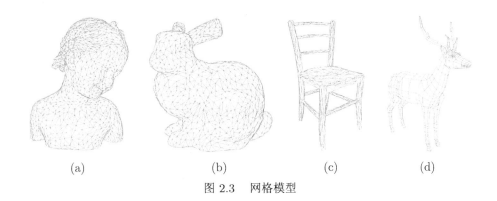

(a)   (b)   (c)   (d)

图 2.3   网格模型

    多面体表示简洁明了, 并且可以表示任意拓扑的几何模型. 但多面体表示一般来说面数、顶点数等数据量很大, 通常要用几万、几十万、几百万甚至更多面数的网格模型来表示一个实物模型. 并且由于多面体模型是对实际模型的线性逼近, 整体只有零阶光滑性, 因此不适合表示汽车、飞机等各种工业产品. 在计算机辅助设计 (Computer Aided Design, CAD) 领域, 通常利用参数方程来表示几何模型. 一个参数曲面的方程一般可以表示为

$$x = x(u,v), \quad y = y(u,v), \quad z = z(u,v),$$

这里 $x(u,v), y(u,v), z(u,v)$ 是关于参数 u,v 的光滑函数. 典型的表示形式有 Bézier 表示与 B 样条表示. 但表示一个复杂的模型, 通常需要成千上万的 Bézier 或样条曲面片光滑地拼接起来, 这通常是十分困难的. 图 2.4 展示了用样条曲面构造的几何模型的例子.

图 2.4   样条曲面表示的模型

    隐式表示是另一种常见的光滑曲面表示形式. 所谓隐式表示就是用一个隐式函数来表示曲线与曲面. 方程

$$f(x,y,z) = 0 \tag{2.1}$$

表示一个隐式曲面. 例如, $x^2 + y^2 + z^2 - 1 = 0$ 表示单位球面.

　　隐式曲面可以看成三元函数 $w = f(x, y, z)$ 的等值面. 图 2.5 绘出了三元函数 $w = e^{-(x-1)^2-y^2-z^2} + e^{-(x+1)^2-y^2-z^2}$ 的两个等值面, 也就是隐式曲面.

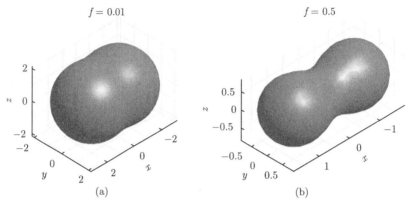

图 2.5　隐式曲面作为函数的等值面

　　相比于参数表示, 隐式表示可以表示任意拓扑结构的几何模型, 但其形状不容易控制. 为了较好地控制隐式曲面的形状, 隐函数 f 通常表示成一组基函数的线性组合

$$f(X) = \sum_{i=1}^{n} f_i \phi_i(X), \tag{2.2}$$

其中 $X = (x, y, z)$, $\phi_i(X)$ 是一组基函数. 基函数 ϕ 应具有较好的性质, 如非负性、局部支撑等. 一种常见的隐式表示形式是取 ϕ_i 为所谓的径向基函数 (Radial Basis Function, RBF), 此时隐式表示形式为

$$f(X) := \sum_{i=1}^{n} f_i \phi(\|X - C_i\|) = 0, \tag{2.3}$$

其中 $C_i \in \mathbb{R}^3$ 表示三维空间中的点, $\| \cdot \|$ 是向量的范数.

　　函数 ϕ 有不同的取法, 比如 $\phi(r) = r^3$, $\phi(r) = 1/r^2 + h^2$, $\phi(r) = e^{-r^2}$ 等. 为计算方便, 且保证 ϕ 具有有界支集, 常用分片多项式函数替代高斯函数

$$\phi(r) = \begin{cases} (r^2/R^2 - 1)^2(9 - 4r^2/R^2)/9, & r \leqslant R, \\ 0, & r \geqslant R. \end{cases}$$

其图形如图 2.6 所示.

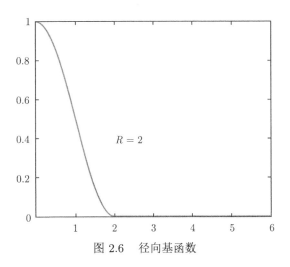

图 2.6 径向基函数

2.3 数学模型与求解

根据三种曲面表示的优劣, 隐式曲面是点云数据重建的比较好的表示形式, 因为它可以表示复杂拓扑与几何细节的模型. 用隐式表示重建点云模型的数学问题如下:

假设我们已获得几何模型的三维空间点云数据集 $\{X_i\}_{i=1}^N$, 这里 $X_i = (x_i, y_i, z_i)$, $i = 1, 2, \cdots, N$. 我们的目标是构造隐式函数 (2.3) 使得

$$f(X_i) = 0, \qquad i = 1, 2, \cdots, N. \tag{2.4}$$

显然, 该问题有平凡解 $f(X) \equiv 0$. 其主要原因是, 隐式函数 $f(X)$ 是 x, y, z 的三元函数, 它只在模型的边界插值, 而在模型的内部 $f(X) < 0$ 及外部 $f(X) > 0$ 都没有插值信息. 为避免该情况发生, 我们要求 $f(X)$ 还有插值模型的一些内部点与外部点. 为此, 我们均选取一些点云数据 $\{X_i\}_{i \in I}$, 其中 I 是指标集合: $I \subset \{1, 2, \cdots, N\}$, 估计在这些点 X_i 处曲面的单位法向 $\mathbf{n}_i$ (关于法向估计我们后面再介绍), 再沿 $\mathbf{n}_i$ 分别向曲面内外移动一个比较小的距离 d_i 得到点 X_i^+, X_i^-, 并设置额外的插值条件:

$$f(X_i^+) = d_i, \quad f(X_i^-) = -d_i, \qquad i \in I,$$

这样隐式曲面重建问题转化为一个一般的插值问题: 求隐函数 (2.3) 满足

$$f(X_i) = h_i, \quad i = 1, 2, \cdots, N', \tag{2.5}$$

这里 $N' = N + 2|I|$, $\{X_i\}_{i=1}^{N'}$ 既包含原始点云数据 $\{X_i\}_{i=1}^{N}$, 又包含新增插值点集 $\{X_i^+, X_i^-\}_{i \in I}$. 同时 $h_i = 0, i = 1, 2, \cdots, N, h_i = \pm d_i, i = N + 1, \cdots, N'$.

将表达式 (2.3) 代入 (2.5) 得

$$\sum_{j=1}^{n} f_j \phi(\|X_i - C_j\|) = h_i, \quad i = 1, 2, \cdots, N'. \tag{2.6}$$

为保证上述插值问题解的存在与唯一性, 我们在表达式 (2.3) 中, 取 $C_j = X_j$, $n = N'$. 这时, 方程 (2.6) 是一个关于 $f_i, i = 1, 2, \cdots, N'$ 的线性方程组. 求解该线性方程组即可得到隐式函数的表达式 (2.3). 图 2.7 显示了点云模型及新增的点云 (模型外部的用红色表示, 内部的用蓝色表示), 以及相应的重建模型.

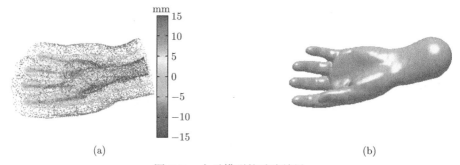

图 2.7　人手模型的重建结果

接下来我们简单说明一下如何根据给定点云估计模型的法向信息. 设 X_i 是点云中的一个点, 用 N_i 表示一个中心为 X_i, 半径为 $\delta > 0$ 的球, 称为 X_i 的 δ 邻域. 对 N_i 中的点云数据做最小二乘拟合, 即求平面 $p(X) = p_0 + p_1 x + p_2 y + p_3 z = 0$ 使得

$$\min_{p_i} \sum_{X_j \in N_i} (p(X_j))^2,$$

上述问题转化为求 p_0, p_1, p_2, p_3 的线性方程组. 求解方程组即得拟合平面 $p(X)$, 将该平面的单位法向作为 X_i 处的法向即可. 当然这里有一个如何定向法向使得其保持一致的问题.

用径向基函数重建几何模型对光滑且凹凸的模型比较合适, 但对于平面这种简单的模型反而重建效果不太好. 这主要是由径向基函数的表示形式决定的. 为了能够重建平面模型, 可以在径向基函数表示 (2.3) 中增加一个一次多项式项:

$$f(X) = \sum_{i=1}^{N'} f_i \phi(\|X - X_i\|) + p(X), \tag{2.7}$$

其中 $p(X) = p_0 + p_1 x + p_2 y + p_3 z$ 为一个一次多项式. 我们要求, 当点云采自函数 $p(x)$ 时, 重建的函数 $f(X) = p(X)$. 这相当于要求

$$\sum_{i=1}^{N'} f_i = \sum_{i=1}^{N'} x_i f_i = \sum_{i=1}^{N'} y_i f_i = \sum_{i=1}^{N'} z_i f_i = 0. \tag{2.8}$$

这个时候我们称插值具有一阶代数精度.

一般地, 为保证插值具有 k 阶代数精度, 可以取 $p(X)$ 为任意一个次数不超过 k 次的多项式, 并且满足

$$\sum_{i=1}^{N'} f_i p(X_i) = 0 \tag{2.9}$$

对所有次数不超过 k 次的多项式 $p(X)$ 成立.

设多项式 $p(X)$ 的系数为 p_{ij}, $0 \leqslant i + j \leqslant k$, 将表达式 (2.7) 代入插值条件 (2.5), 并联合 (2.9) 得关于 f_i, $i = 1, 2, \cdots, N'$ 及 p_{ij}, $i + j \leqslant k$ 的线性方程组. 可以证明解该线性方程组存在唯一, 由此求得插值给定点云数据 $\{X_i\}_{i=1}^{N}$ 的隐式曲面. 图 2.8 的第一行是给定的点云模型, 第二行显示了相应的隐式重建曲面.

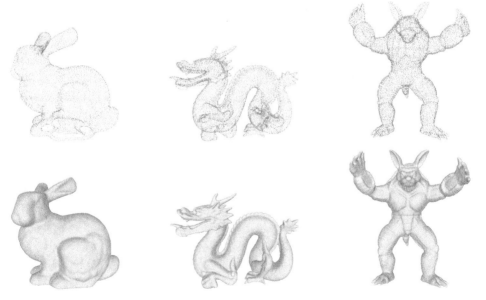

图 2.8　隐式曲面重建实例

2.4　模型的修正及求解

在 2.3 节的插值模型中, 我们都假设获取的点云数据质量高, 即误差很小. 但实际获取的点云数据可能存在一定的误差. 这时候用插值模型就不太合适. 此外, 有些扫描设备不仅可以获取几何模型表面的点的位置信息还可以同时获取该点的法向信息. 或者如 2.3 节所述, 即使没有获取曲面法向信息, 还可以估计出法向信息. 这时候用拟合的方法更合适.

设 $\{\mathbf{P}_i = (x_i, y_i, z_i)\}_{i=1}^{N}$ 是曲面上的点集, 其对应的单位法向集合为 $\{\mathbf{n}_i\}_{i=1}^{N}$. 由于实际测量中存在误差, 因此我们可以重新构建如下模型:

$$\min \sum_{i=1}^{N} f(x_i, y_i, z_i)^2 + \lambda \sum_{i=1}^{N} (\nabla f - \mathbf{n}_i)^2 + \mu R(f), \tag{2.10}$$

其中 $\nabla f = (f_x, f_y, f_z)$ 表示 f 在点 (x, y, z) 的法向, $\lambda > 0$ 是一个参数, 用于平衡上述两项误差:

$$R(f) := \iiint\limits_{\mathbb{R}^5} \left(f_{xx}^2 + f_{yy}^2 + f_{zz}^2 + 2f_{xy}^2 + 2f_{xz}^2 + 2f_{yz}^2 \right) dxdydz \tag{2.11}$$

是关于函数 f 的正则项, 其目的是保持函数 f 在模型内外的整体光顺性 (即不要出现多余的凹凸起伏), 同时也是保证曲面 $f = 0$ 不要产生除模型表面外其他的额外分支. 实际上, 如果不对 f 在边界之外的部分做一些约束, 曲面很容易产生一些多余的分支. 参数 μ 用来控制 f 光顺的程度. 由于模型 (2.10) 的第二项与第三项存在, 这个时候我们不需要加额外的插值点. 将

$$f(X) = \sum_{i=1}^{N} \phi(\|X - X_i\|) + p_0 + p_1 x + p_2 y + p_3 z \tag{2.12}$$

代入 (2.10)得到关于 f_i, $i = 1, 2, \cdots, N$ 及 p_0, p_1, p_2, p_3 的二次函数:

$$\frac{1}{2}\mathbf{x}^{\mathrm{T}} A \mathbf{x} + \mathbf{b}^{\mathrm{T}}\mathbf{x} + \mathbf{c}, \tag{2.13}$$

这里 $\mathbf{x} = (f_1, f_2, \cdots, f_N, p_0, p_1, p_2, p_3)^{\mathrm{T}}$. 用共轭梯度法即可求出上述问题的解.

相比于 2.4 节的模型, 模型 (2.10) 的优势是可以处理带有噪声的点云数据. 图 2.9 给出了一些重建噪声 (或缺失) 点云数据的例子.

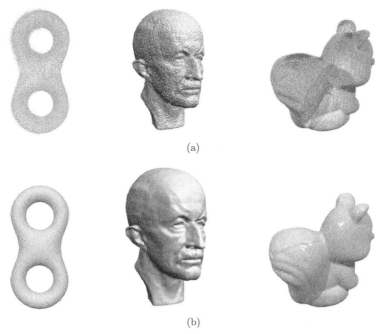

(a)

(b)

图 2.9　带有噪声的点云隐式曲面重建实例

2.5　结果与讨论

前两节我们给出了基于径向基函数隐式曲面点云重建的方法. 关于这两个方法有一些问题可以进一步完善.

首先, 我们提出的重建算法需要求解一个大型的线性方程组, 或者求解一个大规模二次优化问题. 问题的规模 (变量个数) 大致与点云数据个数 N 相当. 由于我们采取的径向基函数具有局部支撑性质, 线性方程组的系数矩阵是稀疏的. 因而, 当 N 不超过几万甚至几十万时, 该问题还是可以在较短的时间如几分钟或几十分钟内求解. 但当点云数据 N 是数百万、上千万甚至上亿时, 求解时间大幅提升, 同时内存量也大大增加. 这个时候如何有效求解上述问题需要进一步探讨. 一种解决方案是, 径向基函数的中心点 C_i 不是取数据点集的全部, 而是自适应地选取点云数据集的一部分作为中心点. 另一种解决方案是, 由于采用局部支撑基函数, 得到的线性方程组条件数随着 N 的增大也越来越大, 即方程组越来越接近奇异. 这个时候我们可能不适合采取紧支撑的径向基函数, 而需要采取全局的径向基函数如 $\phi(r) = r$. 但由此产生的线性方程组是稠密的, 因此计算量大幅增加. 一个解决方案是采用 FFM (Fast Multipole Method) 减少线性方程组系数的计算量, 即系数矩阵并不需要准确计算. 在计算径向基函数时, 对离中心点近的基函数直接计算, 但离中心比较远的基函数用某种方式近似估计. 这样可以大幅度节省计算时间.

其次, 基于隐式表示的重建都存在以下问题. 第一, 隐式表示适合表示封闭的模型. 如果模型不是封闭的, 用隐式表示重构的模型需要进行裁剪, 删除不需要的部分. 第二, 隐式表示适合于表示光滑且凹凸的复杂模型, 但不适合表示尖锐特征的模型, 如各种机械零件. 它们通常具有许多 C^0 连续的特征. 此时, 需要先检测点云数据的特征, 再合理地重构. 不过点云特征的检测并不容易.

最后, 除了径向基函数之外, 还有其他隐函数表示形式, 如符号距离函数、隐式样条等. 这些表示中, 一般由于基函数的个数随着模型的复杂度提高而随之增加, 因而模型的存储量也大幅增加. 因此, 紧致的隐式表示形式也是点云重构中需要探讨的重要问题.

参 考 文 献

[1] Carr J C, Beatson R K, Cherrie J B, et al. Reconstruction and representation of 3D objects with radial basis functions. Proceedings of the 28th Annual Conference on Computer Graphics and Interactive Techniques. ACM, 2001: 67-76.

[2] Morse B S, Yoo T S, Rheingans P, Chen D T, Subramanian K R. Interpolating implicit surfaces from scattered surface data using compactly supported radial basis functions. ACM SIGGRAPH 2005 Courses. ACM, 2005.

第 3 章　交替方向乘子法求解若干图像处理问题

韩德仁 [①②③]

(北京航空航天大学数学科学学院, 北京, 100080)

本案例集依托北京航空航天大学数学学科及相关优势学科平台, 基于计算数学、运筹学和信息科学的深度交叉融合, 以"数学模型设计 → 优化算法 → 信息科学中的实际应用"为主线, 借助最新的数值优化算法快速求解图像科学中的大规模优化问题, 主要包括图像科学中的各类预处理问题 (如图像降噪、去卷积、填补、高分辨率成像等). 同时, 也涉及了近年来在材料科学、生物影像学等领域中的若干大规模图像分析等问题 (如结构噪声、纹理分析、光照平衡等). 基于数值优化算法的最新进展, 特别是一大批问题驱动的一阶优化算法, 我们形成一套高效、稳健地处理图像预处理问题的软件包.

该案例适用于数学类专业和计算机科学领域本科生、研究生的课程教学与专题研究, 也适用于新工科专业和交叉学科研究生开展科研训练.

3.1　背 景 介 绍

基于著名学者 Donoho 等在压缩感知领域所做的开创性工作[11,12,16], 稀疏优化一直是最优化研究的一个重要课题, 并得到了众多数学界和工程学界科研工作者的重视. 稀疏优化具有广泛的应用背景, 例如通信、光学和遥感成像、生物医学、人工智能等关系国计民生的重要领域. 随着研究的深入, 大规模数据的分析和处理在稀疏优化中显得日趋重要, 如何基于有限的软、硬件设备, 快速分析处理海量数据, 已成为科研工作者在处理稀疏优化问题时必须考虑的问题.

图像处理是指将图像信号转换成数字信号并利用计算机对其进行处理、分析、理解, 以达到所需结果的技术. 图像的数字化过程指用电荷耦合器件, 如相机、显微镜、扫描仪等成像设备, 获得图像的矩阵或数组表示形式. 该矩阵的元素称为像素, 其值称为灰度值. 图像处理技术一般包括图像去噪、去卷积、增强、填补、放

① 本案例的知识产权归属作者及所在单位所有.

② 本案例源自国家重点研发计划 "数学和应用研究" 专项 "揭榜挂帅" 项目 2021YFA1003600 的部分研究成果, 不涉及保密内容.

③ 作者简介: 韩德仁, 教授, 研究方向为变分不等式理论与算法、数值最优化、张量计算及其在信号和图像处理中的应用; 电子邮箱: handr@buaa.edu.cn.

缩、分解、匹配等部分. 图像处理在传真通信、可视会议、多媒体通信, 以及宽带综合业务数字网和高清晰度电视等领域有特殊的用途及应用价值.

不失一般性, 我们考虑一幅彩色图像的数组表示, 记为 $X \in \mathbb{R}^{n_1 \times n_2 \times 3}$, 其中 n_1, n_2 分别表示该图像水平和竖直方向的离散程度, 3 表示彩色图像的 R, G, B 三色度通道, $n = n_1 n_2$ 为该图像的总像素数, X 的元素值位于区间 $[0, 255]$ 或 $[0, 1]$. 在使用 MATLAB 软件进行图像的 "读写" 时, 我们常常需要用到

$$\texttt{imread, imwrite, imshow, imdouble, rgb2gray, imagesc} \tag{3.1}$$

等命令. 感兴趣的读者可以参阅 MATLAB 的 Image Processing Toolbox 工具箱或利用 MATLAB 的 Help 助手获取相关命令的使用说明.

3.2 符号说明和基本优化模型

任意 $g \in \mathbb{R}^{n \times m}$, 定义 $|g|$ 为 $\mathbb{R}^n$ 中向量, 其第 i 个坐标为

$$|g|_i := \left(\sum_{j=1}^m (g_{ij})^2 \right)^{1/2}. \tag{3.2}$$

对给定的 $c > 0$, $g \in \mathbb{R}^{n \times m}$, 软阈值算子 $\mathcal{S}_c : \mathbb{R}^{n \times m} \to \mathbb{R}^{n \times m}$ 定义为

$$\left(\mathcal{S}_c(g) \right)_{ij} := \frac{g_{ij}}{|g|_i} \max\{|g|_i - c, 0\}, \ \forall \, i = 1, \cdots, n; \quad j = 1, \cdots, m. \tag{3.3}$$

在上述定义中, 当 $|g|_i = 0$ 时, $\dfrac{g_{ij}}{|g|_i}$ 的值理解为 0. 特别地, 当 $m = 1$ 和 $m = 2$ 时, 上述软阈值公式 (3.3) 分别对应 1D 信号处理和 2D 图像处理中的软阈值运算.

对任意 $n_1 \times n_2$ 矩阵 u, 记 $\nabla u := \begin{pmatrix} \nabla_1 u \\ \nabla_2 u \end{pmatrix} \in \mathbb{R}^{n \times 2}$ (其中 $n = n_1 n_2$) 为 u 的离散梯度, 定义为

$$(\nabla_1 u)_{i,j} = \begin{cases} u_{i+1,j} - u_{i,j}, & i < n_1, \\ u_{1,j} - u_{n_1,j}, & i = n_1, \end{cases} \quad (\nabla_2 u)_{i,j} = \begin{cases} u_{i,j+1} - u_{i,j}, & j < n_2, \\ u_{i,1} - u_{i,n_2}, & j = n_2. \end{cases}$$

在上述 ∇u 的计算公式中, 我们采用周期边界条件. 感兴趣的读者也可考虑 ∇u 的零边界、镜像边界条件等 (详见 [23] 等专著). 例如, 若取 $(\nabla_1 u)_{n_1,j} = 0$ 和 $(\nabla_2 u)_{i,n_2} = 0$, 则对应采用的对称边界条件. 不同边界条件下的梯度算子的矩阵表达略有不同. 周期边界条件下的 ∇ 具有分块循环矩阵的形式, 可以用 Fourier 变

换进行对角化, 即 $\nabla_i = FD_iF^{-1}$, 其中 F 是 n 阶 Fourier 矩阵; 对称边界条件时的 ∇ 具有分块 Hankel 矩阵的形式, 可以用离散余弦变换 (DCT) 进行对角化, 即 $\nabla_i = CD_iC^{-1}$, 其中 C 是 n 阶离散余弦矩阵 (详见 [23] 等专著). 我们称 div $:= -\nabla^{\mathrm{T}}$ 为散度算子. 例如, 差分算子 $\nabla_1 u$ 和 $\nabla_2 u$, $\nabla_1^{\mathrm{T}} u$ 和 $\nabla_2^{\mathrm{T}} u$ 可以通过如下 MATLAB 语句实现.

梯度算子 $\nabla_i(u)$ 的 Fourier 对角化和矩阵计算法

```
d1h = zeros(n1,n2,n3); d1h(1,1,:) = -1; d1h(n1,1,:) = 1; d1h = fft2(d1h);
d2h = zeros(n1,n2,n3); d2h(1,1,:) = -1; d2h(1,n2,:) = 1; d2h = fft2(d2h);
Px  = @(x) [x(2:n1,:,:)-x(1:n1-1,:,:); x(1,:,:)-x(n1,:,:)]; %% nalba_1
Py  = @(x) [x(:,2:n2,:)-x(:,1:n2-1,:), x(:,1,:)-x(:,n2,:)]; %% nalba_2
PTx = @(x) [x(n1,:,:)-x(1,:,:); x(1:n1-1,:,:)-x(2:n1,:,:)]; %% nalba_1^T
PTy = @(x) [x(:,n2,:)-x(:,1,:), x(:,1:n2-1,:)-x(:,2:n2,:)]; %% nalba_2^T
```

我们接下来要讨论的各种图像处理问题, 其对应的数学模型大多可以归结为如下 m-块的可分凸优化问题

$$\min\left\{\sum_{i=1}^m \theta_i(x_i) \,\Bigg|\, \sum_{i=1}^m A_i x_i = b,\ x_i \in \mathcal{X}_i,\ i = 1,\cdots,m\right\}, \tag{3.4}$$

其中 $\theta_i : \mathbb{R}^{n_i} \to \mathbb{R}$ 是正常闭凸函数 (可能非光滑), $A_i \in \mathbb{R}^{l \times n_i}$ (通常具有列满秩特点), $\mathcal{X}_i \subseteq \mathbb{R}^{n_i}$ 是非空闭凸集, $b \in \mathbb{R}^l$, $\sum_{i=1}^m n_i = n$. 我们着重考虑从交替方向乘子法 (Alternating Direction Method of Multipliers, ADMM) 的算法视角, 介绍若干图像处理问题的求解过程和 MATLAB 实现. 交替方向乘子法求解上述 m-块可分优化问题的迭代格式为

$$\begin{cases} x_i^{k+1} = \arg\min\limits_{x_i \in \mathcal{X}_i}\left\{\theta_i(x_i) - \left\langle \lambda^k, \sum_{j=1}^{i-1} A_j x_j^{k+1} + A_i x_i + \sum_{j=i+1}^m A_j x_j^k - b \right\rangle \right. \\ \left. \qquad + \dfrac{\beta}{2}\left\| \sum_{j=1}^{i-1} A_j x_j^{k+1} + A_i x_i + \sum_{j=i+1}^m A_j x_j^k - b \right\|^2 \right\},\quad i = 1,\cdots,m, \quad (3.5) \\ \lambda^{k+1} = \lambda^k - \gamma\beta\left(\sum_{i=1}^m A_i x_i^{k+1} - b \right), \end{cases}$$

其中 $\lambda \in \mathbb{R}^l$ 是拉格朗日乘子 (也是问题 (3.4) 的对偶变量), $\beta > 0$ 为罚参数,

$\gamma \in (0, \bar{\gamma})$ 是松弛因子 $\left(\text{通常 } \bar{\gamma} \text{ 可以用于提升算法的性能, 如 } \bar{\gamma} = \dfrac{1 + \sqrt{5}}{2}\right)$. 罚参数 β 可以取固定的正常数, 亦可以采用基于自适应、连续化、加速技术的动态选取方式. 更一般地, 可以用一个正定矩阵 H 代替罚参数 β (详见 [5, 21] 等综述性文献).

特别地, 当 $m = 2$ 时, 迭代格式 (3.5) 的收敛性分析早在 20 世纪 90 年代就已经由 Gabay[19] 和 Glowinski[20] 等学者证明. 然而, 当 $m \geqslant 3$ 时, 迭代格式 (3.5) 需要对目标函数或约束条件设置更强的限制要求才收敛. 对于一般的可分凸优化问题 (3.4), 需要对迭代格式 (3.5) 做进一步的校正改进才能求出问题 (3.4) 的最优解. 例如, 预估-校正技术、增加临近点项、强迫松弛因子 γ 趋近于 0 等.

3.3　图像去噪问题

现实中的图像在采集、数字化、传输过程中常受到成像设备或外部环境的干扰, 使得观测图像不能真实地表达图像的信息. 设 $X^0 \in \mathbb{R}^{n_1 \times n_2 \times 3}$ 表示一幅观测图像, $N \in \mathbb{R}^{n_1 \times n_2 \times 3}$ 为满足某种概率分布 (与成像设备、数字化方式、传输过程有关) 的随机矩阵, 表示噪声. 根据噪声的概率分布, 可以将图像去噪问题分为加性噪声、乘性噪声、泊松噪声、结构噪声等类型 (关于更多的噪声类型, 见专著 [14, 37]).

3.3.1　加性噪声

带有加性噪声的观测图像可表示为 $X^0 = X + N$, 其中 N 满足高斯概率分布. 信道传输、光导摄像管、热噪声等大多属于这类噪声. 图 3.1 展示了一幅真实图像和带有高斯噪声的图像.

　　(a) 真实图像　　　　　　(b) 观测图像(高斯噪声)　　　　　(c) 去噪图像

图 3.1　加性高斯噪声图像示例

为了接下来叙述方便, 我们将图像、噪声等矩阵 (如 X, X^0, N 等) 向量化, 并分别记 $x \in \mathbb{R}^n$ (其中 $n = 3n_1 n_2$), $x^0 \in \mathbb{R}^n$, $\boldsymbol{n} \in \mathbb{R}^n$ 为真实图像、观测图像和

噪声. 三者之间的数学关系可以描述为

$$加性噪声: \quad x^0 = x + \boldsymbol{n}. \tag{3.6}$$

上式中的加性噪声大多可以通过 MATLAB 命令 imnoise 实现. 降噪是信息科学中对原始数据进行分析的必要预处理手段. 关于图像的降噪有很多成熟的方法和技术 (见综述性文献 [6]). 基于滤波、矩阵低秩、统计验证等方法的图像去噪模型不在本文的考虑之内. 我们这里仅从最优化算法的角度, 探讨基于全变差和变分原理的图像去噪模型

$$(约束模型) \quad \min \ \|\|\nabla x\|\|_1 \quad \text{subject to} \ \|x - x^0\|_p \leqslant \sigma, \tag{3.7a}$$

$$(无约束模型) \quad \min \ \tau\|\|\nabla x\|\|_1 + \|x - x^0\|_p^p, \tag{3.7b}$$

其中 $\sigma > 0$ 和 $\tau > 0$ 是与噪声方差有关的模型参数, $\|\cdot\|_p$ 为经典的 ℓ^p-范数, $\|\|\nabla u\|\|_1$ 称为向量 u 的全变差 (total variation, TV) 半范数[38]. 一般地, 当参数 $p = \{1, 2, \infty\}$ 时, 优化问题的求解较容易. 另一方面, 模型 (3.7) 中 ℓ^p-范数的选取与 (3.6) 中噪声 $\boldsymbol{n}$ 的概率分布有关. 例如, 当 $\boldsymbol{n}$ 为高斯噪声时, $p = 2$; 当 $\boldsymbol{n}$ 为脉冲噪声时, $p = 1$; 当 $\boldsymbol{n}$ 为均匀噪声时, $p = \infty$ 等. 另外, 基于其他正则化函数的图像去噪模型亦可用交替方向乘子法进行求解. 例如, 基于 wavelets 和 curvelets 的稀疏正则化模型、基于广义全变差的 TGV 模型、Nonlocal TV 模型、基于光滑化技术的 Huber-范数、Pseudo-Huber-范数的模型、基于偏微分方程的非线性扩散、各向异性 (anisotropy) 正则项等. 我们接下来的讨论中, 将以最常见的 TV 全变差模型为例, 给出交替方向乘子法求解模型的具体步骤.

鉴于 ℓ^1-范数良好的数学性质 (如 ℓ^1-范数的临近点函数有显式表达式, 见文献 [9,36]), 我们通过引入变量, 可将 (3.7) 中的模型用交替方向乘子法求解. 特别地, 在模型 (3.7) 中引入 "适当" 个数的辅助变量, 可以使得交替方向乘子法在求解模型时的子问题都能简单地、高效地求解.

1. 图像去噪问题——约束模型

首先, 我们考虑约束模型 (3.7a), 简述用交替方向乘子法求解该模型的具体步骤. 引入辅助变量[①] $y \in \mathbb{R}^{n \times 2}$ 和 $z \in \mathbb{R}^n$, 模型 (3.7a) 可以等价地写成

$$\min \ \{\|\|y\|\|_1 + \iota_{\mathcal{Z}}(z) \mid y = \nabla x, \ x = z\}, \tag{3.8}$$

---

① 引入辅助变量的方式有很多, 不仅是为了让模型 (3.7a) 符合 m-块可分凸优化问题的形式, 还希望在用交替方向乘子法求解时, 子问题能尽可能容易地求解. 因此, 在进行引入变量时, 需要根据正则项和数据拟合项来引入 "适当" 的变量. 在运用交替方向乘子法求解图像处理问题时, 一般需要引入较多的变量, 才能让子问题有显式解.

其中 $\mathcal{Z} := \{z \in \mathbb{R}^n \mid \|z - x^0\|_p \leqslant \sigma\}$, $\iota_{\mathcal{Z}}$ 表示集合 $\mathcal{Z}$ 的指示函数. 若记

- 变量 $x_1 := x$, $x_2 := (y, z)$; 函数 $\theta_1(x) := 0$, $\theta_2(y, z) := \|y\|_1 + \iota_{\mathcal{Z}}(z)$;

- 线性算子 (矩阵) $A_1 := \begin{pmatrix} \nabla \\ I \end{pmatrix}$, $A_2 := \begin{pmatrix} -I & 0 \\ 0 & -I \end{pmatrix}$ 和 $b := \begin{pmatrix} 0 \\ 0 \end{pmatrix}$,

问题 (3.8) 是一个 2-块的可分凸优化问题 (3.4). 因此, 交替方向乘子法可以求解问题 (3.8). 对应的 x_i-子问题可以分别写成如下形式:

- x-子问题为

$$x^{k+1} = \arg\min_x \left\{ \left\| \nabla x - y^k + \frac{\lambda_1^k}{\beta} \right\|^2 + \left\| w - z^k + \frac{\lambda_2^k}{\beta} \right\|^2 \right\}$$

$$\Leftrightarrow (\nabla^{\mathrm{T}}\nabla + I)x = \nabla^{\mathrm{T}}\left(y^k - \frac{\lambda_1^k}{\beta}\right) + z^k - \frac{\lambda_2^k}{\beta}.$$

由于 ∇ 特殊的矩阵表示形式, 上述线性方程组可以借助快速变换求解. 例如, 若采用周期边界条件, 则线性方程组可以用快速 Fourier 变换 (FFT) 求解; 若采用对称边界条件, 则线性方程组可以用离散余弦变换 (DCT) 求解; 若采用了零边界条件, 则线性方程组只能用数值代数中的技术 (例如 PCG, LSQR 等) 进行迭代求解. 详细的理论解释见 [23].

- (y, z)-子问题可以并行求解 (实际上, 由于函数 θ_2 是可分的, 所以 (y, z)-子问题可以通过分别对 y 和 z 进行优化求解), 具体地,

— y-子问题可表示为

$$y^{k+1} = \arg\min_y \left\{ \|y\|_1 + \frac{\beta_1}{2} \left\| y - \nabla x^k - \frac{\lambda_1^k}{\beta_1} \right\|^2 \right\} = \mathcal{S}_{\frac{1}{\beta_1}}\left(\nabla x^k + \frac{\lambda_1^k}{\beta_1}\right),$$

其中 $\mathcal{S}_{\frac{1}{\beta_1}}$ 是软阈值算子 (见定义 (3.3)).

— z-子问题等价于一个投影问题

$$z^k = \arg\min_z \left\{ \iota_{\mathcal{Z}}(z) + \frac{\beta}{2} \left\| z - x^k - \frac{\lambda_2^k}{\beta} \right\|^2 \right\} = P_{\mathcal{Z}}\left[x^k + \frac{\lambda_2^k}{\beta}\right],$$

其中 $P_{\mathcal{Z}}$ 为集合 $\mathcal{Z}$ 的投影算子. 例如,

— 当 $p = \infty$ 时, 则有

$$(P_{\mathcal{Z}}[z])_i = x_i^0 + \min\left\{1, \frac{\sigma}{|z_i - x_i^0|}\right\}(z_i - x_i^0), \quad i = 1, 2, \cdots, n.$$

* 当 $p = 2$ 时, 则有

$$P_{\mathcal{Z}}[z] = x^0 + \min\left\{1, \frac{\sigma}{\|z - x^0\|}\right\}(z - x^0).$$

* 当 $p = 1$ 时, $P_{\mathcal{Z}}(z)$ 没有显式解, 但是可以用基于堆排序等快速排序算法得到近似解 (见文献 [41]).

由上述 x-, y-和 z-子问题的具体求解公式可知, 用交替方向乘子法求解约束的图像去噪问题 (3.6) 时, 迭代过程中的计算量很小, 子问题都能显式求解或快速方法得到近似解. 图 3.1(c) 展示了用交替方向乘子法求解约束模型 (3.6) 得到的去噪图像.

注 3.1 或许读者有疑问, 在引入变量将问题 (3.7a) 等价地写成形如 (3.4) 的可分凸优化的过程中, 为何要引入两个变量 y 和 z. 只引入一个变量 y 岂不是更节省内存? 即将约束模型 (3.7a) 等价地写成

$$\min\left\{\|\|y\|\|_1 + \iota_{\mathcal{X}}(x) \mid y = \nabla x\right\}, \tag{3.9}$$

其中 $\mathcal{X} := \{x \in \mathbb{R}^n \mid \|x - x^0\|_p \leqslant \sigma\}$. 虽然上述模型是个 2-块的可分凸优化问题 (即令 $\theta_1(x) = \iota_{\mathcal{X}}(x)$, $\theta_2(y) = \|\|y\|\|_1$, $A_1 = -I$, $A_2 = \nabla$ 和 $b = 0$), 但是这样 2-块的可分凸优化问题, 在用交替方向乘子法求解时, x-子问题是一个非负最小二乘问题 (没有显式解), 需要用内迭代法求解子问题. 而 (3.8) 通过引入两个变量 y 和 z 后, 使得交替方向乘子法的子问题都尽可能地容易求解. 在求解诸如图像分解、多个正则项的图像处理问题时, 为了使得交替方向乘子法的子问题都有显式解, 往往都需要引入多个变量.

2. 图像去噪问题——无约束模型

接下来, 我们以 $p = 1$ 时的无约束模型 (3.7b) 为例, 简述交替方向乘子法求解无约束图像去噪问题的过程. 当 $p = 1$ 时的无约束模型 (3.7b) 通常用来恢复受脉冲噪声污染的图像. 脉冲噪声又可以进一步细分为盐椒噪声 (Salt-and-Pepper Noise, 简写为 SP) 和随机值噪声 (Random-Valued Noise, 简写为 RV) 两种. 图 3.2 直观展示了 SP 噪声图像和 RV 噪声图像 (噪声强度均为 0.2). 类似图像去噪问题的约束模型的处理方式, 引入变量 $y \in \mathbb{R}^{n \times 2}$ 和 $z \in \mathbb{R}^n$, 无约束模型 (3.7b) 可以等价地写成

$$\min \ \tau\|\|y\|\|_1 + \|z - x^0\|_1, \ \text{subject to} \ \nabla x = y, \ x = z. \tag{3.10}$$

进一步, 定义

- 变量 $x_1 := x$, $x_2 := (y, z)$; 函数 $\theta_1(x_1) := 0$, $\theta_2(x_2) := \tau\|\|y\|\|_1 + \|z - x^0\|_1$;

- 线性算子 (矩阵)$A_1 = \begin{pmatrix} \nabla \\ I \end{pmatrix}$, $A_2 = \begin{pmatrix} -I & 0 \\ 0 & -I \end{pmatrix}$, $b = \begin{pmatrix} 0 \\ 0 \end{pmatrix}$,

则模型 (3.10) 可以写成 2-块的可分凸优化问题. 因此, 交替方向乘子法可以用来求解上述 $p=1$ 时的图像去噪问题. 具体的子问题为

- x-子问题等价于一个正定的线性方程组的求解

$$x^{k+1} = \arg\min_x \left\{ \left\| \nabla x - y^k - \frac{\lambda_1^k}{\beta} \right\|^2 + \left\| x - z^k - \frac{\lambda_2^k}{\beta} \right\|^2 \right\}$$

$$\Leftrightarrow (\nabla^{\mathrm{T}}\nabla + I)x = \nabla^{\mathrm{T}}\left(y^k + \frac{\lambda_1^k}{\beta} \right) + z^k + \frac{\lambda_2^k}{\beta}.$$

上述线性方程组的求解可以借鉴约束模型时 x-子问题的处理方式 (此处不再赘述).

- 由于 θ_2 的可分性, (y,z)-子问题可以并行求解, 具体地:

－ y-子问题可以表示为 ℓ^1-范数的临近点函数求解

$$y^{k+1} = \arg\min \left\{ \tau\|y\|_1 + \frac{\beta}{2}\left\| \nabla x^{k+1} - y - \frac{\lambda_1^k}{\beta} \right\|^2 \right\}$$

$$= \mathcal{S}_{\frac{\tau}{\beta}}\left(\nabla x^{k+1} - \frac{\lambda_1^k}{\beta} \right).$$

－ z-子问题可以类比于 y-子问题的求解方法, 对 ℓ^1-范数的临近点函数作平移运算求出

$$z^{k+1} = \arg\min_z \left\{ \|z - x^0\|_1 + \frac{\beta}{2}\left\| x^{k+1} - z - \frac{\lambda_2^k}{\beta} \right\|^2 \right\}$$

$$= x^0 + \mathcal{S}_{\frac{1}{\beta}}\left(x^{k+1} - x^0 - \frac{\lambda_2}{\beta} \right).$$

图 3.2 展示了运用交替方向乘子法求解 $p=1$ 时的无约束图像去噪模型 (3.7b) 的去噪效果.

　　注 3.2　在用交替方向乘子法求解 $p=2$ 时的无约束图像去噪模型 (3.7b) 时, 因为数据拟合项为 $\|\cdot\|$, 所以只需要引入一个变量 $y \in \mathbb{R}^{n\times 2}$ 就可以让交替方向乘子法的子问题都有显式解.

(a) 真实图像   (b) SP 噪声图像   (c) RV 噪声图像   (d) 去噪图像

图 3.2   加性脉冲噪声图像示例

3.3.2 乘性噪声、泊松噪声

乘性噪声、泊松噪声也是图像处理领域经常遇到的噪声类型.

(1) 乘性噪声. 噪声与图像的关系可表示为 $x^0 = x \cdot n$, 其中 n 满足均值为 1 的 Γ 概率分布, "$\cdot$" 运算按照矩阵 Hadamard 乘法的运算规则进行. 飞点扫描器、视频传输、遥感测绘中产生的噪声就属于乘性噪声.

(2) 泊松噪声. 噪声与图像的关系可表示为 $x^0 = \mathcal{P}(x)$, 其中 $\mathcal{P}$ 表示对向量 x 的每个分量进行泊松过程. 生物影像、显微镜成像等领域的噪声类型多属于泊松噪声.

图 3.3 分别展示了受乘性噪声和泊松噪声污染的图像. 两种类型的噪声通过贝叶斯理论所建立的模型不再是形如 $\|\cdot\|_p$-范数的数据拟合项, 而是

$$乘性噪声: \quad \min \quad \tau\||\nabla x|\|_1 + \left\langle \mathbf{1}, \log(x) + \frac{x^0}{x} \right\rangle, \tag{3.11a}$$

$$泊松噪声: \quad \min \quad \tau\||\nabla x|\|_1 + \langle \mathbf{1}, x \rangle - \langle x^0, \log(x) \rangle. \tag{3.11b}$$

有时为了保证对数运算的合理性, 会在模型的目标函数中加入指示函数 $\iota_{\mathbb{R}_+}$ (其中 $\mathbb{R}_+$ 表示非负象限). 上述模型中的数据拟合项中的除法运算均是按照分量方式计算的方式 (Component-Wisely) 理解. 在很多图像处理的文献中, 为了模型求解容易, 指示函数 $\iota_{\mathbb{R}_+}$ 通常在模型中被略掉. 从数值计算的角度, 在模型中考虑像素的非负条件能一定程度上提高图像恢复的质量, 并能提高数值算法的稳定性 (因为模型中涉及了对数运算). 这里需要说明的是, 乘性噪声模型 (3.11a) 是一个非凸优化问题, 理论上交替方向乘子法是不能保证收敛的. 我们只是从数值求解的角度说明交替方向乘子法可以求解上述非凸优化问题, 而且数值效果还是比较令人满意的.

(a) 真实图像

(b) 观测图像(乘性噪声)

(c) 观测图像(泊松噪声)

图 3.3　乘性噪声、泊松噪声图像示例

用交替方向乘子法求解模型 (3.11) 时, 也只需要引入两个辅助变量. 以泊松噪声的去噪模型 (3.11b) 为例, 引入变量 $y \in \mathbb{R}^{n \times 2}$ 和 $z \in \mathbb{R}^n$, 模型 (3.11a) 可以等价地写成

$$\min \quad \tau \|\|y\|\|_1 + \langle \mathbf{1}, z \rangle - \langle x^0, \log(z) \rangle, \quad \text{subject to} \ \nabla x = y, \ x = z. \tag{3.12}$$

若记
- 变量 $x_1 := x$, $x_2 := (y, z)$; 函数 $\theta_1(x) = 0$, $\theta_2(y, z) = \tau \|\|y\|\|_1 + \langle \mathbf{1}, z \rangle - \langle x^0, \log(z) \rangle$;
- 线性算子 (矩阵)$A_1 = \begin{pmatrix} \nabla \\ I \end{pmatrix}$, $A_2 = \begin{pmatrix} -I & 0 \\ 0 & -I \end{pmatrix}$ 和 $b = \begin{pmatrix} 0 \\ 0 \end{pmatrix}$,

优化问题 (3.12) 为 2-块的可分凸优化问题. 因此, 可以运用交替方向法求解. 具体地,
- x-子问题为

$$x^{k+1} = \arg\min_x \left\{ \left\| \nabla x - y^k - \frac{\lambda_1^k}{\beta} \right\|^2 + \left\| x - z^k - \frac{\lambda_2^k}{\beta} \right\|^2 \right\}$$

$$\Leftrightarrow (\nabla^{\mathrm{T}} \nabla + I)x = \nabla^{\mathrm{T}} \left(y^k + \frac{\lambda_1^k}{\beta} \right) + z^k + \frac{\lambda_2^k}{\beta},$$

上述线性方程组的求解方法前面已经讨论过, 此处不再赘述.
- (y, z)-子问题可以分别通过并行求解 y-和 z-子问题
 - y-子问题依然是通过软阈值算子求解

$$y^{k+1} = \arg\min_y \left\{ \tau \|\|y\|\|_1 + \frac{\beta}{2} \left\| \nabla x^{k+1} - y - \frac{\lambda_1^k}{\beta} \right\|^2 \right\}$$

$$= \mathcal{S}_{\frac{\tau}{\beta}} \left(\nabla x^{k+1} - \frac{\lambda_1^k}{\beta} \right).$$

— z-子问题是按照分量的可分优化问题, 可以按照一元函数极小值的方式求解

$$z^{k+1} = \arg \min \left\{ \langle \mathbf{1}, z \rangle - \langle x^0, \log(z) \rangle + \frac{\beta}{2} \left\| x^{k+1} - z - \frac{\lambda_2}{\beta} \right\|^2 \right\}$$

$$\Leftrightarrow z = \frac{(\beta x^{k+1} - \lambda_2^k) + \sqrt{(\beta x^{k+1} - \lambda_2^k)^2 + 4(1+\beta)x^0}}{2(1+\beta)}.$$

图 3.4 展示了用上述方法去除乘性噪声和泊松噪声的效果图.

(a) 乘性去噪结果   (b) 泊松去噪结果

图 3.4 乘性噪声、泊松噪声去除的图像示例

3.3.3 混合噪声问题

混合噪声问题在实际应用中比较常见. 例如, 一幅生物医学图像, 在经历了数据传输过程后, 图像中既有原本生物影像的泊松噪声, 又有数据传输/压缩过程中产生的高斯噪声. 然而, 在图像处理中一般很难建立一个处理混合噪声的数学模型. 主要原因是构成混合噪声的各个噪声的统计分布有差异, 很难通过贝叶斯估计建立一个合适的数据拟合项. 一般地, 在解决混合噪声时, 大多采用多阶段法, 即先用一种方法去除一类噪声 (如利用滤波技术)、再用全变差模型处理另一种噪声. 一个常用的去除混合噪声 (高斯噪声 + 脉冲噪声) 的模型为 (见文献 [7, 26])

$$\min_{x,y} \ \tau \|| \nabla x |\|_1 + \frac{\rho}{2} \| x - y \|^2 + \| P_{\mathcal{A}} (Gy - x^0) \|_p^p, \quad p = 1, 2, \tag{3.13}$$

其中 $\tau > 0, \rho > 0$ 为正常数, $\mathcal{A}$ 表示脉冲噪声污染的像素, $P_{\mathcal{A}}$ 是指标集合 $\mathcal{A}$ 的特征函数 (即当像素在集合 $\mathcal{A}$ 中时, $P_{\mathcal{A}}(x) = 1$; 否则 $P_{\mathcal{A}}(x) = 0$), G 表示线性算子 (如模糊算子, 即图像可能既有混合噪声, 又有模糊现象), x^0 是观测图像. 图 3.5 展示了受混合噪声 (高斯噪声 + 脉冲噪声) 污染的图像.

(a) 真实图像　　　　　　　(b) 观测图像　　　　　(c) 去除混合噪声的图像

图 3.5　混合噪声 (高斯噪声 + 脉冲噪声) 图像示例

注 3.3　混合噪声模型 (3.13) 中的指标集 $\mathcal{A}$ 需要事先给定. 一般地, 可以通过自适应中值滤波 (Adaptive Median Filter, AMF) 来获得指标集 $\mathcal{A}$. 模型 (3.13) 中的变量 y 可以理解为经过滤波器处理后的只有高斯噪声的噪声图像.

接下来, 我们简述用交替方向法求解混合噪声模型 (3.13) 的主要步骤. 我们这里考虑模型 (3.13) 中 $p = 1$ 的情形 (感兴趣的读者可以依照 3.1 节中的思路, 推导 $p = 2$ 时的相应步骤). 通过引入变量 $u \in \mathbb{R}^{n \times 2}$, $v \in \mathbb{R}^n$ 和 $z \in \mathbb{R}^n$, 模型 (3.13) 可以等价地写成

$$
\min \left\{ \tau \|u\|_1 + \frac{\rho}{2} \|v\|^2 + \|P_{\mathcal{A}}(z)\|_1 \mid u = \nabla x, \ v = x - y, \ z = Gy - x^0 \right\}. \quad (3.14)
$$

若记

- 变量 $x_1 := w, \ x_2 := y, \ x_3 := (u, v, z)$;
- 线性算子 (矩阵)

$$
A_1 := \begin{pmatrix} \nabla \\ I \\ 0 \end{pmatrix}, \quad A_2 := \begin{pmatrix} 0 \\ -I \\ G \end{pmatrix}, \quad A_3 := \begin{pmatrix} -I & 0 & 0 \\ 0 & -I & 0 \\ 0 & 0 & -I \end{pmatrix}, \ b := \begin{pmatrix} 0 \\ 0 \\ x^0 \end{pmatrix};
$$

- 函数 $\theta_1(x) := 0$, $\theta_2(y) := 0$, $\theta_3(u, v, z) := \tau \|u\|_1 + \frac{\rho}{2} \|v\|^2 + \|P_{\mathcal{A}}(z)\|_1$,

混合去噪模型 (3.13) 是一个 3-块的可分凸优化问题. 用交替方向乘子法求解时[①], x_i-子问题 $(i = 1, 2, 3)$ 可以描述如下:

- x_1-子问题 (即 x-子问题) 为

$$
x^{k+1} = \arg\min_x \left\{ \left\| \nabla x - u^k - \frac{\lambda_1^k}{\beta_1} \right\|^2 + \left\| x - y^k - v^k - \frac{\lambda_2^k}{\beta_2} \right\|^2 \right\}
$$

$$
\Leftrightarrow (\beta_1 \nabla^{\mathrm{T}} \nabla + \beta_2 I) x^{k+1} = \lambda_2^k + \beta_2 (y^k + v^k) + \nabla^{\mathrm{T}} (\lambda_1^k + \beta_1 u^k).
$$

---

① 严格意义上讲, 迭代格式 (3.5) 求解 3-块的可分凸优化问题并不能保证收敛, 我们这里仅从数值角度来说明处理混合去噪问题时的子问题求解过程.

同理, 上述线性方程组可以借助 FFT 和 DCT 等变换快速求解.

- x_2-子问题 (即 y-子问题) 为

$$y^{k+1} = \arg\min_{y} \left\{ \left\| x^k - y - v^k - \frac{\lambda_2^k}{\beta_2} \right\|^2 + \left\| Gy - z^k - x^0 - \frac{\lambda_3^k}{\beta_3} \right\|^2 \right\}$$

$$\Leftrightarrow (\beta_2 I + \beta_3 G^{\mathrm{T}} G) y^{k+1} = G^{\mathrm{T}}[\lambda_3^k + \beta_3(z^k + x^0)] - \lambda_2^k + \beta_2(x^{k+1} - v^k).$$

因为 G 是由空间不变的点扩散函数 (Point Spread Function, PSF) 导出的矩阵. 类似梯度算子 ∇, 矩阵 G 也可以用 Fourier 矩阵或离散余弦矩阵对角化. 例如, 当对图像采用周期边界条件时, 矩阵 G 满足 $G = \mathcal{F}^{-1} D_G \mathcal{F}$, 其中 D_G 为对角矩阵. 所以, 上述线性方程组可以借助 FFT 或 DCT 快速求解.

- x_3-子问题 (即 (u, v, z)-子问题) 为

$$(u^{k+1}, v^{k+1}, z^{k+1})$$

$$= \arg\min_{u,v,z} \left\{ \tau \|u\|_1 + \frac{\rho}{2} \|v\|^2 + \|P_{\mathcal{A}}(z)\|_1 + \frac{\beta_1}{2} \left\| \nabla x^{k+1} - u - \frac{\lambda_1^k}{\beta_1} \right\|^2 \right.$$

$$\left. + \frac{\beta_2}{2} \left\| x^{k+1} - y^{k+1} - v - \frac{\lambda_2^k}{\beta_2} \right\|^2 + \frac{\beta_3}{2} \left\| Gy^{k+1} - z - x^0 - \frac{\lambda_3^k}{\beta_3} \right\|^2 \right\},$$

上述优化问题关于 u, v 和 z 是可分的, 可以用并行方式分别求解 u-, v-和 z-子问题

$$- u^{k+1} = \mathcal{S}_{\frac{\tau}{\beta_1}} \left(\nabla x^{k+1} - \frac{\lambda_1^k}{\beta_1} \right).$$

$$- v^{k+1} = \frac{1}{\rho + \beta_2} \left[\beta_2(w^{k+1} - y^{k+1}) - \lambda_2^k \right].$$

$- z$-子问题为

$$z^{k+1} = \arg\min_{z} \left\{ \|P_{\mathcal{A}}(z)\|_1 + \frac{\beta_3}{2} \left\| Gy^k - z - x^0 - \frac{\lambda_3^k}{\beta_3} \right\|^2 \right\},$$

具体地, 可以得到

$$(z^{k+1})_i = \begin{cases} \left[\mathcal{S}_{\frac{1}{\beta_3}} \left(Gy^k - x^0 - \frac{\lambda_3^k}{\beta_3} \right) \right]_i, & i \in \mathcal{A}, \\ \left[Gy^k - x^0 - \frac{\lambda_3^k}{\beta_3} \right]_i, & i \notin \mathcal{A}. \end{cases}$$

图 3.5(c) 展示了用交替方向乘子法求解上述混合去噪模型的数值效果.

3.3.4 结构噪声问题

结构噪声是生物影像分析中常遇到的噪声类型, 特别是在光栅扫描、生物断层影像处理、选择性平面光显微术 (SPIM)、生物成像等领域. 与前面所述的噪声类型不同, 结构噪声本身已经不再具有统计性质. 而是在图像空间中按照某种固定的 "模式" (Pattern) 重复出现. Pattern 出现的位置满足某种统计性质. 具体地, 结构噪声与图像直接的关系为

$$x^0 = x + \boldsymbol{n} \in \mathbb{R}^n = x + \sum_{i=1}^m \varphi_i \star y_i, \tag{3.15}$$

其中 $x^0 \in \mathbb{R}^n$ 为观测图像, $\boldsymbol{n} \in \mathbb{R}^n$ 表示结构噪声, $\varphi \in \mathbb{R}^n$ 称为图案基元或噪声基元 (Texton), $y_i \in \mathbb{R}^n$ 是满足某种概率分布 (如高斯分布、均匀分布、Laplace 分布等) 的随机变量代表噪声基元在图像中的位置. "$\star$" 表示卷积运算. Fehrenbach 等[18] 建立了处理加性结构噪声的变分模型

$$\begin{aligned} \min \quad & \big\||\nabla x|\big\|_{1,\epsilon} + \sum_{i=1}^m \alpha_i \|y_i\|_{p_i}^{p_i}, \\ \text{subject to} \quad & x + \sum_{i=1}^m \Phi_i y_i = x^0, \end{aligned} \tag{3.16}$$

其中 $\alpha_i > 0 \ (i=1,2,\cdots,m)$ 为权重系数, $p_i \in \{1,2,\infty\}$ 为不同概率分布下的随机向量 $y_i \in \mathbb{R}^n$ 的正则化范数, Φ 是图案基元 φ 的矩阵表示. $\|x\|_{1,\epsilon} := \sum_{i=1}^n q(x_i)$ 表示 Huber-范数, 其中 $\epsilon > 0$ 为光滑性参数, 函数 $q : \mathbb{R} \to \mathbb{R}$ 称为 Huber 函数

$$q(t) := \begin{cases} \dfrac{t^2}{2\epsilon}, & |t| < \epsilon, \\[2mm] |t| - \dfrac{\epsilon}{2}, & \text{其他,} \end{cases} \quad \forall\, t \in \mathbb{R}. \tag{3.17}$$

由上述定义可知, Huber-范数 $\|\cdot\|_{1,\epsilon}$ 是 $\|\cdot\|_1$-范数的光滑逼近. 当 $\epsilon \to 0$ 时, Huber-范数逼近 $\|\cdot\|_1$-范数; 当 $\epsilon \to \infty$ 时, Huber-范数逼近 $\|\cdot\|^2$. 另一方面, 根据 Nesterov 光滑化技术, Huber 函数可以表示成一个强凸优化问题, 即 $q(t) = \max_{s\in\mathbb{R}}\left\{ st - \dfrac{\epsilon}{2}s^2 \,\middle|\, |s| \leqslant 1 \right\}$. 进一步地, 函数 q 是可微函数且 $q'(t) = \text{median}\{-1,1,t/\epsilon\}$.

结构噪声的去噪模型 (3.16) 是一个典型的可分优化问题. 我们以 $m=2$, $p_i=2$ 和基于全变差的正则项为例, 简述交替方向乘子法求解模型 (3.16) 的过程. 具体地, 当 $m=2$ 和 $p_i=2$ 时, 模型 (3.16) 退化为

$$\min \quad \big\||\nabla x|\big\|_1 + \alpha\|y\|^2, \quad \text{subject to} \quad x + \Phi y = x^0. \tag{3.18}$$

通过引入变量 $z \in \mathbb{R}^{n \times 2}$, 上述优化问题 (3.18) 可以等价地写成

$$\min \quad \||z|\|_1 + \alpha \|y\|^2, \quad \text{subject to} \quad x + \Phi y = x^0, \ \nabla x = z. \tag{3.19}$$

若记

- 变量 $x_1 := x$, $x_2 := (y, z)$; 函数 $\theta_1(x) := 0$, $\theta_2(y, z) := \||z|\|_1 + \alpha \|y\|^2$;

- 线性算子 (矩阵)$A_1 := \begin{pmatrix} I \\ \nabla \end{pmatrix}$, $A_2 := \begin{pmatrix} \Phi & 0 \\ 0 & -I \end{pmatrix}$, $b := \begin{pmatrix} x^0 \\ 0 \end{pmatrix}$,

结构噪声模型 (3.18) 是一个 2-块的可分凸优化问题. 用交替方向乘子法求解时, 对应的 x_i-子问题分别为

- x-子问题为

$$x^{k+1} = \arg\min_x \left\{ \left\| x + \Phi y^k - x^0 - \frac{\lambda_1^k}{\beta} \right\|^2 + \left\| \nabla x - z^k - \frac{\lambda_2^k}{\beta} \right\|^2 \right\}$$

$$\Leftrightarrow (\nabla^{\mathrm{T}} \nabla + I)x = \nabla^{\mathrm{T}} \left(z^k + \frac{\lambda_2^k}{\beta} \right) - \Phi y^k + x^0 + \frac{\lambda_1^k}{\beta},$$

上述线性方程组的求解, 此处不再赘述.

- (y, z)-子问题可以分别通过并行求解 y-和 z-子问题
  - y-子问题对应线性最小二乘问题[①]

$$y^{k+1} = \arg\min_y \left\{ \alpha \|y\|^2 + \frac{\beta}{2} \left\| x^{k+1} + \Phi y - x^0 - \frac{\lambda_1^k}{\beta} \right\|^2 \right\},$$

因为图案基元 φ 的卷积过程, 所以 Φ 同 ∇ 算子、模糊算子等类似, 也具有特殊分块矩阵的结构. 因此, 在选定图像周期或对称边界条件下, 上述线性方程组可以在 Fourier 变换或 DCT 变换下求解.

  - z-子问题依然是通过软阈值算子求解

$$z^{k+1} = \arg\min \left\{ \||z|\|_1 + \frac{\beta}{2} \left\| \nabla x^{k+1} - z - \frac{\lambda_2^k}{\beta} \right\|^2 \right\} = \mathcal{S}_{\frac{\tau}{\beta}} \left(\nabla x^{k+1} - \frac{\lambda_2^k}{\beta} \right).$$

图 3.6(c) 展示了用交替方向乘子法求解上述结构噪声去除问题的数值效果.

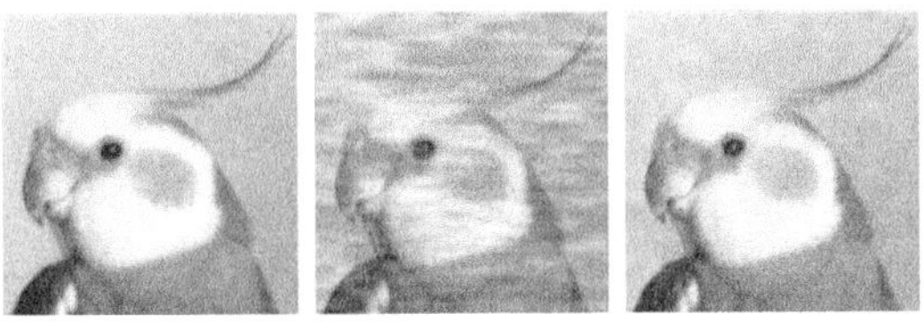

(a) 真实图像　　(b) 结构噪声图像　　(c) 去噪图像

图 3.6　结构噪声图像示例

---

① 当去除结构噪声的数学模型 (3.16) 中的 $p_i \neq 2$ 时, y-子问题的求解可能涉及 ℓ^p-范数的临近点函数.

3.4　图像去卷积

图像去卷积 (Image Deconvolution), 也称为图像去模糊, 是指图像在获取、传输以及保存过程中, 由于各种因素 (如大气的湍流效应、摄像设备中光学系统的衍射、传感器或感光器材的非线性、光学系统的像差、成像设备与物体之间的相对运动等) 所引起的图像的几何失真或畸变. 图像去模糊可以表达为

$$x^0 = h \star x + \boldsymbol{n} = Hx + \boldsymbol{n}, \tag{3.20}$$

其中 $\star$ 表示 (离散) 卷积运算, h 为 (离散) 卷积核 (或模糊算子), $H \in \mathbb{R}^{n \times n}$ 是卷积核的矩阵表示, $\boldsymbol{n}$ 表示观测图像中可能含有的噪声. 上述过程可以通过卷积核 h、卷积矩阵 H, H^{T} 和 x^0 的 MATLAB 实现.

```
h = fspecial('aver',7);   x0 = imfilter(I,h,'circular');
%%%%%%%%%%   周期边界条件情形 %%%%%%%%%%%%%%%%%%%%%%%%%%%%%
siz = size(h); center = [fix(siz(1)/2+1),fix(siz(2)/2+1)];
P = zeros(n1,n2,n3);
for i = 1:n3; P(1:siz(1),1:siz(2),i) = h; end
D = fft2(circshift(P,1-center));
H  = @(x) real(ifft2(D.*fft2(x)));        %%%% Hx
HT = @(x) real(ifft2(conj(D).*fft2(x))); %%%% H^{\rm T} x
```

问题 (3.20) 目的在于通过观测图像 x^0 去寻找真实图像 x, 是一个经典的反问题. 根据 h 是否已知, 问题 (3.20) 又分为线性去卷积和盲去卷积 (Blind Decon-Volution) 两类. 另一方面, 根据 h 与 x 在进行卷积运算时是否有空间位置的差异, 又可以将图像去卷积分为空间不变去卷积 (Spatially Invariant Deblur) 和空间变化去卷积 (Spatially Varying Deblur) 两类. 需要指出的是, 鉴于盲去卷积、空间变化去卷积等问题是相对困难的图像处理问题 (要么变分模型是非凸优化问题、要么模糊算子难以用卷积运算直接刻画等), 我们这里仅仅讨论模糊算子 h 已知时的空间不变的去卷积问题, 即 h 为已知的. 此时, h 的矩阵表示形式 H 是一个特殊结构矩阵 (如 Toeplitz、Hankel、循环矩阵等). 图 3.7 给出了真实图像和模糊图像的示例.

早期的图像去模糊方法有非邻域滤波法、邻域滤波法、维纳滤波法、最小二乘法、变分方法等技术. 我们这里考虑经典的基于全变差的变分模型 (关于更多的图像去模糊模型或方法, 感兴趣的作者可参考专著 [14])

$$(\text{约束模型}) \quad \min \left\| \|\nabla x\| \right\|_1 \quad \text{subject to} \quad \|Hx - x^0\|_p \leqslant \sigma, \tag{3.21a}$$

$$\text{(无约束模型)}\quad \min\ \tau\big\||\nabla x|\big\|_1 + \|Hx-x^0\|_p^p, \tag{3.21b}$$

其中参数 τ, σ, p 的定义或选取同图像去噪模型 (3.7). 对比图像去噪模型 (3.7) 可以看出, 图像去卷积问题的变分模型仅仅是在数据拟合项中引入了模糊矩阵 H.

(a) 真实图像　　　　　　(b) 模糊图像　　　　　　(c) 去模糊图像

图 3.7　模糊图像示例

我们以 $p=2$ 时的模型 (3.21b) 为例, 即

$$\min\ \tau\big\||\nabla x|\big\|_1 + \frac{1}{2}\|Hx-x^0\|^2, \tag{3.22}$$

给出交替方向法处理图像去卷积问题的具体操作步骤. 通过引入变量 $y \in \mathbb{R}^{n\times 2}$, 模型 (3.22) 可以等价地写成

$$\min\ \tau\big\||y|\big\|_1 + \frac{1}{2}\|Hx-x^0\|^2,\quad \text{subject to}\ \nabla x = y. \tag{3.23}$$

若记

- 变量 $x_1 := x$, $x_2 := y$, $\mathcal{X}_1 = \mathbb{R}^n$, $\mathcal{X}_2 = \mathbb{R}^{n\times 2}$;
- 函数 $\theta_1(x_1) := \dfrac{1}{2}\|Hx-x^0\|^2$, $\theta_2(x_2) := \tau\big\||y|\big\|_1$;
- 线性算子 (矩阵)$A_1 = \nabla$, $A_2 = -I$, $b = 0$,

则模型 (3.23) 可以写成的形如 (3.4) 的 2-块的可分凸优化问题. 因此, 交替方向法可以求解图像去卷积问题. 具体地,

- x-子问题可以通过线性方程组的求解获得

$$x^{k+1} = \arg\min_x \left\{ \frac{\beta}{2}\left\|\nabla x - y^k - \frac{\lambda^k}{\beta}\right\|^2 + \frac{1}{2}\|Hx-x^0\|^2 \right\}$$

$$\Leftrightarrow (\beta\nabla^{\mathrm{T}}\nabla + H^{\mathrm{T}}H)x = \nabla^{\mathrm{T}}(\beta y^k + \lambda^k) + Hx^0.$$

由于 ∇ 算子和 H 矩阵的特殊结构, 上述线性方程组依然可以用数值代数中的变换 (如 Fourier 变换、余弦变换) 快速求解.

- 类似图像去噪时的情形, y-子问题依然可以借助 ℓ^1 范数的临近点函数求解

$$y^{k+1} =\arg\min\left\{\tau\||y|\|_1 + \frac{\beta}{2}\left\|\nabla x^{k+1} - y - \frac{\lambda^k}{\beta}\right\|^2\right\} = \mathcal{S}_{\frac{\tau}{\beta}}\left(\nabla x^{k+1} - \frac{\lambda^k}{\beta}\right).$$

图 3.7(c) 展示了用交替方向乘子法求解上述去卷积问题的数值效果.

3.5　图像填补

　　图像填补是指图像数据包在无线传输过程中, 图像压缩包或信息流的不可控因素而导致的数据丢失, 使得图像内容不完整, 需要借助缺失像素点领域中信息来重新估计缺失像素值. 图像填补本质上可以理解为一种二维插值问题. 图 3.8(b) 显示了一幅有像素值缺失的图像 (即字体部分的像素值未知). Bertalmio 等[4] 最早给出了图像填补问题的描述, 并用二维不可压缩流体力学中的原理来求解图像填补问题的近似解.

(a) 真实图像　　　　(b) 有信息缺失图像　　　　(c) 填补后图像

图 3.8　图像填补示例

　　一般地, 根据缺失像素区域的大小、图像本身是否含有纹理等特点, 可将图像填补分为基于变分的模型和基于块 (Patch) 的模型. 我们这里考虑最简单的基于变分的图像填补模型

$$(\text{约束模型})\quad \min \||\nabla x|\|_1, \quad \text{subject to} \ \|Sx - x^0\|_p \leqslant \sigma, \tag{3.24a}$$

$$(\text{无约束模型})\quad \min \tau\||\nabla x|\|_1 + \|Sx - x^0\|_p^p, \tag{3.24b}$$

其中 $S \in \mathbb{R}^{n\times n}$ 是一个 0-1 对角矩阵 (也称为位置矩阵、指示矩阵等). 若其对角元 $S_{ii} = 1$ 表示 x^0 的第 i 个像素没有缺失. 反之, 若其对角元 $S_{ii} = 0$ 表示 x^0 的第 i 个像素发生的缺失, 该位置需要进行图像填补. 从上述模型可以看出, 图像填补与图像去卷积有一样的变分模型, 其区别仅仅是数据拟合项中的线性算子有不同的意义而已. 然而, 在利用交替方向法求解图像填补问题时, 需要充分考虑到

矩阵 S 的差异. 我们以 $p = 2$ 时的无约束模型 (3.24b) 为例, 叙述交替方向法求解该模型的具体步骤. 首先, 引入变量 $y \in \mathbb{R}^{n \times 2}$, $z \in \mathbb{R}^n$, 模型 (3.24b) 可以等价地写成

$$\min \quad \tau \big\| \|y\| \big\|_1 + \frac{1}{2} \|Sz - x^0\|^2, \text{ subject to } \nabla x = y, \ x = z. \tag{3.25}$$

进一步地, 若定义

- 变量 $x_1 := x$, $x_2 := (y, z)$; 集合 $\mathcal{X}_1 = \mathbb{R}^n$, $\mathcal{X}_2 = \mathbb{R}^{n \times 2} \times \mathbb{R}^n$;
- 函数 $\theta_1(x_1) := 0$, $\theta_2(x_2) := \tau \big\| \|y\| \big\|_1 + \frac{1}{2} \|Sz - x^0\|^2$;
- 线性算子 (矩阵)

$$A_1 = \begin{pmatrix} \nabla \\ I \end{pmatrix}, \quad A_2 = \begin{pmatrix} -I & 0 \\ 0 & -I \end{pmatrix}, \quad b = \begin{pmatrix} 0 \\ 0 \end{pmatrix},$$

则模型 (3.25) 可以写成形如 2-块的可分凸优化问题 (3.4). 因此, 交替方向法可以用来求解上述 $p = 2$ 时的图像填补问题, 具体的子问题为

- x-子问题可以通过线性方程组的求解获得

$$x^{k+1} = \arg\min_x \left\{ \left\| \nabla x - y^k - \frac{\lambda_1^k}{\beta} \right\|^2 + \left\| x - z^k - \frac{\lambda_2^k}{\beta} \right\|^2 \right\}$$

$$\Leftrightarrow (\nabla^{\mathrm{T}} \nabla + I) x = \nabla^{\mathrm{T}} \left(y^k + \frac{\lambda_1^k}{\beta} \right) + z^k + \frac{\lambda_2^k}{\beta}.$$

同理, 上述线性方程组可以用快速变换 (如 DFT 和 DCT) 进行快速求解.

- y-子问题可以借助 ℓ^1-范数的临近点函数求解

$$y^{k+1} = \arg\min \left\{ \tau \big\| \|y\| \big\|_1 + \frac{\beta}{2} \left\| \nabla x^{k+1} - y - \frac{\lambda_1^k}{\beta} \right\|^2 \right\} = \mathcal{S}_{\frac{\tau}{\beta}} \left(\nabla x^{k+1} - \frac{\lambda_1^k}{\beta} \right).$$

- z-子问题为

$$z^{k+1} = \arg\min_z \left\{ \|Sz - x^0\|^2 + \beta \left\| x^{k+1} - z - \frac{\lambda_2^k}{\beta} \right\|^2 \right\}$$

$$\Leftrightarrow (S^{\mathrm{T}} S + \beta I) z = S^{\mathrm{T}} x^0 + \beta x^{k+1} - \lambda_2^k.$$

由于 S 是二值对角矩阵 (即 0 值表示图像像素缺失, 1 值表示图像像素未缺失), 因此上述 z-子问题求解仅需要 $O(n)$ 的浮点运算.

注 3.4 有读者可能会有疑问, 在用交替方向法求解 $p = 2$ 时的图像填补问题时, 为何必须要引入 y, z 两个变量. 原因在于: 倘若仅仅引入 y 变量, 得到的 x-子问题为一个稀疏矩阵为 $\nabla^{\mathrm{T}}\nabla + S^{\mathrm{T}}S$ 的线性方程组. 需要注意的是, 因为矩阵 S 不具有循环结构, 所以该线性方程组已经无法用 DFT 和 DCT 等快速变换方法直接求解了. 所以我们在用交替方向法求解图像填补问题时, 往往要引入更多的辅助变量, 以使得子问题都易于求解. 图 3.8(c) 展示了用交替方向乘子法求解上述图像填补问题的数值效果.

3.6 图 像 缩 放

图像缩放是指对图像的大小进行调整的过程. 一般是指图像的放大 (Image Zooming) 或者图像超分辨率重建 (Image Superresolution). 前者是基于一幅图像进行图像的放大, 后者是若干图像 (或称为图像序列) 来重建一幅高品质图像. 图 3.9 给出了图像放大和图像超分辨率重建的示例.

对单张图像进行直接放大 (如通过二维插值的方式), 组成图像的像素的可见度会变得更高, 但往往会带有 "马赛克现象" (如图 3.9(a)). 如何在图像放大的同时避免此现象出现, 是图像缩放的研究难点, 因此图像缩放也称为图像去马赛克 (Image Demosaic) 问题.

图像的缩放需要在处理效率以及结果的平滑度 (Smoothness) 和清晰度 (Sharpness) 上做一个权衡. 一般有两个方法实现图像的缩放: 基于变分模型的方法和基于图像序列的方法. 基于变分模型的方法是利用观测图像和真实图像的大小关系, 即 $x^0 = DHx$, 建立变分模型

$$\text{(约束模型)}\quad \min \ \left\|\|\nabla x\|\right\|_1, \quad \text{subject to} \ \|DHx - x^0\|_p \leqslant \sigma, \tag{3.26a}$$

$$\text{(无约束模型)}\quad \min \ \tau\left\|\|\nabla x\|\right\|_1 + \|DHx - x^0\|_p^p, \tag{3.26b}$$

其中 $D \in \mathbb{R}^{m \times n} \ (m < n)$ 称为采样矩阵, 是 $\mathbb{R}^n$ 空间的部分自然基向量 $\{e_i\}_{i=1}^n$ 构成的行满秩矩阵; n/m 的比值称为缩放比例; H 是卷积核, 为了保持图像缩放结果的光滑性.

我们以 $p = 2$ 时的无约束图像缩放模型 (3.26b) 为例, 简述交替方向乘子法求解图像缩放问题的过程. 通过引入变量 $y \in \mathbb{R}^{n \times 2}$ 和 $z \in \mathbb{R}^n$, 优化问题 (3.26b) 可以等价地写成

$$\min \ \tau\left\|\|y\|\right\|_1 + \frac{1}{2}\|Dz - x^0\|^2, \quad \text{subject to} \quad \nabla x = y, \quad Hx = z. \tag{3.27}$$

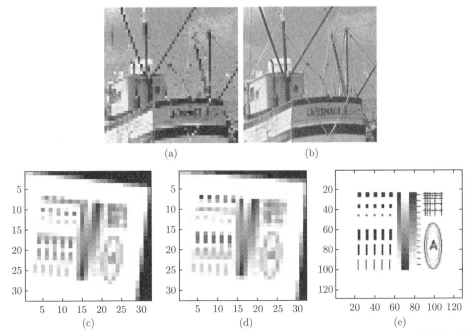

(a)   (b)

(c)   (d)   (e)

图 3.9   图像缩放示例. (a) 和 (b) 单幅图像放大 (Image Zooming). (c)—(e) 图像序列 (共
16 幅低分辨图像) 超分辨率重建 (Image Superresolution)

若记

• 变量 $x_1 := x$, $x_2 := (y, z)$; 函数 $\theta_1(x) := 0$, $\theta_2(y, z) := \tau\|\|y\|\|_1 + \dfrac{1}{2}\|Dz - x^0\|^2$;

• 线性算子 (矩阵)

$$A_1 := \begin{pmatrix} \nabla \\ H \end{pmatrix}, \quad A_2 := \begin{pmatrix} -I & 0 \\ 0 & -I \end{pmatrix}, \quad b := \begin{pmatrix} 0 \\ 0 \end{pmatrix},$$

上述优化问题是 2-块的可分凸优化问题. 因此, 交替方向法可以用来求解上述
$p = 2$ 时的图像缩放问题, 具体的子问题为

• x-子问题可以通过线性方程组的求解获得

$$x^{k+1} = \arg\min_x \left\{ \left\| \nabla x - y - \frac{\lambda_1^k}{\beta} \right\|^2 + \left\| Hx - z - \frac{\lambda_2^k}{\beta} \right\|^2 \right\}$$

$$\Leftrightarrow (\nabla^{\mathrm{T}}\nabla + H^{\mathrm{T}}H)x = \nabla^{\mathrm{T}}\left(y^k + \frac{\lambda_1^k}{\beta} \right) + H^{\mathrm{T}}\left(z^k + \frac{\lambda_2^k}{\beta} \right).$$

同理, 上述线性方程组可以用快速变换 (如 DFT 和 DCT) 快速求解.

- y-子问题可以借助 ℓ^1-范数的临近点函数求解

$$y^{k+1} = \arg\min_y \left\{ \tau\|\|y\|\|_1 + \frac{\beta}{2}\left\|\nabla x^{k+1} - y - \frac{\lambda_1^k}{\beta}\right\|^2 \right\} = \mathcal{S}_{\frac{\tau}{\beta}}\left(\nabla x^{k+1} - \frac{\lambda_1^k}{\beta}\right).$$

- z-子问题为

$$z^{k+1} = \arg\min_z \left\{ \|Dz - x^0\|^2 + \beta\left\|Hx^{k+1} - z - \frac{\lambda_2^k}{\beta}\right\|^2 \right\}$$

$$\Leftrightarrow (D^{\mathrm{T}}D + \beta I)z = D^{\mathrm{T}}x^0 + \beta Hx^{k+1} - \lambda_2^k.$$

由于 D 是由单位矩阵的若干列构成的, 所以 $D^{\mathrm{T}}D$ 为对角线元素为 $\{0,1\}$ 的对角矩阵, 因此, 上述 z-子问题求解仅需要 $O(n)$ 的浮点运算即可直接求解.

另一种图像缩放技术是利用若干低质量、低分辨率图像 (即同一场景的图像序列) 来产生单幅高质量、高分辨率图像, 称为图像的高分辨率重建. 图像高分辨率重建是目前图像放缩的主流研究方向. 它可以大大提高图像的识别能力和识别精度, 增强图像的细化水平, 在军事、医学、公共安全等方面都有着非常重要的应用前景. 我们记 $\{d_i\}_{i=1}^l \subset \mathbb{R}^m$ 为低分辨率的图像序列, $x \in \mathbb{R}^n$ 表示待重建的高分辨率图像, $D \in \mathbb{R}^{m \times n}$ 表示采样矩阵用来刻画图像放缩的程度. 由于图像序列 $\{d_i\}_{i=1}^l$ 是对同一个场景的成像过程, 任意两幅低分辨率图像 d_i 与 d_j 之间有位置差异, 我们用 $R_i \in \mathbb{R}^{n \times n}$ 表示图像序列 d_i 的位移矩阵. 由此, 可以建立低分辨率图像序列与高分辨率图像的数学关系为

$$d_i = DR_i x + \boldsymbol{n}_i, \quad i = 1, 2, \cdots, l, \tag{3.28}$$

其中 $\boldsymbol{n}_i$ 表示每幅低分辨率图像中可能存在的噪声. 基于变分理论, 图像超分辨率重建的经典变分模型 (无约束情形) 为

$$\min \tau\|\|\nabla x\|\|_1 + \sum_{i=1}^l \|SR_i x - d_i\|_p^p, \quad p = \{1, 2, \infty\}. \tag{3.29}$$

直观上看, 模型 (3.29) 是一个 m-块的可分凸优化问题 (3.4). 然而, 实际上模型 (3.29) 是一个 2-块的可分凸优化问题. 具体地, 记 $I_m \in \mathbb{R}^{m \times m}$ 为单位矩阵, "$\otimes$" 表示矩阵的 Kronecker 乘积. 令 $\mathbf{S} = I_m \otimes S$, $\mathbf{R} = [R_1; R_2; \cdots; R_m] \in \mathbb{R}^{mn \times n}$, $\mathbf{d} = [d_1; d_2; \cdots; d_m] \in \mathbb{R}^{lm}$, 则模型 (3.29) 可以写成

$$\min \alpha |\nabla x|_1 + \frac{1}{p}\|\mathbf{SR}x - \mathbf{d}\|_p^p. \tag{3.30}$$

因此, 可以类比交替方向法处理图像填补或 (单张) 图像缩放的步骤求解图像高分辨率重建问题. 注意: 在用交替方向乘子法求解图像高分辨率重建模型 (3.29) 时, 由于位移矩阵 R_i 没有特殊的分块结构 (如循环矩阵、Hankel 矩阵等), 所以对应 x-子问题的线性方程组不能再用快速 Fourier 变换或者 DCT 变换求解 (即使 ∇ 算子能够对角化). 而是采用数值代数中一般线性方程组的求解方法, 如 PCG 和 GMRES 等方法. 图 3.9 分别展示了用交替方向乘子法求解上述单张和多张图像缩放问题的数值效果.

3.7 图像分解问题

作为图像处理的一项研究内容, 图像分解在模式识别、材料分析以及图像分割等方面发挥了重要作用 (见 [3, 29]). 例如法医鉴定中的指纹识别问题, 通过提取指纹图像中的纹理部分, 对纹理进行分析判断. 给定一幅图像 f (称为目标图像), 图像分解的目的是将目标图像 f 分解成统计性质完全不相关的两幅图像, 即 $f = u + v$, 其中图像 u 包含了目标图像 f 的基本内容, 例如图像的轮廓、边界、平滑结构以及灰度等信息, 称为目标图像 f 的 cartoon 部分; 图像 v 提取了目标图像 f 的微小畸变、细节以及重复结构等信息, 称为目标图像 f 的 texture 部分. 图 3.10 给出了一幅目标图像及其 cartoon 与 texture 的例子, 从中我们可以直观地看出 cartoon 和 texture 的差异, 两者有着完全不同的统计信息 (理论上, 两者是统计无关的). 前者表现为图像函数的分片光滑部分, 而后者表现为图像函数的振荡部分. 一般地, 全变差正则项能保留住目标图像 f 的基本信息, 却容易损毁图像中的细节、纹理等微小要素, 即全变差范数对 cartoon 部分的恢复要优于 texture 部分. 在诸如指纹识别、材料分析以及分子生物学等领域, 需要识别对象的纹理、分子排列结构等, 因此, 对 texture 部分的提取显得非常重要.

鉴于 cartoon 和 texture 迥异的统计特征, 将两者从目标图像 f 中分离出来, 分别进行图像处理或图像分析是可行的. 由于全变差范数能够很好地恢复分片光滑图像的轮廓并能保护图像边界, 因此, 全变差范数是恢复 cartoon 部分的有效正则项. Meyer[29] 研究了提取目标图像 f 的 texture 部分的正则项, 将 Sobolev 空间的半范数引入了图像分解中. 具体地, Sobolev 空间的半范数定义为

$$\|v\|_{-1,q} = \inf\{\left\||g|\right\|_q \mid v = \mathrm{div}g, \ g \in \mathbb{R}^{n \times 2}\}, \quad \forall q \geqslant 1,$$

其中 $\mathrm{div} = -\nabla^{\mathrm{T}}$ 是散度算子. Meyer 证明了 texture 在半范数 $\|\cdot\|_{-1,\infty}$ 下的值比在范数 $\|\cdot\|$ 下的值要小, 因此可以采用 $\|\cdot\|_{-1,\infty}$ 来正则化 texture 部分, 这一研究成果为图像分解提供了理论依据. Meyer[29] 提出了图像分解模型

$$\min_{u \in \mathbb{R}^n, v \in \mathbb{R}^n} \quad \tau\left\|\|\nabla u\|\right\|_1 + \|v\|_{-1,\infty}, \quad \text{subject to } u + v = f.$$

然而, 无论是从最优化还是偏微分方程的角度, 涉及的上述图像分解模型数值上求解比较困难. Vese 和 Osher[42] 研究了 $\|v\|_{-1,\infty}$ 的一个近似, 设计了如下图像分解模型

$$\min_{u\in\mathbb{R}^n,g\in\mathbb{R}^{n\times 2}} \tau\big\|\,|\nabla u|\,\big\|_1 + \|u + \operatorname{div}g - f\|^2 + \mu\big\|\,|g|\,\big\|_\infty. \tag{3.31}$$

模型 (3.31) 解决了图像分解在数值上的困难. 后来, Osher 等[35] 用 $\|\cdot\|_{-1,2}$ 范数替代了 Meyer[29] 模型中的 $\|\cdot\|_{-1,\infty}$ 范数, 从而使得图像分解问题更加简单易解. 另外, 还有很多关于图像分解的经典数学模型, 如 Aujol 等[3] 运用了交替极小化方法处理约束的图像分解模型; Cai 等[8] 基于紧框架处理了有像素缺失图像的分解问题.

3.7.1　基于 Sobolev 空间负范数的图像分解模型

考虑模型 (3.31) 带有模糊和信息缺失的情形[32]

$$\min_{u,\,g}\ \tau\big\|\,|\nabla u|\,\big\|_1 + \|K(u + \operatorname{div}g) - f\|^2 + \mu\big\|\,|g|\,\big\|_p. \tag{3.32}$$

引入变量 $x\in\mathbb{R}^{n\times 2}$, $y\in\mathbb{R}^n$, $z\in\mathbb{R}^{n\times 2}$, 模型 (3.32) 可以等价地写成

$$\min\ \tau\big\|\,|x|\,\big\|_1 + \|Ky - f\|^2 + \mu\big\|\,|z|\,\big\|_p,\ \text{subject to}\ x = \nabla u,\ y = u + \operatorname{div}g,\ z = g. \tag{3.33}$$

上述等价形式的等式约束 $z = g$ 看似多余, 但是在交替方向法的子问题的求解中, 可以使得子问题都能有显式解 (这同注 3.1 中关于图像去噪模型的论述一致). 若记

- 变量 $x_1 := g$, $x_2 := u$, $x_3 := (x, y, z)$;
- 函数 $\theta_1(x_1) := 0$, $\theta_2(x_2) := 0$, $\theta_3(x_3) := \tau\big\|\,|x|\,\big\|_1 + \dfrac{1}{2}\|Ky - f\|^2 + \mu\||z|\|_p$;
- 线性算子 (矩阵)

$$A_1 := \begin{pmatrix} 0 \\ \operatorname{div} \\ I \end{pmatrix}, \quad A_2 := \begin{pmatrix} \nabla \\ I \\ 0 \end{pmatrix}, \quad A_3 := \begin{pmatrix} -I & 0 & 0 \\ 0 & -I & 0 \\ 0 & 0 & -I \end{pmatrix}, \quad b := 0.$$

模型 (3.33) 是 3-块的可分凸优化问题 (3.4). 因此可以用交替方向乘子法数值求解, 对应的 x_1-、x_2-和 x_3-子问题 (即 g-、u-和 (x, y, z)-子问题的求解如下 (我们这里对问题 (3.33) 中的等式约束分别采用了不同的罚参数 $(\beta_1, \beta_2, \beta_3)$)):

- g-子问题

$$g^{k+1} = \arg\min_g \left\{ \beta_2 \left\| u^k + \operatorname{div} g - y^k - \frac{\lambda_2^k}{\beta_2} \right\|^2 + \beta_3 \left\| z^k - g - \frac{\lambda_3^k}{\beta_3} \right\|^2 \right\}$$

$$\Leftrightarrow (\beta_2 \operatorname{div}^{\mathrm{T}} \operatorname{div} + \beta_3 I)g = \operatorname{div}^{\mathrm{T}} \left[\beta_2(y^k - u^k) + \lambda_2^k \right] + \beta_3 z^k - \lambda_3^k,$$

由于散度算子 $\operatorname{div} = -\nabla^{\mathrm{T}}$, 所以根据 ∇ 算子在 Fourier 或 DCT 域下可以对角化的特点, 上述线性方程组也可以用 FFT 或者 DCT 快速求解.

- u-子问题

$$u^{k+1} = \arg\min_u \left\{ \beta_1 \left\| \nabla u - x^k - \frac{\lambda_1^k}{\beta_1} \right\|^2 + \beta_2 \left\| u + \operatorname{div} g^{k+1} - y^k - \frac{\lambda_2^k}{\beta_2} \right\|^2 \right\}$$

$$\Leftrightarrow (\beta_1 \nabla^{\mathrm{T}} \nabla + \beta_2 I)u = \nabla^{\mathrm{T}}(\beta_1 x^k + \lambda_1^k) + \lambda_2^k + \beta_2(y^k - \operatorname{div} g^{k+1}).$$

上述方程组可以用 FFT 或 DCT 快速求解, 此处不再赘述.

- (x, y, z)-子问题对应如下优化问题

$$(x^{k+1}, y^{k+1}, z^{k+1})$$

$$= \left\{ \arg\min_{x,y,z} \tau \|\|x\|\|_1 + \frac{1}{2}\|Ky - f\|^2 + \mu\|\|z\|\|_p + \frac{\beta_1}{2}\left\| \nabla u^{k+1} - x - \frac{\lambda_1^k}{\beta_1} \right\|^2 \right.$$

$$\left. + \frac{\beta_2}{2}\left\| u^{k+1} + \operatorname{div} g^{k+1} - y - \frac{\lambda_2}{\beta_2} \right\|^2 + \frac{\beta_3}{2}\left\| z - g^{k+1} - \frac{\lambda_3}{\beta_3} \right\|^2 \right\},$$

由于上述优化问题关于变量 x, y 和 z 是可分的, 所以可以通过 (并行) 求解如下三个优化子问题实现.

- x-子问题可以计算软阈值得出

$$x^{k+1} = \arg\min_x \left\{ \tau \|\|x\|\|_1 + \frac{\beta_1}{2}\left\| x - \nabla u^{k+1} + \frac{\lambda_1^k}{\beta_1} \right\|^2 \right\}$$

$$= \mathcal{S}_{\frac{\tau}{\beta_1}}\left(\nabla u^{k+1} - \frac{\lambda_1^k}{\beta_1} \right).$$

- y-子问题

$$y^{k+1} = \arg\min_y \left\{ \|Ky - f\|^2 + \beta_2 \left\| u^{k+1} + \operatorname{div} g^{k+1} - y - \frac{\lambda_2^k}{\beta_2} \right\|^2 \right\}$$

$$\Leftrightarrow (K^{\mathrm{T}}K + \beta_2 I)y = K^{\mathrm{T}}f + \beta_2(u^{k+1} + \mathrm{div}\, g^{k+1}) - \lambda_2^k.$$

上述线性方程组的求解取决于算子 K 的具体情况. 例如, 当 $K^{\mathrm{T}}K$ 是对角矩阵时 (这对应于一幅无数据污染或损失的图像分解), 上述线性方程组可以很容易求解; 当 K 是模糊算子时 (对应于一幅有模糊的图像的图像分解), 上述线性方程组的 求解方法可以类比为图像去卷积问题的处理方式, 利用 FFT 或 DCT 进行快速求 解; 当 $K = SB$ 时, 其中 S 表示采样矩阵或信息缺失矩阵, B 表示模糊矩阵 (这 对应一幅有模糊和信息缺失的图像分解), 上述方程组只能通过数值代数中的常规 方法求解.

– z-子问题

$$z^{k+1} = \arg\min_z \left\{ \mu\|z\|_p + \frac{\beta_3}{2} \left\| z - g^{k+1} - \frac{\lambda_3^k}{\beta_3} \right\|^2 \right\}$$

$$= \mathrm{prox}_{\frac{\mu}{\beta_3}\|\cdot\|_p} \left(g^{k+1} + \frac{\lambda_3^k}{\beta_3} \right),$$

其中 $\mathrm{prox}_{c\|\cdot\|_p} : \mathbb{R}^{n\times 2} \to \mathbb{R}^{n\times 2}$ 是 p-范数的临近点函数 (见文献 [9] 的附录部分关 于 $\mathbb{R}^{n\times 2}$ 空间中 p-范数的临近点函数).

图 3.10 展示了 $K = I$ 时, 运用交替方向乘子法求解上述图像分解模型的数 值效果.

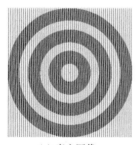  

(a) 真实图像   (b) cartoon 部分   (c) texture 部分

图 3.10   图像分解示例

3.7.2 基于矩阵低秩优化的图像分解模型

Schaeffer 和 Osher[39] 从矩阵低秩的角度设计了核范数的图像分解模型. 其基 本思想是: 将一幅 texture 的图像分割成若干 $r \times r$ $(r \ll n)$ 的小块 (称为 patch), 然后将每个 patch 向量化为 r^2 维的列向量, 记为 $w_i \in \mathbb{R}^{r^2}$, $i = 1, 2, \cdots, l$, 其中 $l = \lceil n/r^2 \rceil$. 将所有的向量 w_i 按列排成一个 $r^2 \times l$ 的矩阵, 记为 V. 我们把上述

将 $n \times n$ 的 texture 图像转换为 $r^2 \times l$ 矩阵的过程用算子 $\mathcal{P} : \mathbb{R}^n \to \mathbb{R}^{r^2 \times l}$ 来表示

$$V := \mathcal{P}v = [w_1, w_2, \cdots, w_l].$$

由于 texture 图像的纹理特点 (如细节、重复结构等), 使得矩阵 V 具有低秩特点. 因此, 可以借助低秩优化方面的相关内容建立图像分解的数学模型. Schaeffer 和 Osher[39] 建立了如下图像分解模型

$$\min_{u \in \mathbb{R}^n, v \in \mathbb{R}^n} \tau_1 \big\| |\nabla u| \big\|_1 + \tau_2 \|\mathcal{P}v\|_* + \frac{\tau_3}{2} \|K(u+v) - f\|^2, \tag{3.34}$$

其中 $\|\cdot\|_*$ 为矩阵的核范数 (定义为矩阵的奇异值之和). 核范数可以使得矩阵具有低秩特点, 此处用于提取图像的纹理信息. τ_i $(i = 1, 2, 3)$ 为目标函数中各项的均衡参数. $K : \mathbb{R}^n \to \mathbb{R}^n$ 为线性算子, 用于表示对有不同信息损失程度的图像进行分解, 其具体用法同上一小节中基于全变差的图像分解模型类似.

通过引入变量, 模型 (3.34) 可以等价地写成形如 (3.4) 的 3-块的可分凸优化问题. 具体地, 引入辅助变量 $x \in \mathbb{R}^{n \times 2}$, $y \in \mathbb{R}^{r^2 \times l}$ 和 $z \in \mathbb{R}^n$, 模型 (3.34) 等价于如下优化问题

$$\min \ \tau_1 \big\| |x| \big\|_1 + \tau_2 \|y\|_* + \frac{\tau_3}{2} \|Kz - f\|^2,$$

$$\text{subject to} \quad x = \nabla u, \ y = \mathcal{P}v, \ z = u + v. \tag{3.35}$$

若记

- 变量 $x_1 := u$, $x_2 := v$, $x_3 := (x, y, z)$;
- 函数 $\theta_1(x_1) := 0$, $\theta_2(x_2) := 0$, $\theta_3(x_3) := \tau_1 \big\| |x| \big\|_1 + \tau_2 \|y\|_* + \frac{\tau_3}{2} \|Kz - f\|^2$;
- 线性算子 (矩阵)

$$A_1 := \begin{pmatrix} \nabla \\ 0 \\ I \end{pmatrix}, \quad A_2 := \begin{pmatrix} 0 \\ \mathcal{P} \\ I \end{pmatrix}, \quad A_3 := \begin{pmatrix} -I & 0 & 0 \\ 0 & -I & 0 \\ 0 & 0 & -I \end{pmatrix}, \quad b := \begin{pmatrix} 0 \\ 0 \\ 0 \end{pmatrix},$$

上述问题是一个 3-块的可分凸优化问题. 因此, 交替方向乘子法的迭代格式可以数值求解图像分解问题. 迭代格式 (3.5) 中 x_i-子问题求解过程简述如下:

- u-子问题

$$u^{k+1} = \arg\min_u \left\{ \left\| \nabla u - x^k - \frac{\lambda_1^k}{\beta} \right\|^2 + \left\| u + v^k - z^k - \frac{\lambda_3^k}{\beta} \right\|^2 \right\}$$

$$\Leftrightarrow (\nabla^{\mathrm{T}} \nabla + I)u = \nabla^{\mathrm{T}} \left(x^k + \frac{\lambda_1^k}{\beta} \right) + z^k - v^k + \frac{\lambda_3^k}{\beta}.$$

上述子问题可以用 FFT 或 DCT 快速求解.

- v-子问题

$$v^{k+1} = \arg\min_v \left\{ \left\| \mathcal{P}v - y^k - \frac{\lambda_2^k}{\beta} \right\|^2 + \left\| u^{k+1} + v - z^k - \frac{\lambda_3^k}{\beta} \right\|^2 \right\}$$

$$\Leftrightarrow (I + \mathcal{P}^{\mathrm{T}}\mathcal{P})v = \mathcal{P}^{\mathrm{T}}\left(y^k + \frac{\lambda_2^k}{\beta} \right) + z^k - u^{k+1} + \frac{\lambda_3^k}{\beta}.$$

因为算子 $\mathcal{P}$ 是将矩阵向量化的过程, 所以在求 $\mathcal{P}^{\mathrm{T}}$ 的过程中, 只需要将向量重新组合出原有的矩阵即可. 从而得到线性方程组 $\mathcal{P}^{\mathrm{T}}\mathcal{P} = I$.

- (x, y, z)-子问题依然是可以并行求解的可分凸优化问题.
- x-子问题可以通过软阈值求解

$$x^{k+1} = \arg\min_x \left\{ \tau_1 \|\|x\|\|_1 + \frac{\beta}{2} \left\| \nabla u^{k+1} - x - \frac{\lambda_1^k}{\beta} \right\|^2 \right\}$$

$$= \mathcal{S}_{\frac{\tau_1}{\beta}}\left(\nabla u^{k+1} - \frac{\lambda_1^k}{\beta} \right),$$

- y-子问题可以通过核范数优化求出

$$\tilde{y}^k = \arg\min_y \left\{ \tau_2 \|y\|_* + \frac{\beta}{2} \left\| \mathcal{P}v^{k+1} - y - \frac{\lambda_2^k}{\beta} \right\|^2 \right\} = \mathcal{D}_{\frac{\tau_2}{\beta}}\left(y^k - \frac{\lambda_2^k}{\beta} \right),$$

其中, 对任意 $c > 0$, 映射 $\mathcal{D}_c : \mathbb{R}^{m \times n} \to \mathbb{R}^{m \times n}$ 定义为

$$\mathcal{D}_c(M) := U\hat{\Sigma}V^{\mathrm{T}}, \quad \forall M \in \mathbb{R}^{m \times n},$$

这里 $U\hat{\Sigma}V^{\mathrm{T}}$ 是矩阵 M 的奇异值分解, 而

$$\hat{\Sigma}_{ij} = \max\{\Sigma_{ij} - c, 0\}, \quad \forall i = 1, 2, \cdots, m; \quad j = 1, 2, \cdots, n.$$

- z-子问题为

$$z^{k+1} = \arg\min_z \left\{ \tau_3 \|Kz - f\|^2 + \beta \left\| u^{k+1} + v^{k+1} - z - \frac{\lambda_3^k}{\beta} \right\|^2 \right\}$$

$$\Leftrightarrow (\tau_3 K^{\mathrm{T}}K + \beta I)z = \tau_3 K^{\mathrm{T}}f + \beta(u^{k+1} + v^{k+1}) - \lambda_3^k.$$

类似全变差时的图像分解模型, 上述线性方程组的求解依赖于算子 K 的具体形式, 此处不再赘述.

图 3.11 展示了 $K = S$ 时, 运用交替方向乘子法求解上述矩阵低秩的图像分解模型的数值效果.

信息缺失的图像 　　　cartoon 部分 　　　texture 部分

图 3.11　带有信息缺失的图像分解问题

3.8　监视器视频数据背景提取问题

监视器系统的视频数据背景提取问题是视频处理、目标跟踪中的重要研究课题. 视频帧与帧之间的 "微妙" 变化, 使得监视器产生的视频具有低秩的特点. 视频处理中的背景提前、运动跟踪等问题可以利用矩阵的低秩、稀疏等特点, 通过求解矩阵优化问题而得到. 设 $D \in \mathbb{R}^{m \times n}$ 为一段监视器的视频数据, n 为该视频的帧数, m 为每帧的像素数 (已经对每帧图像进行了向量化). 背景提取的目的是通过计算机视频处理手段将视频数据 $D = X + Y$, 其中 X 表示视频数据的静态背景部分, Y 表示视频数据的前景部分 (如运动的行人、车辆、物体等).

从数学上讲, X 部分具有低秩序的特点, 而 Y 具有稀疏的特点. 背景分离的难点在于视频数据 D 中常常伴有的噪声、信息缺失、光照不均等现象. Candès 等[10] 最早提出了用鲁棒主成分分析 (Robust Principle Component Analysis, RPCA) 的方法来处理视频背景提取问题, 并用增广拉格朗日乘子法求解矩阵优化模型. Tao 和 Yuan[40] 提出了处理带有数据缺失和噪声的 RPCA 问题的矩阵优化模型

$$\text{(约束模型)} \quad \min \left\{ \|X\|_* + \tau \|Y\|_1 \mid \|P_\Omega(M - X - Y)\|_F \leqslant \sigma \right\}, \quad (3.36a)$$

$$\text{(无约束模型)} \quad \min \|X\|_* + \tau \|Y\|_1 + \frac{1}{2\mu} \|P_\Omega(M - X - Y)\|_F^2, \quad (3.36b)$$

其中 $M := P_\Omega(D)$, $\sigma > 0, \tau > 0$ 和 $\mu > 0$ 是模型参数. $\|\cdot\|_*$ 是矩阵的核范数 (定义为矩阵的奇异值之和), $\|\cdot\|_1$ 表示将一个矩阵向量化后的 $\mathcal{L}^1$ 范数, $\|\cdot\|_F$ 是矩阵的 Frobenius 范数. $\Omega \subset \{1, \cdots, l\} \times \{1, \cdots, n\}$ 表示指标集, 即对于 Ω 内的点, 视频数据 D 没有发生数据丢失. $P_\Omega : \mathbb{R}^{l \times n} \to \mathbb{R}^{l \times n}$ 标注了已知视频数据中所有

的未丢失像素点的位置, 即

$$[P_\Omega(X)]_{ij} = \begin{cases} X_{ij}, & (i,j) \in \Omega, \\ 0, & (i,j) \notin \Omega, \end{cases} \quad 1 \leqslant i \leqslant l,\ 1 \leqslant j \leqslant n.$$

文献 [40] 提出了一个有效变种的交替方向法来求解模型 (3.36). 以模型 (3.36b) 为例, 通过引入变量 $Z \in \mathbb{R}^{l \times n}$, 模型 (3.36b) 可以等价地写成

$$\min \ \|X\|_* + \tau\|Y\|_1 + \frac{1}{2\mu}\|P_\Omega(Z)\|_F^2,$$

$$\text{subject to} \quad X + Y + Z = M. \tag{3.37}$$

进一步地, 定义

- $x = (x_1, x_2, x_3) := (X, Y, Z)$, $A_i := I$ $(i = 1, 2, 3)$, $b = M$;
- $\theta_1(X) := \|X\|_*$, $\theta_2(Y) := \tau\|Y\|_1$, $\theta_3(Z) := \dfrac{1}{2\mu}\|P_\Omega(Z)\|_F^2$,

优化问题 (3.37) 是一个典型的 3-块可分凸优化问题 (3.4). 因此可以用交替方向乘子法进行数值求解. 具体地,

- x_1-子问题 (即 X-子问题)

$$X^{k+1} = \arg\min_X \left\{ \|X\|_* + \frac{\beta}{2}\|X + Y^k + Z^k - M\|_F^2 \right\}$$

是核范数的临近点函数, 其具体计算公式已在 3.7.2 小节中给出.

- x_2-子问题 (即 Y-子问题)

$$Y^{k+1} = \arg\min_Y \left\{ \tau\|Y\|_1 + \frac{\beta}{2}\|X^{k+1} + Y + Z^k - M\|_F^2 \right\}$$

是 ℓ^1-范数的临近点函数, 可以类似向量时的软阈值算子, 将软阈值运算作用到矩阵的每一个元素上.

- x_3-子问题 (即 Z-子问题)

$$Z^{k+1} = \arg\min_Z \left\{ \frac{1}{\mu}\|P_\Omega(Z)\|_F^2 + \beta\|X^{k+1} + Y^{k+1} + Z - M\|_F^2 \right\}$$

$$\Leftrightarrow (P_\Omega + \mu\beta I)Z = \mu\beta(M - X^{k+1} - Y^{k+1}).$$

因为算子 P_Ω 只是标注了矩阵中像素缺失的位置, 所以 P_Ω 可以理解成一个取值为 $\{0, 1\}$ 的对角矩阵.

图 3.12 展示了运用交替方向乘子法求解 RPCA 问题的数值效果.

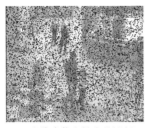

(a) 有像素信息缺失的视频   (b) 视频的背景   (c) 视频的前景

图 3.12　带有信息缺失、噪声的视频数据背景提取问题示例

3.9　图像 retinex 问题

在我们观察自然界的过程中, 人的视觉系统往往通过收集自然界、目标物体等漫反射而来的光子信息的强度, 来感知物体或环境的色彩. 从生物学角度看, 人的视觉系统 (Human Visual System, HSV) 通过瞳孔、视网膜 (Retina) 和视神经或视觉中枢 (Visual Cortex) 组成. 通过三者的先后的光信息、神经信息等传递, 使得我们可以感受到周围环境、自然界的各种色彩. 然而, 在上述信息转移的过程中, 信号的传递可能会有误差. 换言之, 通过人的视觉系统感知到的色彩有时可能并不是真实意义上的光学信息. 如图 3.13(a) 所示, 对于 A 和 B 两个小块, 从直觉上看, A 小块看起来 "深" 一些, B 小块看起来颜色要 "淡" 一些. 然而, 实际上, A 和 B 两小块具有相同的像素值 (见图 3.13(b) A 和 B 小块的具体像素值信息).

(a)　　　　　　　　　(b)

图 3.13　图像 retinex 示例 (见文献 [30])

这一有趣的现象让人们研究视觉系统的光强度补偿问题, 也称为 "retinex" 问题 (这一词汇由单词 retina 和 cortex 合成而来, 相关文献见 [17, 28] 等). 记 $\Omega = \{1, 2, \cdots, n_1\} \times \{1, 2, \cdots, n_2\}$ 为 2D 离散区域, $S : \Omega \to \mathbb{R}_+^d$ 是定义在离散区域 Ω 上的向量值函数, 表示一幅图像 (当 $d = 1$ 时, 表示灰度图像; 当 $d = 3$ 时, 表示彩色 RGB 图像). 如果图像 S 中存在光照信息偏差而需要对真实图像进行

感光补偿, 这一过程中的图像形式可以表示为

$$S(\mathbf{i}) = L(\mathbf{i}) \circ R(\mathbf{i}), \quad \forall \mathbf{i} \in \Omega, \tag{3.38}$$

其中 $\mathbf{i} = (i_1, i_2) \in \Omega$ 是图像中像素的位置; $L : \Omega \to \mathbb{R}_+^d$ 和 $R : \Omega \to \mathbb{R}_+^d$ 分别表示观测图像 S 中的光照 (Illumination) 和反射强度 (Reflectance); "$\circ$" 表示矩阵的 Hadamard 乘积. 一般地, 光照 L 和反射强度 R 会有一些简单的约束条件, 如

$$0 \leqslant R(\mathbf{i}) \leqslant 1, \quad 0 < L(\mathbf{i}) < \infty, \ \forall \mathbf{i} \in \Omega.$$

　　从数学上讲, 图像 retinex 致力于将给定矩阵 S 中的 L 和 R 分离出来. 这有别于图像分解是加性的运算, 这里的 retinex 是乘性的运算. 目前已有的方法主要包括基于 patch 的方法和基于 PDE 理论的变分模型 (见 [27,30] 等综述性文献). 对 (3.38) 的等式两边都作对数运算, 可以得到 (见 [31])

$$s(\mathbf{i}) = l(\mathbf{i}) - r(\mathbf{i}), \ \forall \mathbf{i} \in \Omega, \tag{3.39}$$

其中 $s := \log(S), l := \log(L)$ 和 $r := -\log(R)$. 针对问题 (3.39), 有一系列数学模型可以实现 (3.38) 中 L 和 R 的分离, 如

$$\min_{r \in \mathbb{R}^n} \ \left\|\|\nabla_w r\|\right\|_1 + \beta \|\nabla(r+s)\|^2, \tag{3.40a}$$

$$\min_{r \in \mathbb{R}^n, \, l \in \mathbb{R}^n} \ \|\|\nabla r\|\|_1 + \frac{\alpha}{2}\|\nabla l\|^2 + \frac{\beta}{2}\|l - r - s\|^2 + \frac{\mu}{2}\|l\|^2,$$

$$\text{subject to } r \geqslant 0, \ l \geqslant s, \tag{3.40b}$$

其中 $\|\|\nabla_w \cdot\|\|_1$ 为 non-local 意义下的全变差正则项. 我们这里考虑如下图像 retinex 模型

$$\min_{r \in \mathbb{R}^n, \, l \in \mathbb{R}^n} \ \|\|\nabla r\|\|_1 + \frac{\alpha}{2}\|\nabla l\|^2,$$

$$\text{subject to } \|l - r - s\|_p \leqslant \sigma, \ r \in \mathbf{R}, \ l \in \mathbf{L}, \tag{3.41}$$

其中 $\mathbf{R} := \{r \in \mathbb{R}^n \mid 0 \leqslant r \leqslant \bar{r}\}$ 和 $\mathbf{L} := \{l \in \mathbb{R}^n \mid s \leqslant l \leqslant \bar{l}\}$.

　　引入变量 $x \in \mathbb{R}^{n \times 2}$ 和 $y \in \mathbb{R}^n$, 图像 retinex 模型 (3.41) 可以写为

$$\min \ \|\|x\|\|_1 + \frac{\alpha}{2}\|\nabla l\|^2,$$

$$\text{subject to } \nabla r = x, \ l - r - y = s, \ y \in \mathbf{Y}, \ r \in \mathbf{R}, \ l \in \mathbf{L}, \tag{3.42}$$

其中 $\mathbf{Y} = \{y \in \mathbb{R}^n \mid \|y\|_p \leqslant \sigma\}$. 若记

- 变量 $x_1 := r$, $x_2 := (x, y)$, $x_3 := l$; 集合 $\mathcal{X}_1 := \mathbf{R}$, $\mathcal{X}_2 := \mathbb{R}^{n \times 2} \times \mathbf{Y}$, $\mathcal{X}_3 := \mathbf{L}$;
- 函数 $\theta_1(x_1) := 0$, $\theta_2(x_2) := \|\|x\|\|_1$, $\theta_3(x_3) = \dfrac{\alpha}{2} \|\|\nabla l\|\|^2$;
- 线性算子 (矩阵)

$$A_1 := \begin{pmatrix} \nabla \\ I \end{pmatrix}, \quad A_2 := \begin{pmatrix} -I & 0 \\ 0 & -I \end{pmatrix}, \quad A_3 := \begin{pmatrix} 0 \\ -I \end{pmatrix}, \quad b := \begin{pmatrix} 0 \\ s \end{pmatrix},$$

图像 retinex 模型 (3.41) 可以写成一个 3-块的可分凸优化问题 (3.4). 用交替方向乘子法的迭代格式 (3.5) 求解上述变形后的优化问题的子问题分别为

- x_1-子问题 (即 r-子问题) 是一个盒子约束的最小二乘问题 (需要借助内迭代求解)

$$r^{k+1} = \arg \min_{r \in \mathbb{R}} \left\{ \left\|\nabla r - x^k - \frac{\lambda_1^k}{\beta}\right\|^2 + \left\|l^k - r - y^k - \frac{\lambda_2^k}{\beta}\right\|^2 \right\}.$$

- x_2-子问题 (即 (x, y)-子问题) 可以并行求解.
- x-子问题可以通过软阈值求解

$$x^{k+1} = \arg \min_{x \in \mathbb{R}^{n \times 2}} \left\{ \|\|x\|\|_1 + \frac{\beta}{2} \left\|\nabla r^{k+1} - x - \frac{\lambda_1^k}{\beta}\right\|^2 \right\}$$

$$= \mathcal{S}_{\frac{1}{\beta}} \left(\nabla r^{k+1} - \frac{\lambda_1^k}{\beta} \right).$$

- y-子问题等价于在集合 $\mathbf{Y}$ 上的投影 (有显式表达式)

$$y^{k+1} = \arg \min_{y \in \mathbf{Y}} \left\{ \left\|l^k - r^{k+1} - y - \frac{\lambda_2^k}{\beta}\right\|^2 \right\}.$$

- x_3-子问题 (即 l-子问题) 与 r-子问题类似, 是一个盒子约束的最小二乘问题, 需要内迭代求解

$$l^{k+1} = \arg \min_{l \in \mathcal{L}} \left\{ \alpha \|\|\nabla l\|\|^2 + \beta \left\|l - r - y - \frac{\lambda_2}{\beta}\right\|^2 \right\}.$$

由上述问题的求解过程可以看出, 交替方向乘子法的子问题求解中, 如果模型变量有额外约束 $\mathcal{X}_i$, 会影响子问题求解的效率. 我们以相关工作如何处理变量中有 $\mathcal{X}_i$ 约束的算法. 图 3.14 展示了两幅图像 retinex 的数值效果.

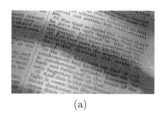 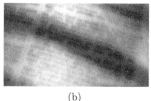 

(a)   (b)   (c)

图 3.14   图像 retinex 数值效果

3.10   瑕疵检测问题

在纺织科学与织造工艺中, 纺织品在织造过程中可能会有扭结、划痕、破洞、污损等异常现象. 这些异常现象统称为织物瑕疵. 图 3.15 展示了若干幅有瑕疵的不同纹理的织物图像. 如何精确地、实时地检测出纺织品中的瑕疵, 对于提高产品质量、资源利用率和生产效率有着重要的经济意义. 人工方式的瑕疵检测具有劳动强度大、检测效率低、瑕疵的甄别或分类易受主观因素影响等缺陷, 已经很难满足工业生产的要求. 随着计算机视觉和模式识别技术的发展, 建立纺织品的自动化视觉检测系统是纺织科学与织造工艺中的一项重要研究内容.

纹理分析在模式识别、特征提取等方面发挥了重要作用. 给定一幅目标图像, 纹理分析的目的是将目标图像分解成统计性质无关的两幅图像的叠加. 其中体现目标图像的轮廓、边界、平滑结构及灰度值等信息的部分称为 cartoon; 包含目标图像的纹理、细节及重复结构等信息的部分称为 texture. 尽管 cartoon 与 texture 的函数性质迥异 (前者具有分片光滑性, 后者具有高频周期性), 二者在 Sobolev 空间范数下都具有稀疏结构. 如何基于图像分析技术, 建立纺织品瑕疵检测的数学模型, 设计快速稳健的稀疏优化算法来准确地识别织物中的瑕疵, 对纺织生产有重要意义.

我们考虑如下基于全变差和矩阵低秩的瑕疵检测模型

$$\min_{u,\lambda} \; \||\nabla u\|\|_1, \quad \text{subject to} \quad \|\lambda\|_1 \leqslant \varepsilon_s, \; \|\lambda\|_* \leqslant \varepsilon_r, \; \|u + \Psi\lambda - f\|_p \leqslant \varepsilon_n, \tag{3.43}$$

其中 $\lambda \in \mathbb{R}^{n_1 \times n_2}$ 为 Dirac 矩阵 (用于刻画织物图像中每个图案基元的位置), $\|\lambda\|_1$ 定义为 $\|\lambda\|_1 = \sum\limits_{i=1}^{n_1} \sum\limits_{j=1}^{n_2} |\lambda_{ij}|$. 为了运用交替方向乘子法求解瑕疵检测模型 (3.43), 我们引入辅助变量 $y \in \mathbb{R}^{n \times 2}$, $\xi \in \mathbb{R}^n$, $\zeta \in \mathbb{R}^n$ 和 $z \in \mathbb{R}^n$. 因此, 瑕疵检测模型 (3.43) 可写为

$$\min \; \||y\|\|_1, \quad \text{subject to} \quad y = \nabla u, \; z = u + \Psi\lambda - f, \; \xi = \lambda, \; \zeta = \lambda, \tag{3.44}$$

其中集合 $\mathcal{B}_n := \{z \mid \|z\|_p \leqslant \varepsilon_n\}$, $\mathcal{B}_s := \{\xi \mid \|\xi\|_1 \leqslant \varepsilon_s\}$ 和 $\mathcal{B}_r := \{\zeta \mid \|\zeta\|_* \leqslant \varepsilon_r\}$. 若记

- 变量 $x_1 := u$, $x_2 := \lambda$, $x_3 := (y, \xi, \zeta, z)$; 集合 $\mathcal{X}_1 := \mathbb{R}^n$, $\mathcal{X}_2 := \mathbb{R}^n$, $\mathcal{X}_3 := \mathbb{R}^{n \times 2} \times \mathcal{B}_s \times \mathcal{B}_r \times \mathcal{B}_n$;
- 函数 $\theta_1(x_1) := 0$, $\theta_2(x_2) := 0$, $\theta_3(x_3) := \||y\||_1$;
- 线性算子 (矩阵)

$$
A_1 := \begin{pmatrix} \nabla \\ 0 \\ 0 \\ I \end{pmatrix}, \quad A_2 := \begin{pmatrix} 0 \\ I \\ I \\ \Psi \end{pmatrix}, \quad A_3 := \begin{pmatrix} -I & 0 & 0 & 0 \\ 0 & -I & 0 & 0 \\ 0 & 0 & -I & 0 \\ 0 & 0 & 0 & -I \end{pmatrix}, \quad b := \begin{pmatrix} 0 \\ 0 \\ 0 \\ f \end{pmatrix}.
$$

上述优化问题 (3.44) 为一个 3-块的可分凸优化问题 (3.4). 因此, 交替方向乘子法可以用于数值求解上述瑕疵检测问题. 具体的 x_i-子问题 ($i = 1, 2, 3$) 的求解方式如下:

- u-子问题对应一个最小二乘问题

$$
u^{k+1} = \underset{u \in \mathbb{R}^n}{\operatorname{argmin}} \left\{ \beta_1 \|\nabla u - y^k - w_1^k\|^2 + \beta_4 \|u + \Psi \lambda^k - z^k - f - w_4^k\|^2 \right\}
$$

$$
\Leftrightarrow (\beta_1 \nabla^{\mathrm{T}} \nabla + \beta_4 I) u = \beta_1 \nabla^{\mathrm{T}} (y^k + w_1^k) - \beta_4 (\Psi \lambda^k - z^k - f - w_4^k).
$$

上述线性方程组可以用 FFT 或 DCT 变换快速求解.

- λ-子问题为线性最小二乘问题

$$
\lambda^{k+1} = \underset{\lambda \in \mathbb{R}^n}{\operatorname{argmin}} \left\{ \beta_2 \|\lambda - \xi^k - w_2^k\|^2 + \beta_3 \|\lambda - \zeta^k - w_3^k\|^2 \right.
$$

$$
\left. + \beta_4 \|u^{k+1} + \Psi \lambda - z^k - f - w_4^k\|^2 \right\}
$$

$$
\Leftrightarrow (\beta_2 I + \beta_3 I + \beta_4 \Psi^{\mathrm{T}} \Psi) \lambda
$$

$$
= \beta_2 (\xi^k + w_1^k) + \beta_3 (\zeta^k + w_2^k)
$$

$$
- \beta_4 \Psi^{\mathrm{T}} (u^{k+1} - z^k - f - w_4^k).
$$

因为 Ψ 是由图案基元作为卷积核产生的 Block-Circulant-Circulant-Block (BCCB) 矩阵, 所以可以类似上面小节中的卷积矩阵, 用 FFT 进行对角化. 所以, 上述线性方程组可以快速求解.

- y-子问题可以用软阈值算子求解

$$
y^{k+1} = \underset{y \in \mathbb{R}^{n \times 2}}{\operatorname{argmin}} \left\{ \||y\||_1 + \frac{\beta_1}{2} \|y - \nabla u^{k+1} + w_1^k\|^2 \right\} = \mathcal{S}_{\frac{1}{\beta_1}} (\nabla u^{k+1} - w_1^k).
$$

- ξ-子问题等价于在 ℓ^1-范数球上的投影

$$\xi^{k+1} = \underset{\xi \in \mathcal{B}_s}{\arg\min} \|\xi - \lambda^{k+1} + w_2^k\|^2 = \Pi_{\mathcal{B}_s}(\lambda^{k+1} - w_2^k).$$

- ζ-子问题等价于在核范数球上的投影

$$\zeta^{k+1} = \underset{\zeta \in \mathcal{B}_r}{\arg\min} \|\zeta - \lambda^{k+1} + w_3^k\|^2 = \Pi_{\mathcal{B}_r}(\lambda^{k+1} - w_3^k).$$

- z-子问题等价于在 ℓ^p-范数球上的投影

$$z^{k+1} = \underset{z \in \mathcal{B}_n}{\arg\min} \|z - u^{k+1} - \Psi\lambda^{k+1} + f + w_4^k\|^2$$

$$= \Pi_{\mathcal{B}_n}(u^{k+1} + \Psi\lambda^{k+1} - f - w_4^k).$$

图 3.15 展示了通过求解上述模型检测出的织物图像中的瑕疵.

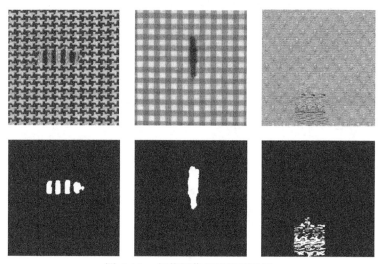

图 3.15　织物图像瑕疵检测示例

3.11　案 例 小 结

本案例中介绍的若干图像处理问题均是图像处理领域中可以用优化算法处理的数学问题. 这些问题多用来作为优化算法设计中的测试问题. 对于更为复杂的图像分析、模式识别等图像/视频问题, 由于数学模型通常具有非凸性, 一般不太容易优化方法求得全局最优解. 另一方面, 对于本案例中的若干图像处理问题, 除了用交替方向乘子法这一熟知的优化算法, 还有很多广受欢迎的方法, 如原始对偶混合梯度方法 (Primal-Dual Hybrid Gradient, PDHG)、交替极小化方法 (Alternating Minimization, AM) 等等. 我们已经初步建立了求解下述图像问题的 MATLAB 软件包 (图 3.16), 供对程序编写感兴趣的读者参考.

图 3.16   本案例中图像处理问题对应的 MATLAB 软件包

参 考 文 献

[1]   Afonso M, Bioucas-Dias J, Figueiredo M. Fast image recovery using variable splitting and constrained optimization[J]. IEEE Trans. Image Processing, 2010, 19: 2345-2356.

[2]   Afonso M, Bioucas-Dias J, Figueiredo M. An augmented Lagrangian approach to the constrained optimization formulation of imaging inverse problems[J]. IEEE Trans. Image Processing, 2011, 20: 681-695.

[3]   Aujol J F, Chambolle A. Dual norms and image decomposition models[J]. Int. J. Compu. Vision, 2005, 63: 85-104.

[4]   Bertalmio M, Sapiro G, Caselles V, Ballester C. Image inpainting[C]//Proceedings of the 27th Annual Conference on Computer Graphics and interactive Techniques. New York: ACM, 2000: 417-424.

[5]   Boyd S, ParikhN, Chu E, Peleato B, Eckstein J. Distributed optimization and statistical learning via the alternating direction method of multipliers[J]. Found. Trends. Mach. Learn., 2010, 3: 1-122.

[6]   Buades A, Coll B, Morel J M. A review of image denoising algorithms, with a new one[J]. Multiscale Modeling & Simulation, 2005, 4: 490-530.

[7]   Cai J F, Chan R H, Nikolova M. Two-phase approach for deblurring images corrupted by impulse plus Gaussian noise[J]. Inverse Problems & Imaging, 2008, 2: 187-204.

[8]   Cai J F, Chan R H, Shen Z W. Simultaneous cartoon and texture inpainting[J]. Inverse Problems & Imaging, 2010, 4: 379-395.

[9]　Cai X J, Guo K, Jiang F, et al. The developments of proximal point algorithms[J]. J. Oper. Res. Soc. China, 2022: 1-43.

[10]　Candès E J, Li X, Ma Y, Wright J. Robust principal component analysis?[J]. Journal of the ACM, 2011, 58: 1-37.

[11]　Candès E J, Romberg J, Tao T. Robust uncertainty principles: Exact signal reconstruction from highly incomplete frequency information[J]. IEEE Trans. Inf. Theory, 2006, 52: 489-509.

[12]　Candès E J, Tao T. Decoding by linear programming[J]. IEEE Trans. Inf. Theory, 2005, 51: 4203-4215.

[13]　Chambolle A, Pock T. An introduction to continuous optimization for imaging[J]. Acta Numerica, 2016, 25: 161-319.

[14]　Chan T F, Shen J H. Image Processing and Analysis: Variational, PDE, Wavelet, and Stochastic Methods. Philadelphia: SIAM, 2005.

[15]　Dai Y H, Han D R, Yuan X M, Zhang W X. A sequential updating scheme of the Lagrange multiplier for separable convex programming[J]. Math. Comput., 2017, 86: 315-343.

[16]　Donoho D L. Compressed sensing[J]. IEEE Trans. Inf. Theory, 2006, 52: 1289-1306.

[17]　Ebner M. Color Constancy. New Jersey: Wiley, 2007.

[18]　Fehrenbach J, Weiss P, Lorenzo C. Variational algorithms to remove stationary noise: Applications to microscopy imaging[J]. IEEE Transactions on Image Processing, 2012, 21: 4420-4430.

[19]　Gabay D. Chapter IX applications of the method of multipliers to variational inequalities[M]// Fortin M, Glowinski R. ed. Augmented Lagrangian Methods: Applications to the Numerical Solution of Boundary-Value Problems. Amsterdam: Elsevier, 1983: 299-331.

[20]　Glowinski R. Numerical Methods for Nonlinear Variational Problems[M]. Berlin, Heidelberg: Springer, 1984.

[21]　Han D R. A survey on some recent developments of alternating direction method of multipliers[J]. J. Oper. Res. Soc. China, 2022, 10: 1-52.

[22]　Han D R, Yuan X M, Zhang W X. An augmented Lagrangian based parallel splitting method for separable convex minimization with applications to image processing[J]. Math. Comput., 2014, 83: 2263-2291.

[23]　P.C. Hansen, J. G. Nagy, and D. P. O' Leary, Deblurring Images: Matrices, Spectra, and Filtering[M]. Philadelphia: SIAM, 2006.

[24]　He B S, Yuan X M. On the $O(1/n)$ convergence rate of the douglas-rachford alternating direction method[J]. SIAM J. Numer. Anal., 2012, 50: 700-709.

[25]　He B S, Yuan X M. Convergence analysis of primal-dual algorithms for a saddle-point problem: From contraction perspective[J]. SIAM J. Imaging Sci., 2012, 5: 119-149.

[26] Huang Y M, Ng M K, Wen Y W. Fast image restoration methods for impulse and Gaussian noises removal[J]. IEEE Signal Processing Letters, 2009, 16: 457-460.

[27] Kimmel R, Elad M, Shaked D, Keshet R, Sobel I. A variational framework for retinex[J]. Inter. J. Compu Vision, 2003, 52: 7-23.

[28] Land E H, McCann J J. Lightness and retinex theory[J]. J. Optic. Soci. Amer., 1971, 61: 1-11.

[29] Meyer Y. Oscillating Patterns in Image Processing and Nonlinear Evolution Equations[M]. University Lecture Series, AMS, 2002.

[30] Morel J M, Petro A B, Sbert C. A PDE formalization of retinex theory[J]. IEEE Trans. on Image Processing, 2010, 19: 2825-2837.

[31] Ng M K, Wang W. A total variation model for retinex[J]. SIAM Journal on Imaging Sciences, 2011, 4: 345-365.

[32] Ng M K, Yuan X M, Zhang W X. Coupled variational image decomposition and restoration model for blurred cartoon-plus-texture images with missing pixels[J]. IEEE Trans. Image Processing, 2013, 22: 2233-2246.

[33] Nikolova M. A variational approach to remove outliers and impulse noise[J]. J. Math. Imaging and Vision, 2004, 20: 99-120.

[34] Nocedal J, Wright S. Numerical Optimization[M]. New York: Springer-Verlag, 1999.

[35] Osher S, Sole A, Vese L. Image decomposition and restoration using total variation minimization and theH1[J]. Multiscale Modeling & Simulation, 2003, 1: 349-370.

[36] Parikh N, Boyd S. Proximal algorithms[J]. Found. Trends Optim., 2014, 1: 127-239.

[37] Pratt W K. Digital Image Processing: PIKS Inside[M]. 3rd ed. New York: John Wiley & Sons, Inc, 2001.

[38] Rudin L I, Osher S, Fatemi E. Nonlinear total variation based noise removal algorithms[J]. Physica D, 1992, 60: 259-268.

[39] Schaeffer H, Osher S. A low patch-rank interpretation of texture[J]. SIAM J. Imaging Sci., 2013, 6: 226-262.

[40] Tao M, Yuan X M. Recovering low-rank and sparse components of matrices from incomplete and noisy observations[J]. SIAM J. Optim., 2011, 21: 57-81.

[41] van den Berg E, Friedlander M P. Probing the Pareto frontier for basis pursuit solutions[J]. SIAM J. Sci. Comp., 2008, 31: 890-912.

[42] Vese L, Osher S. Modeling textures with total variation minimization and oscillating patterns in image processing[J]. J. Sci. Comput., 2003, 19: 553-572.

[43] Wang Y L, Yang J F, Yin W T, Zhang Y. A new alternating minimization algorithm for total variation image reconstruction[J]. SIAM J. Imaging Sci., 2008, 1: 248-272.

[44] Yang J F, Yuan X M. Linearized augmented Lagrangian and alternating direction methods for nuclear norm minimization[J]. Math. Comput., 2013, 82: 301-329.

[45] Yang J F, Zhang Y. Alternating direction algorithms for ℓ_1-problems in compressive sensing[J]. SIAM J. Sci. Comput., 2011, 33: 250-278.

[46] Zhang X Q, Burger M, Osher S. A unified primal-dual algorithm framework based on bregman iteration[J]. J. Sci. Comput., 2011, 46: 20-46.

第 4 章 数值微分的计算方法及应用

王泽文　　邱淑芳 [①②③]

(广州航海学院基础教学部, 广东省广州市, 510725)

本案例给出了三类数值微分的计算方法. 首先, 给出了数值微分的差商型计算方法, 并说明了数值微分问题的不适定性; 其次, 给出了稳定计算近似函数的数值导数的积分逼近方法; 最后, 给出了数值微分的三次样条拟合方法, 并介绍了一个利用该方法进行图像边缘检测的例子.

理解本案例需要微积分、线性代数和必要的泛函分析知识, 故本案例适用于数学类及其他理工科专业本科生、研究生的课程教学, 如数值分析、计算方法、反问题理论与方法等课程, 也适用于理工科研究生开展科研训练.

4.1 背 景 知 识

随着现代测量技术和信息处理技术的进步, 以及以大数据和人工智能为代表的新一轮科技革命的迅速发展, 在科学研究与工程应用中产生了海量的测量数据. 如何从海量数据中发现其中的相关知识和规律, 从而让海量数据产生应用价值, 已经是现代科学研究的第四种方式——数据驱动的研究方式. 在微积分中, 函数的导数刻画了函数的变化率, 是现代数学及数学应用中的重要概念. 如果只知道函数的近似函数或函数值的离散测量数据, 且近似函数或离散数据带有随机噪声, 则由近似函数和离散数据重构函数的导数 (数值求导) 是个典型的不适定问题, 即输入数据的微小扰动将引起数值导数的急剧变化, 从而使得数值导数毫无意义.

数值求导也称为数值微分, 但在不适定问题研究领域, 常称为数值微分. 数值微分问题在许多科学与工程问题中有着广泛的应用, 例如在医学成像[1,2]、图像处

① 本案例的知识产权归属作者及所在单位所有.

② 本案例源自国家基金科研项目 (No.10861001; 11761007) 和江西省教学研究重点项目 (JXJG-18-6-4) 的部分研究成果, 不涉及保密内容.

③ 作者简介: 王泽文, 教授, 从事反问题建模与算法、不适定问题的正则化方法研究; 电子邮箱: zwwang6@163.com. 邱淑芳, 从事应用与计算数学教学与科研, 电子邮箱: shfqiu@163.com

理[3]、金融工程[4]、偏微分方程反问题[5,6] 等研究领域. 为克服数值微分的不适定性, 提出了许多特殊化的处理方法 (或者称为正则化方法), 常见的有磨光法[7]、差分法[8,9]、Lanczos 方法[10-15]、基于偏微分方程的方法[16,17], 以及其他正则化方法[18-20] 等, 而 Lanczos 方法是通过积分引进一种广义导数来计算数值导数的方法.

数值微分问题: 设 $f(x)$ 为定义在区间 I 的可微函数, $f^\delta(x)$ 是 $f(x)$ 的近似函数, 满足

$$\|f^\delta - f\|_\infty = \sup_{x\in I} |f^\delta(x) - f(x)| \leqslant \delta, \tag{4.1}$$

或 $f(x)$ 的测量数据 $f^\delta(x_i)$ 满足

$$\|f^\delta - f\|_\infty = \sup_{x_i} |f^\delta(x_i) - f(x_i)| \leqslant \delta, \tag{4.2}$$

其中 δ 为随机误差水平, 这里的数值微分问题指的是如何稳定地从近似函数 $f^\delta(x)$ 或者其测量数据 $f^\delta(x_i)$ 求得 $f(x)$ 的近似导数. 除非特别注明, 下文均将 $\|\cdot\|_\infty$ 简记为 $\|\cdot\|$.

4.2　差商型数值微分方法与不适定性

4.2.1　差商型数值微分公式

由微积分知识可知, 函数 $f(x)$ 在点 x_0 处的导数定义为

$$f'(x_0) = \lim_{h\to 0} \frac{f(x_0 + h) - f(x_0)}{h}.$$

显然, 上式给出了导数 $f'(x_0)$ 的近似计算公式

$$f'(x_0) \approx \frac{f(x_0 + h) - f(x_0)}{h}. \tag{4.3}$$

一般称

$$f'(x_0) \approx \frac{f(x_0 + h) - f(x_0)}{h}, \quad h > 0 \tag{4.4}$$

为**向前差商数值微分公式**; 而称

$$f'(x_0) \approx \frac{f(x_0) - f(x_0 - h)}{h}, \quad h > 0 \tag{4.5}$$

为**向后差商数值微分公式**.

设 $f(x) \in C^2(I)$, $x_0 \in I$ 且 $x_0 + h \in I$, 则由 Taylor 公式

$$f(x_0 + h) = f(x_0) + hf'(x_0) + \frac{h^2}{2!}f''(x_0 + \theta h), \quad 0 \leqslant \theta \leqslant 1,$$

可得到向前差商数值微分公式的收敛性

$$f'(x_0) - \frac{f(x_0 + h) - f(x_0)}{h} = -\frac{h}{2}f''(x_0 + \theta h), \quad h > 0. \tag{4.6}$$

同理, 可得向后差商数值微分公式 (4.5) 的收敛性.

如果 $f(x) \in C^3(I)$, $x_0 \in I$ 且 $x_0 \pm h \in I$, 此时 $f(x)$ 在 x_0 处有 Taylor 公式

$$f(x_0 + h) = f(x_0) + hf'(x_0) + \frac{1}{2}h^2 f''(x_0) + \frac{1}{6}h^3 f^{(3)}(x_0 + \theta_1 h),$$

$$f(x_0 - h) = f(x_0) - hf'(x_0) + \frac{1}{2}h^2 f''(x_0) - \frac{1}{6}h^3 f^{(3)}(x_0 - \theta_2 h).$$

以上两式相减后整理得

$$f'(x_0) - \frac{f(x_0 + h) - f(x_0 - h)}{2h} = -\frac{h^2}{12}\left(f^{(3)}(x_0 + \theta_1 h) + f^{(3)}(x_0 - \theta_2 h)\right)$$

$$= -\frac{h^2}{6}f^{(3)}(x_0 + \theta h), \quad -1 \leqslant \theta \leqslant 1. \tag{4.7}$$

于是, 我们得到了**中心差商数值微分公式**

$$f'(x_0) \approx \frac{f(x_0 + h) - f(x_0 - h)}{2h}. \tag{4.8}$$

若 $f(x) \in C^4(I)$, 则可将上述两个 Taylor 公式往后再展开一阶, 然后相加整理得

$$f''(x_0) - \frac{f(x_0 + h) - 2f(x_0) + f(x_0 - h)}{h^2} = -\frac{h^2}{12}f^{(4)}(x_0 + \theta h), \quad -1 \leqslant \theta \leqslant 1,$$

即得到一个近似二阶导数的差商型数值微分公式

$$f''(x_0) \approx \frac{f(x_0 + h) - 2f(x_0) + f(x_0 - h)}{h^2}. \tag{4.9}$$

4.2.2 误差估计与不适定性

实际问题中, 往往知道的是函数 $f(x)$ 的近似函数 $f^\delta(x)$. 那么, 由 $f^\delta(x)$ 计算 $f(x)$ 的导数, 误差如何?

定理 4.1　设 $f(x) \in C^2(I)$, 且 $M = \sup\limits_{x \in I} |f''(x)|$, 则向前差商数值微分公式有误差估计

$$\left\| \frac{f^\delta(x+h) - f^\delta(x)}{h} - f'(x) \right\| \leqslant \frac{M}{2}h + 2\frac{\delta}{h}, \quad x, x+h \in I, \tag{4.10}$$

其中 $f^\delta(x)$ 是 $f(x)$ 的近似函数且满足 (4.1).

　　证明　由三角不等式和 (4.6), 易得

$$\left\| \frac{f^\delta(x+h) - f^\delta(x)}{h} - f'(x) \right\| \leqslant \left\| \frac{f(x+h) - f(x)}{h} - f'(x) \right\|$$
$$+ \left\| \frac{f^\delta(x+h) - f^\delta(x)}{h} - \frac{f(x+h) - f(x)}{h} \right\|$$
$$\leqslant \frac{M}{2}h + 2\frac{\delta}{h}. \qquad \square$$

　　同理, 可得向后差商数值微分公式有相同的误差估计, 且容易求得二阶导数的差商型数值微分公式 (4.9) 的误差估计.

　　定理 4.2　设 $f(x) \in C^4(I)$, 且 $M = \sup\limits_{x \in I} |f^{(4)}(x)|$, 则差商型数值微分公式 (4.9) 有误差估计

$$\left\| \frac{f^\delta(x+h) - 2f^\delta(x) + f^\delta(x-h)}{h^2} - f''(x) \right\| \leqslant \frac{M}{12}h^2 + 6\frac{\delta}{h^2}, \quad x, x+h, x-h \in I, \tag{4.11}$$

其中 $f^\delta(x)$ 是 $f(x)$ 的近似函数且满足 (4.1).

　　从它们的误差可以看出, 误差除决定于近似函数的近似程度, 还取决于步长 h 的大小. 对于 $f(x)$ 的精确数据, 理论上 h 越小误差也越小. 但是, 计算机计算时往往会有舍入误差, 这样 h 越小将会扩大舍入误差. 因此, 这种计算上的不稳定性即是一般所说的数值微分的不适定性. 为了使得误差估计尽可能小, 这就需要在 δ 和 h 之间取平衡, 这就是正则化参数 h 的选取策略问题.

4.2.3　差商型数值微分方法的数值实验

　　设 $f(x) = 5 + \sin(x^2)$, $x \in [-2, 2]$, 则其一阶导数 $f'(x) = 2x\cos(x^2)$. 以等间距 0.01 剖分 $[-2, 2]$, 并计算 $f(x)$ 在分点上的函数值. 然后, 给离散点上的函数值加上不超过 0.01 的随机误差, 用向前差商计算导数的近似值. 计算结果见图 4.1 (图 (a) 为 $f(x)$ 的图形, 图 (b) 实线为导数 $f'(x)$ 的真实值, 图 (b) 红虚线为导数的近似值).

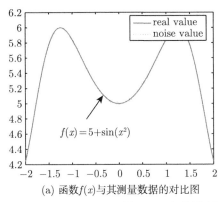 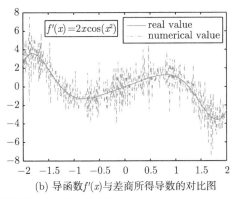

(a) 函数 $f(x)$ 与其测量数据的对比图   (b) 导函数 $f'(x)$ 与差商所得导数的对比图

图 4.1   向前差商型数值微分公式的计算结果

类似地, 同学们可尝试对二阶导数的数值微分公式进行数值实验, 以及五点数值微分公式的数值实验.

4.3   数值微分的积分求导方法

4.3.1   积分求导方法 (Lanczos 方法)

设 $f(x)$ 是区间 $[a,b]$ 上的有界可积函数, Lanczos 导数 $D_h f(x)^{[10]}$ 定义为

$$D_h f(x) = \frac{3}{2h^3} \int_{-h}^{h} t f(x+t) dt = \frac{3}{2h} \int_{-1}^{1} t f(x+ht) dt. \qquad (4.12)$$

如果 $f(x)$ 在 x 点的左、右导数存在, 分别记为 $f'_-(x)$ 和 $f'_+(x)$, 可以证得

$$\lim_{h \to 0} D_h f(x) = \frac{1}{2} \left(f'_-(x) + f'_+(x) \right). \qquad (4.13)$$

因此, 可以利用 (4.12) 求导数 $f'(x)$ 的近似值, 但不需要限制 $f(x)$ 具有通常意义下的可导性, 这就是称 (4.12) 为 **Lanczos 广义导数** 的原因. 实际应用中, 往往知道的是 $f(x)$ 的近似函数 $f^\delta(x)$ 或者离散点上的测量数据 $f^\delta(x_i)$. 由于噪声的作用, $f^\delta(x)$ 可能不具有通常意义下的导数, 因此 Lanczos 广义导数提供了一种从带有噪声的测量数据近似求出未知函数导数的途径. 但是, 如果 (4.12) 中的 h 选择不当, 则依然得不到好的近似结果. 这是因为数值求导 (数值微分) 问题本质上是不适定的, 所以为得到稳定的数值结果则需要正则化技巧. 实际上, 式 (4.12) 中的 h 就是正则化参数. 对于三阶连续可微函数 $f(x)$, Lanczos 广义导数 $D_h f(x)$ 有如下收敛性

$$f'(x) = D_h f(x) + O(h^2). \qquad (4.14)$$

在下面的理论分析中, 我们总是在条件 (4.1) 下讨论, 且总是假定 $h > 0$. 这是因为由测量数据 $f^\delta(x_i)$ 总可以通过逼近的方法得到 $f(x)$ 的近似函数, 例如分段线性插值、分段三次多项式插值等.

引进算子

$$D_h f(x) = \frac{\alpha_1}{h^3} \int_{-h}^{h} t f(x+t) dt + \frac{\alpha_2}{h^3} \int_{-h}^{h} t f(x+\lambda t) dt, \qquad (4.15)$$

其中 $h > 0$, 而 $\alpha_1, \alpha_2, \lambda$ 为待定参数. 显然, 当 $\lambda = 1$ 时, $\alpha_1 + \alpha_2 = \frac{3}{2}$, 此时式 (4.15) 就是 (4.12). 当 $\lambda \neq 1$ 时, 且设 $f(x)$ 具有足够阶数的有界连续导数, 适当选取参数 $\alpha_1, \alpha_2, \lambda$, 则 (4.15) 按

$$f'(x) = D_h f(x) + O(h^4) \qquad (4.16)$$

意义近似导数 $f'(x)$.

事实上, 将 $f(x+t)$ 和 $f(x+\lambda t)$ 按 Taylor 多项式

$$f(x+t) = f(x) + t f'(x) + \frac{t^2}{2!} f''(x) + \frac{t^3}{3!} f'''(x) + \frac{t^4}{4!} f^{(4)}(x) + \frac{t^5}{5!} f^{(5)}(x) + \cdots \quad (4.17)$$

展开, 这里 ξ 介于 x 和 $x+t$ 之间, 然后代入 (4.15) 得

$$
\begin{aligned}
D_h f(x) &= \frac{\alpha_1}{h^3} \int_{-h}^{h} t \left(f(x) + t f'(x) + \frac{t^2}{2!} f''(x) + \cdots + \frac{t^5}{5!} f^{(5)}(x) + \cdots \right) dt \\
&\quad + \frac{\alpha_2}{h^3} \int_{-h}^{h} t \left(f(x) + \lambda t f'(x) + \frac{(\lambda t)^2}{2!} f''(x) + \cdots + \frac{(\lambda t)^5}{5!} f^{(5)}(x) + \cdots \right) dt \\
&= \frac{2}{3}(\alpha_1 + \lambda \alpha_2) f'(x) + \frac{2h^2}{5 \times 3!}(\alpha_1 + \lambda^3 \alpha_2) f'''(x) \\
&\quad + \frac{2h^4}{7 \times 5!}(\alpha_1 + \lambda^5 \alpha_2) f^{(5)}(x) + \cdots .
\end{aligned}
$$

显然, 当 $\alpha_1, \alpha_2, \lambda$ 满足方程

$$
\begin{cases}
\dfrac{2}{3}(\alpha_1 + \lambda \alpha_2) = 1, \\
\alpha_1 + \lambda^3 \alpha_2 = 0,
\end{cases}
\qquad (4.18)
$$

且此时 $\alpha_1 + \lambda^5 \alpha_2 \neq 0$, 即知 (4.16) 成立. 显然, $\alpha_1, \alpha_2, \lambda$ 的选择不唯一. 当 $\lambda = \sqrt{2}$ 时, (4.15) 即为文献 [11] 所提出的方法.

定理 4.3 设 $f(x)$ 在区间 $I = [a-h, b+h]$ 上 5 阶连续可导, 且 $M = \sup_{x \in I} |f^{(5)}(x)|$, 当 $\alpha_1, \alpha_2, \lambda$ 满足方程 (4.28) 时, 则有

$$\|D_h f(x) - f'(x)\| \leqslant C_1 h^4, \quad x \in [a, b] \tag{4.19}$$

和误差估计

$$\|D_h f^\delta(x) - f'(x)\| \leqslant C_1 h^4 + C_2 \frac{\delta}{h}, \tag{4.20}$$

其中 $f^\delta(x)$ 是 $f(x)$ 的近似函数且满足 (4.1), $C_1 = \dfrac{M}{420}\left(\dfrac{3\lambda^2}{2|1-\lambda^2|} + \dfrac{3\lambda^4}{2|1-\lambda^2|}\right)$, $C_2 = \dfrac{3+3|\lambda|^3}{2|\lambda - \lambda^3|}$.

证明 根据前面的分析, (4.19) 显然成立. 只需证 (4.20) 成立. 由

$$\|D_h f^\delta(x) - D_h f(x)\| \leqslant \frac{|\alpha_1|}{h^3}\delta \int_{-h}^h |t| dt + \frac{|\alpha_2|}{h^3}\delta \int_{-h}^h |t| dt = (|\alpha_1| + |\alpha_2|)\frac{\delta}{h},$$

即得

$$\|D_h f^\delta(x) - f'(x)\| \leqslant \|D_h f^\delta(x) - D_h f(x)\| + \|D_h f(x) - f'(x)\|$$

$$\leqslant C_1 h^4 + C_2 \frac{\delta}{h},$$

其中 $C_2 = |\alpha_1| + |\alpha_2| = \dfrac{3+3|\lambda|^3}{2|\lambda - \lambda^3|}.$ □

令

$$g(h) = C_1 h^4 + C_2 \frac{\delta}{h} = \frac{M}{420}\left(\frac{3\lambda^2}{2|1-\lambda^2|} + \frac{3\lambda^4}{2|1-\lambda^2|}\right)h^4 + \frac{3+3|\lambda|^3}{2|\lambda-\lambda^3|}\frac{\delta}{h}. \tag{4.21}$$

推论 4.4 在定理 4.3 的条件下, 则当

$$h = h^* \equiv \left(\frac{C_2}{4C_1}\right)^{1/5} \delta^{1/5} \tag{4.22}$$

时, $g(h)$ 取最小值

$$g(h^*) = \frac{5}{4^{4/5}} C_1^{1/5}(C_2)^{4/5}\delta^{4/5} = C_3 q(\lambda)\delta^{4/5}, \tag{4.23}$$

其中 C_3 是依赖于 M 的正常数,

$$q(\lambda) = \left(\frac{3\lambda^2}{2|1-\lambda^2|} + \frac{3\lambda^4}{2|1-\lambda^2|}\right)^{1/5}\left(\frac{3+3|\lambda|^3}{2|\lambda-\lambda^3|}\right)^{4/5}. \tag{4.24}$$

由以上推论, 可知若取 $h = d\delta^{1/5}$ 时, 其中 d 是一个常数, 则有 $\|D_h f^\delta(x) - f'(x)\| = O(\delta^{4/5})$. 另外, 我们注意到最小值 $g(h^*)$ 依赖于 $q(\lambda)$, 那么是否存在最优 λ 使得 $q(\lambda)$ 达到最小或局部极小. 显然 $q(\lambda)$ 是关于原点对称的偶函数, 理论上我们可以用微积分的方法求出 $q(\lambda)$ 的极小点, 即求解方程 $q'(\lambda) = 0$. 实际上, 利用代数的方法求解 $q'(\lambda) = 0$ 不是一件很容易的事情. 而在实际应用中, 我们只需知道 λ 的近似最优值即可. 因此, 我们采取先对函数 $q(\lambda)$ 进行分段离散, 然后利用 MATLAB 中的 min 函数寻找 λ 的局部近似最优值.

注　当 $0 < |\lambda| < 1$, $q(\lambda)$ 在 ± 0.3423 近似取局部极小值, 即 λ 局部近似最优值为 ± 0.3423; 当 $1 < |\lambda| < 10$ 时, 其局部近似最优值为 ± 2.9212; 从 $q(\lambda)$ 图形走势可断言, 当 $\lambda > 3$ 时 $q(\lambda)$ 是单调递增的; 当 $\lambda < -3$ 时 $q(\lambda)$ 是单调递减的.

4.3.2　数值实验

由区间 $[-2 - h, 2 + h]$ 上的近似函数 $f^\delta(x)$ 计算 $f(x)$ 在 $[-2, 2]$ 上的一阶导数, 其中 $f^\delta(x) = f(x) + \delta * R(x)$, $R(x)$ 是一在 $[-1, 1]$ 中服从均匀分布的随机函数. 取函数 $f(x) = \sin(2\pi x) e^{-x^2}$, 利用 (4.15) 计算它的一阶数值导数.

计算中 (4.15) 式均采用复化梯形求积公式计算, 梯形公式的步长取 $0.02h$, 且在计算一元函数的一阶数值导数时, 参数 λ 均取对应的近似最优值 $\lambda = 0.3423$.

例 4.1　取函数 $f(x) = \sin(2\pi x) e^{-x^2}$, 利用 (4.15) 计算它的一阶数值导数. 计算结果见图 4.2.

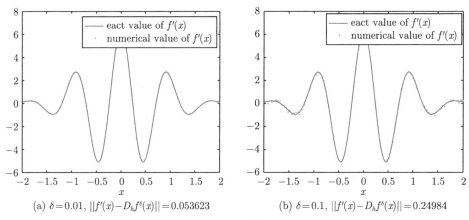

(a) $\delta = 0.01$, $\|f'(x) - D_h f^\delta(x)\| = 0.053623$　　(b) $\delta = 0.1$, $\|f'(x) - D_h f^\delta(x)\| = 0.24984$

图 4.2　$f'(x)$ 与 $D_h f^\delta(x)$ 的比较图

4.4　基于三次样条拟合的数值微分方法

本节纯粹从离散数据出发介绍数值微分的样条多项式拟合方法[3, 20]. 假设 $y = f(x)$ 是定义在 $[0, 1]$ 上待求导的函数, n 是个自然数, $\Delta = \{0 = x_0 < x_1 <$

$\cdots < x_{n-1} < x_n = 1\}$ 是区间 $[0,1]$ 上的等距剖分, 即 $h = x_i - x_{i-1} = \dfrac{1}{n}, i = 1, 2, \cdots, n$. δ 为数据的噪声水平, 它是个常数. 这里考虑的数值微分问题是: 给定 $f(x_i)$ 的测量数据 y_i^δ, 且满足

$$\left| y_i^\delta - f(x_i) \right| \leqslant \delta, \quad i = 1, 2, \cdots, n-1$$

和

$$y_0^\delta = f(x_0), \quad y_n^\delta = f(x_n),$$

由这些测量数据找到一个函数 $g_*(x)$ 以至于它的一阶导数 $g_*'(x)$ 可作为 $f'(x)$ 的近似.

4.4.1 数值微分方法

首先, 给出一些函数空间和范数.

$$L^2(0,1) = \left\{ g \left| \left(\int_0^1 g^2(x) dx \right)^{1/2} < \infty \right. \right\},$$

$$H^2(0,1) = \left\{ g \left| g \in L^2(0,1), \ g'' \in L^2(0,1) \right. \right\},$$

$$C[0,1] = \{ g \mid g \ \text{在} \ [0,1] \text{上连续}\},$$

$$\|g\|_{L^2(0,1)} = \left(\int_0^1 |g(x)|^2 dx \right)^{1/2}.$$

定义一个泛函

$$\Phi(g) = \sum_{i=1}^{n-1} \frac{1}{n} \left(y_i^\delta - g(x_i) \right)^2 + \alpha \|g''\|_{L^2(0,1)}^2,$$

其中 α 是正则化参数. 本节介绍的方法就是通过极小化泛函 $\Phi(g)$, 得到极小元 $g_*(x)$(称为 f 的正则化解), 然后用 $g_*(x)$ 的导数 $g_*'(x)$ 去近似 $f'(x)$, 即 $g_*'(x)$ 为 $f'(x)$ 的数值导数.

自然地, 我们会问:

(1) 满足 $g_*(0) = f(0)$, $g_*(1) = f(1)$ 的极小元 $g_*(x)$ 存在吗? 如果存在, 怎么找出它来?

(2) 正则化参数 α 对计算结果有什么影响? 怎么确定它的取值?

为此, 我们不加证明地给出关于上述问题的一些结论, 详情参见文献 [3,20].

结论 1 对于任意大于零的正则化参数 ($\alpha > 0$), 满足条件 $g_*(0) = f(0)$, $g_*(1) = f(1)$ 的泛函 $\Phi(g)$ 存在唯一的极小元 $g_*(x)$.

结论 2 设 $g_*(x)$ 是泛函 $\Phi(g)$ 的极小元, 则有

$$\|g_*' - f'\|_{L^2(0,1)} \leqslant \left(2h + 4\alpha^{\frac{1}{4}} + \frac{h}{\pi}\right) \|f''\|_{L^2(0,1)} + h\sqrt{\frac{\alpha}{\delta^2}} + \frac{2\delta}{\alpha^{\frac{1}{4}}}; \tag{4.25}$$

如果取 $\alpha = \delta^2$, 则上式为

$$\|g_*' - f'\|_{L^2(0,1)} \leqslant \left(2h + 4\sqrt{\delta} + \frac{h}{\pi}\right) \|f''\|_{L^2(0,1)} + h + 2\sqrt{\delta}. \tag{4.26}$$

结论 3 设 $f(x) \in C[0,1]$, $(a,b) \subset (0,1)$, 且取正则化参数 $\alpha = \delta^2$. 如果 $f(x) \notin H^2(a,b)$, 则正则化解 $g_*(x)$ 满足

$$\lim_{\delta, \, h \to 0} \|g_*''\|_{L^2(a,b)} = \infty. \tag{4.27}$$

接下来, 给出正则化解 $g_*(x)$ 的一种构造性方法. 为此, 先给出自然三次样条的概念.

定义 4.5 如果 $h(x)$ 在区间 $[0,1]$ 上二阶可微, 且满足

(1) $h(x)$ 在每个小区间上 $[x_i, x_{i+1}]$ 是三次多项式;

(2) $h''(0) = h''(1) = 0$,

则称 $h(x)$ 为 $[0,1]$ 上的一个自然三次样条.

$g_*(x)$ 可以按以下方法构造出来:

(1) $g_*(x)$ 在剖分 Δ 上是一个三次样条函数, 即有

$$g_*^{(4)}(x) = 0, \quad x \in (x_i, x_{i+1}), \tag{4.28}$$

以及对于 $i = 1, 2, \cdots, n-1$ 有

$$g_*(x_i+) = g_*(x_i-), \quad g_*'(x_i+) = g_*'(x_i-), \quad g_*''(x_i+) = g_*''(x_i-), \tag{4.29}$$

其中 $g_*(x_i+) = \lim\limits_{x \to x_i+} g_*(x)$, $g_*(x_i-) = \lim\limits_{x \to x_i-} g_*(x)$;

(2) $g_*''(0) = g_*''(1) = 0$;

(3) 在节点 $x_i, i = 1, 2, \cdots, n-1$ 处, $g_*(x)$ 的三阶导数满足

$$g_*'''(x_i+) - g_*'''(x_i-) = \frac{1}{\alpha n} \left(y_i^\delta - \dot{g}_*(x_i)\right), \quad i = 1, 2, \cdots, n-1. \tag{4.30}$$

由条件 (4.28) 和 Taylor 公式, 不妨设

$$g_*(x) = a_i + b_i(x - x_i) + c_i(x - x_i)^2 + d_i(x - x_i)^3, \quad x_i \leqslant x < x_{i+1}. \tag{4.31}$$

根据条件 (4.29) 中 $g_*''(x_i+) = g_*''(x_i-)$ 以及 $g_*''(0) = g_*''(1) = 0$, 可得

$$c_0 = c_n = 0, \quad d_i = \frac{c_{i+1} - c_i}{3h}, \quad i = 0, 1, \cdots, n-1. \tag{4.32}$$

由条件 (4.29) 中 $g_*(x_i+) = g_*(x_i-)$, 得

$$b_i = \frac{a_{i+1} - a_i}{h} - c_i h - d_i h^2, \quad i = 0, 1, \cdots, n-1. \tag{4.33}$$

由条件 (4.29) 中 $g_*'(x_i+) = g_*'(x_i-)$, 以及方程 (4.32) 和 (4.33), 得

$$Tc = Q^{\mathrm{T}} a. \tag{4.34}$$

最后, 由三阶导数条件 (4.30), 得

$$Qc = \frac{h}{2\alpha}(y^\delta - a). \tag{4.35}$$

这里, $c = (c_1, c_2, \cdots, c_{n-1})^{\mathrm{T}}$, $a = (a_1, a_2, \cdots, a_n)^{\mathrm{T}}$, $y^\delta = (y_1^\delta, y_2^\delta, \cdots, y_n^\delta)^{\mathrm{T}}$; T 是一个 $n-1$ 阶的对称正定三对角矩阵, 且其对角元素和次对角元素分别为

$$t_{ii} = \frac{4}{3}h, \quad t_{i,i+1} = t_{i+1,i} = \frac{1}{3}h;$$

Q 是一个 $(n+1) \times (n-1)$ 的下三对角矩阵, 且

$$q_{ii} = \frac{1}{h}, \quad q_{i+1,i} = -\frac{2}{h}, \quad q_{i+2,i} = \frac{1}{h}, \quad i = 1, 2, \cdots, n-1.$$

在方程 (4.35) 两边左乘 Q^{T}, 并注意到 (4.34), 可得

$$\left(\frac{2\alpha}{h} Q^{\mathrm{T}} Q + T \right) c = Q^{\mathrm{T}} y^\delta, \tag{4.36}$$

$$a = y^\delta - \frac{2\alpha}{h} Qc. \tag{4.37}$$

于是, 对于给定的正则化参数 α, 则可由方程 (4.36) 解出 c, 然后由方程 (4.37) 求出 a, 最后由 (4.32) 和 (4.33) 分别求出 d 和 b, 即完成了构造. 可以证明, 这样构造出来的 $g_*(x)$ 确实是泛函 $\Phi(g)$ 关于正则化参数 α 的极小元.

4.4.2 数值实验及应用

例 4.2 取函数 $f(x) = 5 + \sin(2\pi x^3)$ 在 $[0,1]$ 按等距 $h = \dfrac{1}{50}$ 取样, 并按 $f^\delta(x_i) = f(x_i) + \delta * R(x_i)$ 得到离散数据 $y_i^\delta = f^\delta(x_i)$, 其中 $R(x)$ 是一在 $[-1,1]$ 中服从均匀分布的随机函数. $f(x)$ 的一阶导数为 $f'(x) = 6\pi x^2 \cos(2\pi x^3)$. 对于 $\delta = 0.001$ 和 $\delta = 0.01$, 利用本节所给的基于样条拟合的数值微分方法进行计算, 结果见图 4.3.

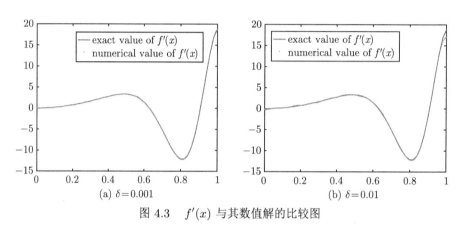

图 4.3 $f'(x)$ 与其数值解的比较图

例 4.3 利用结论 3 进行图像边缘检测, 边缘检测结果直接取自文献 [3] (图 4.4).

图 4.4 图像边缘检测结果: 从左至右依次为 "无噪声检测结果", "带 5% 随机噪声检测结果", "带 10% 随机噪声检测结果"

4.5 案例小结及进一步发展

本案例的教学目的是让学生了解不适定问题的思想方法, 理解利用微积分和线性代数知识构造数值算法的基本思想方法, 学会进行数值实验的方法.

同学们可以通过解决下述问题, 进一步训练算法分析与设计的能力.

问题 1 通过利用五个点的拉格朗日 (Lagrange) 插值, 获得下述五点的端点数值微分公式和中间点数值微分公式, 然后针对误差数据分析其误差估计, 并给出数值实验结果.

(1) 五点-端点数值微分公式

$$f'(x_0) \approx \frac{1}{12h}[-25f(x_0) + 48f(x_0 + h) - 36f(x_0 + 2h)$$

$$+ 16f(x_0 + 3h) - 3f(x_0 + 4h)]; \tag{4.38}$$

(2) 五点-中点数值微分公式

$$f'(x_0) \approx \frac{1}{12h}[f(x_0 - 2h) - 8f(x_0 - h) + 8f(x_0 + h) - f(x_0 + 2h)]. \tag{4.39}$$

问题 2 试证明: 如果 $f(x)$ 在 x 点的左、右导数存在, 分别记为 $f'_-(x)$ 和 $f'_+(x)$, 则积分求导公式 (4.15) 满足

$$\lim_{h \to 0} D_h f(x) = \frac{1}{2}\left(f'_-(x) + f'_+(x)\right), \tag{4.40}$$

其中 $\alpha_1, \alpha_2, \lambda$ 是方程 (4.28) 的解.

设 $f(x)$ 是区间 I 上的有界可积函数, 引进算子

$$D_h^{(2)}f(x) = \frac{\alpha_1}{h^5}\int_{-h}^{h} t^2 f(x+t)dt + \frac{\alpha_2}{h^5}\int_{-h}^{h} t^2 f(x+\lambda t)dt - \frac{2(\alpha_1 + \alpha_2)}{3h^2}f(x), \tag{4.41}$$

其中 $h > 0$, 而 $\alpha_1, \alpha_2, \lambda$ 为待定参数. 试说明 $D_h^{(2)}f(x)$ 能近似 $f(x)$ 的二阶导数 $f''(x)$, 以及确定出参数 $\alpha_1, \alpha_2, \lambda$, 并给出误差估计和数值实验.

问题 3 假设 $y = f(x)$ 是定义在 $[0,1]$ 上的待求导函数, n 是个自然数, $\Delta = \{0 = x_0 < x_1 < \cdots < x_{n-1} < x_n = 1\}$ 是区间的一个不等距剖分, 且 $h_i = x_i - x_{i-1}, i = 1, 2, \cdots, n$, δ 为数据的噪声水平. 给定 $f(x_i)$ 的测量数据 y_i^δ, 且满足

$$\left|y_i^\delta - f(x_i)\right| \leqslant \delta, \quad i = 1, 2, \cdots, n-1$$

和

$$y_0^\delta = f(x_0), \quad y_n^\delta = f(x_n).$$

试由极小化泛函

$$\Phi(g) = \sum_{i=1}^{n-1} \frac{h_i + h_{i+1}}{2}\left(y_i^\delta - g(x_i)\right)^2 + \alpha \|g''\|_{L^2(0,1)}^2$$

给出近似 $f'(x)$ 的算法及相关结论, 其中 α 是正则化参数.

参 考 文 献

[1] Liu J, Seo J K, Sini M, Woo E J. the conductivity imaging by MREIT: Available resolution and noisy effect[J]. Journal of Physics: Conference Series, 2007, 73: 012013.

[2] Wang Z, Xu H. Conductivity image reconstruction for two-dimensional MREIT model based on MATLAB PDE-tool[J]. Journal of Computational Information Systems, 2008, 4(5): 1903-1908.

[3] Wan X Q, Wang Y B, Yamamoto M. Detection of irregular points by regularization in numerical differentiation and application to edge detection[J]. Inverse Problems, 2006, 22(3): 1089-1103.

[4] Hein T, Hofmann B. On the nature of ill-posedness of an inverse problem arising in option pricing[J]. Inverse Problems, 2003, 19(6): 1319-1338.

[5] 刘继军. 不适定问题的正则化方法及应用[M]. 北京: 科学出版社, 2005.

[6] 王泽文, 徐定华. 一类确定表面热流的热传导反问题的正则化方法[J]. 南昌大学学报 (理科版), 2005, 29(3): 261-265.

[7] Murio D A. The Mollification Method and the Numerical Solution of Ill-Posed Problems[M]. NewYork: John Wiley & Sons Inc., 1993.

[8] 杨宏奇, 李岳生. 近似已知函数微商的稳定逼近方法[J]. 自然科学进展, 2000, 10(12): 1088-1093.

[9] Hanke M, Scherzer O. Inverse problems light: Numerical differentiation[J]. Amer. Math. Monthly, 2001, 108(6): 512-521.

[10] Lanczos C. Applied Analysis[M]. Englewood Cliffs, NJ: Prentice-Hall, 1956.

[11] 罗兴钧, 杨素华. 近似已知函数的求导方法[J]. 高等学校计算数学学报, 2006, 28(1): 76-82.

[12] 王泽文, 温荣生. 一阶和二阶数值微分的 Lanczos 方法[J]. 高等学校计算数学学报, 2012, 34(2): 160-178.

[13] Wang Z, Wen R. Numerical differentiation for high orders by an integration method[J]. Journal of Computational and Applied Mathematics, 2010, 234(3): 941-948.

[14] 邱淑芳, 王泽文*, 温荣生. 稳定逼近 Laplace 算子与混合偏导数的 Lanczos 方法[J]. 数学年刊, 2014, 35: 1-10.

[15] 曹飞龙, 潘星, 杨汝月. 逼近已知函数微商的广义 Lanczos 算法[J]. 系统科学与数学, 2009, 29(12): 1593-1604.

[16] Wang Z, Wang H, Qiu S. A new method for numerical differentiation based on direct and inverse problems of partial differential equations[J]. Applied Mathematics Letters, 2015, 43: 61-67.

[17] Qiu S, Wang Z, Xie A. Multivariate numerical derivative by solving an inverse heat source problem[J]. Inverse Problems in Science and Engineering, 2018, 26(8): 1178-1197.

[18] Wei T, Hon Y C, Wang Y B. Reconstruction of numerical derivatives from scattered noisy data[J]. Inverse Problems, 2005, 21(2): 657-672.

[19] 陆帅, 王彦博. 用 Tikhonov 正则化方法求一阶和两阶的数值微分[J]. 高等学校计算数学学报, 2004, 26 (1): 62-74.

[20] Wang Y B, Jia X Z, Cheng J. A numerical differentiation method and its application to reconstruction of discontinuity[J]. Inverse Problems, 2002, 18(6): 1461-1476.

第 5 章　基于分数阶协方差的主成分分析推广方法

杨　琳 [a], 徐定华 [a,b][①][②][③]

(a. 上海财经大学数学学院, 上海国定路 777 号, 200433;

b. 浙江理工大学理学院, 浙江省杭州市, 310018)

诸如主成分分析及其推广方法, 例如二维主成分分析、线性主成分分析以及分数阶主成分分析, 在特征提取和图像处理等相关领域中已经得到了广泛的关注和实际的应用. 然而, 在特征提取效率和图像识别率方面, 这些已有的方法还有很大潜力可以发掘. 在本文中, 我们提出了一种类似于已有的分数阶主成分分析, 但又与其有着本质上不同的特征提取方法, 并且与二维主成分分析相结合. 我们的方法与现有方法相比, 在特征提取效率和图像识别率等方面都有着显著的提升. 此种新方法可以在相对较少的样本中提取更加准确的信息, 这尤其适合数据有限或者信息缺失的情况. 为了验证这一点, 我们利用特征贡献率与人脸识别率等指标, 应用经典的人脸图像数据库与现有方法进行对比.

5.1　背景介绍

5.1.1　研究背景和现状

主成分分析 (Principal Component Analysis, PCA) 的历史起源于 Bertrami 和 Jordan 分别在 1873 年和 1874 年推导出的奇异值分解方法 (Singular Value Decomposition, SVD). 人们普遍认为, 对 PCA 应用最早的是 Pearson (1901 年) 和 Hotelling (1933 年), 从此 PCA 开始得到广泛运用. 主成分分析的中心思想是降低规模庞大的数据集的维度, 其中有大量的变量相互关联, 同时又尽可能多地保留数据集中存在的信息, 其方法为将输入的数据集转换为新的变量集来实现. 提取出来的这些主成分各不相关并且是按其协方差矩阵的特征值的大小顺序排列的, 这使得前几个主成分能够保留所有数据中的大部分信息. 在后续内容中, 本

---

　　① 本案例的知识产权归属作者及所在单位所有, 不涉及保密内容.

　　② 本案例源自国家基金科研项目 (No. 12371428; 11871435; 11471287) 的部分研究成果.

　　③ 作者简介: 杨琳, 上海财经大学在读博士生, 研究方向为统计计算与数据建模; 电子邮箱: yanglin@163.shufe.edu.cn. 徐定华, 教授, 从事可计算建模与反问题数值算法、数据建模与统计计算研究; 电子邮箱: dhxu6708@zstu.edu.cn.

文将以图像特征提取为例, 展示基于主成分分析的提升算法的应用. Sirovich 和 Kirby 于 1987 年首次将 PCA 算法用于处理人类面部图像. 如果我们把一张图片看作是一个由大量像素点构成的矩阵, 经典的 PCA 方法是将矩阵的每一个列向量首尾相接起来, 形成一个调整后的列向量[1]. 之后, 我们考虑对新的列向量进行线性变换, 不同的变换系数会使每个像素点得到不同程度的强调. 传统主成分分析方法选择对应协方差矩阵的最大特征值的特征向量作为线性变换系数, 经过理论验证, 这种系数选择方法使变换后的图像的方差得以最大化. 换言之, 图片的信息得以保存完全.

经典 PCA 方法仍然有很可观的提升潜力, 例如与之相关的人脸新识别方法. 其中, 二维主成分分析 (Two-Dimensional Principal Component Analysis, 2D-PCA)、线性主成分分析和二维分数阶主成分分析 (Two-Dimensional Fractional Principal Component Analysis, 2D-FPCA) 方法在文献 [2—4] 中分别被提出. 在这里我们着重介绍 2D-PCA 和 2D-FPCA.

Jian Yang 在 2004 年系统地阐述了 2D-PCA[2], 开启了一个 PCA 推广研究的时代. 在人脸识别过程中, 2D-PCA 方法与传统的不同之处在于它没有将图片矩阵转换为列向量的步骤[5]. 相反, 线性变换的系数, 也就是协方差矩阵的特征向量被直接作用于由灰度值组成的图片矩阵. 文献中的实验结果证明, 2D-PCA 的实验效果已经优于经典 PCA 方法. 在这之后, Gao 将分数阶协方差方法和已有的二维 PCA 方法进行结合[3]. 他们提供了一个分数阶协方差矩阵的定义, 并将 2D-PCA 方法应用于新的协方差矩阵, 称为 2D-FPCA 方法. 但其给出的定义是将输入的样本矩阵中的列向量进行分数阶的线性变换, 本质上是改变了输入的图片, 该种方法或许会损失有价值的信息, 并不能完全符合最初的主成分定义.

随着硬件水平的不断提高, 对于相关理论需求日趋增长, 目前已有的 2D-PCA 和 2D-FPCA 方法将不足以满足应用市场的要求. 与传统方法相比, 本文中提出的基于新分数阶协方差定义的新特征提取算法 (Two-Dimensional Improved Fractional Feature Analysis, 2D-IFFA), 可以在较少的样本量中提取足够的数据特征. 特别是在样本信息不足的情况下, 该方法具有相当大的优势. 此外, 在相同的样本量下, 现有的算法相比传统算法具有更高的图像识别率. 这些都将在后面的内容中用实例证明.

5.1.2 符号说明

尽管本文中使用的数学符号与主流文献中大同小异, 但为避免歧义, 此处对于本文使用的记号进行简单说明.

对于集合, 记 $\mathbb{R}$ 和 $\mathbb{R}^p$ 分别为全体实数构成的集合以及全体 p 维 (p 为正整数) 实数值向量构成的集合; (Ω, P) 表示一个概率空间; 花体字母 $\mathcal{A} = (a_{ij})_{m \times n}$ 表示

第 i 行第 j 列元素为 a_{ij} 的 $m \times n$ 维实数值矩阵, 其中 $i = 1, \cdots, m, j = 1, \cdots, n$. 对于变量和其他参数, 本文中默认所有向量以列向量的形式考虑, 黑体大写字母 $\boldsymbol{X} = (X_1, \cdots, X_p)^{\mathrm{T}}$ 表示 p 维随机向量, 其中 $\boldsymbol{X}^{\mathrm{T}}$ 表示向量 $\boldsymbol{X}$ 的转置, 大写字母 $X_i, i = 1, \cdots, n$ 为定义在概率空间 (Ω, P) 上的随机变量, 在不引起混淆的情况下, 省略对于概率空间的说明; $\mathbb{E}X := \int_{\Omega} X dP$ 表示可积随机变量 X 的数学期望. 由于本文涉及了分数阶方法, 为体现阶数不同对实验的影响, 以正实数 $k > 0$ 表示分数阶方法中的阶数.

5.2   概念及算法介绍

本节将对于分数阶协方差以及主成分分析及其推广方法进行介绍, 其中分数阶协方差是针对协方差矩阵的一种定义延伸, 而主成分分析方法作为一种经典的统计方法, 下文中将在传统方法的介绍的基础上, 结合分数阶协方差来进行算法设计.

5.2.1   分数阶协方差的定义

在经典概率论和统计学中, 可积随机变量 X, Y 的协方差 (Covariance) 定义为

$$\mathrm{Cov}(X, Y) := \mathbb{E}[(X - \mathbb{E}X)(Y - \mathbb{E}Y)], \tag{5.1}$$

衡量了两个变量总体误差, 协方差的正负可以用于判断两个变量的变化趋势是否一致. 在讨论高维数据时, 常常需要考虑两个随机向量之间的关系, 因此可以用协方差矩阵 (Covariance Matrix) 来进行研究. 设 $\boldsymbol{X} = (X_1, \cdots, X_p)^{\mathrm{T}}$, $\boldsymbol{Y} = (Y_1, \cdots, Y_p)^{\mathrm{T}}$ 是两个 p 维随机向量 (p 为正整数), 其中 $X_i, Y_i, i = 1, \cdots, p$ 均为可积随机变量, 则 $\boldsymbol{X}, \boldsymbol{Y}$ 的协方差矩阵 $\Sigma = (\sigma_{ij})_{p \times p}, i, j = 1, \cdots, p$, 定义为

$$\sigma_{ij} := \mathrm{Cov}(X_i, Y_j), \quad i, j = 1, \cdots, p. \tag{5.2}$$

协方差矩阵在包括主成分分析在内的算法实现中十分重要, 在 MATLAB 中, 可以使用 cov 或 xcov 函数来计算协方差或协方差矩阵.

分数阶协方差 (Fractional Order Covariance) 是针对协方差和协方差矩阵的一种推广, 其本质在于对变量的整体误差进行变换. 以下是本文中使用的分数阶协方差矩阵的定义.

定义 5.1   设 $\boldsymbol{X} = (X_1, \cdots, X_p)^{\mathrm{T}}$, $\boldsymbol{Y} = (Y_1, \cdots, Y_p)^{\mathrm{T}}$ 是在 $\mathbb{R}^p$ 上取值的两个 p 维随机向量, 其中 $X_i, Y_i, i = 1, \cdots, p$ 均为可积随机变量, $k > 0$ 为正实数.

记

$$\boldsymbol{X}^{(k)} := (X_1^k, \cdots, X_p^k)^{\mathrm{T}} \tag{5.3}$$

为 $\boldsymbol{X}$ 的 k 次幂. 对于 $\boldsymbol{X}$ 和 $\boldsymbol{Y}$, 定义

$$\sigma_{ij}^{(k)} := \mathbb{E}\left[\left[(\boldsymbol{X} - \mathbb{E}\boldsymbol{X})^{(k)}\right]^{\mathrm{T}} (\boldsymbol{Y} - \mathbb{E}\boldsymbol{Y})^{(k)}\right], \tag{5.4}$$

称 $\Sigma^{(k)} = (\sigma_{ij}^{(k)})_{p \times p}$ 为 $\boldsymbol{X}$ 和 $\boldsymbol{Y}$ 的 k 阶协方差矩阵.

注 5.2 可以看出, 在 (5.4) 中取 $k = 1$, 则 1 阶协方差矩阵就是传统协方差矩阵. 随着阶数的改变, 数据与其均值之差的度量尺度也发生了变化. 因此分数阶协方差不仅是传统协方差的推广形式, 而且在刻画数据特征方面也体现了很大的不同, 通过数据实验, 在后文中将展示不同阶数下的分数阶协方差之间的比较.

与传统协方差的计算不同, 对于定义 5.1 给出的新定义没有现成的函数可以调用计算, 因此可以根据定义式 (5.4), 使用 `for` 循环来计算分数阶协方差矩阵. 下一节中将首先给出经典主成分分析的简介, 并结合分数阶协方差设计特征提取算法.

5.2.2 主成分分析及其推广方法

正如引言部分所述, 主成分分析方法围绕数据降维的中心思想, 旨在利用更小的数据量, 描述和还原数据的大部分特征, 是一种数据特征提取的技术. 本节将介绍 PCA 及其诸如二维主成分分析方法、分数阶主成分分析方法等推广方法在图像处理中的算法.

经典主成分分析 为实现特征提取的目标, 对于 p 维向量数据 $\boldsymbol{X} = (X_1, \cdots, X_p)^{\mathrm{T}}$, PCA 主要原理为寻求合适的线性变换, 使得变换后的数据尽可能地体现原数据特点. 可以证明[1], $\boldsymbol{X}$ 的协方差矩阵 Σ 的特征值可以用于刻画特征提取效果, 而特征向量对应了某一种线性变换. 越大的特征值对应的特征向量将使得在该向量的变换下, 原数据的信息保留越多, 也就是变换后的数据方差越大. 按照对应特征值的大小, 对于 Σ 的特征向量进行从大至小的排序. 记

$$(\boldsymbol{e}^{(j)}, \lambda^{(j)}), \quad j = 1, \cdots, p, \tag{5.5}$$

特征值-特征向量对, 其中 $\lambda^{(j)}$ 为 Σ 的第 j 大的特征值 (若 $1 \leqslant j_1 \leqslant j_2 \leqslant p$, 则有 $\lambda^{j_1} \geqslant \lambda^{j_2}$), $\boldsymbol{e}^{(j)} = (e_1^{(j)}, \cdots, e_p^{(j)})^{\mathrm{T}}$ 是对应的特征向量. 称

$$y^{(j)} = \boldsymbol{e}_j^{\mathrm{T}} \boldsymbol{X} = \sum_{i=1}^{p} e_i^{(j)} X_i, \quad j = 1, \cdots, p \tag{5.6}$$

为 $\boldsymbol{X}$ 的第 j 主成分.

　　主成分分析的推广方法　近年来, 由于在图像处理中 PCA 的应用十分广泛, 因此对应的程序执行效率逐渐成为相关领域中学者们的关注点之一. 从上文中介绍可以看出, PCA 是针对向量型数据进行处理, 因此对于以灰度值矩阵表示的图片, 通常的处理方式是将该矩阵的每一列首尾相连, 得到对应的图片向量从而进行特征提取. 在图片维度 (像素点个数) 和数量较大时, 2D-PCA 则就是一种针对提高 PCA 算法效率的一种方法, 与 PCA 主要不同点在于直接对矩阵形式的图片进行处理, 在提升算法效率的同时也可以进一步考虑到像素点在原图片中对应的位置. 设 $\mathcal{A}$ 为某一维度为 $m \times p$ 的图片的矩阵形式, 其中的元素是图片的灰度值, 记 $\boldsymbol{X}_i, i = 1, \cdots, p$ 是 $\mathcal{A}$ 的第 i 列, 将所有上述列向量两两进行协方差的计算可以得到 $\mathcal{A}$ 的协方差矩阵, 记为 $\mathcal{E} = (e_{ij})_{p \times p}$, 其中

$$e_{ij} = \mathrm{Cov}(X_i, X_j), \quad i, j = 1, \cdots, p. \tag{5.7}$$

类似于 (5.5) 和 (5.6), 设 $\mathcal{E}$ 的 (按照对应特征值从大至小排列) 特征值-特征向量对为 $(e^{(j)}, \lambda^{(j)})$, $j = 1, \cdots, p$, 从而得到

$$Y^{(j)} = \mathcal{A}e^{(j)}, \quad j = 1, \cdots, p \tag{5.8}$$

称为[2] $\mathcal{A}$ 的第 j 主成分.

　　注 5.3　除了处理对象的维度之外, PCA 和 2D-PCA 的区别还有主要两点: 一是 2D-PCA 定义的主成分是 (5.8) 给出的向量形式, 而 PCA 得到的主成分是如 (5.6) 给出的一个数; 二是虽然两者都是以数据的协方差矩阵的特征向量作用于原数据, 但不同于 (5.6) 中将特征向量的转置左乘数据向量, 2D-PCA 是将数据矩阵左乘特征向量, 这样的做法避免了得到的主成分是一个矩阵的形式, 方便后续的处理, 且能保证特征中包含特征向量提供的原数据信息.

　　对于 2D-PCA, 还可以进一步利用在前文中介绍的分数阶协方差方法. 比起传统的协方差, 分数阶方法不仅可以通过非线性变换, 突出或削弱数据中一些比较突出 (与均值差距较大) 的点在计算协方差 (矩阵) 时的影响, 并且可以通过阶数的选择来调整在特征提取时的效果. 结合分数阶协方差矩阵和 2D-PCA 的思想及过程, 将在后续的实验中从各个方面展现分数阶协方差的优势. 接下来, 我们将对基于分数阶协方差的算法进行介绍.

5.2.3　基于分数阶协方差的特征提取算法

　　回归到 PCA 的核心思想: 降维, 事实上主成分就是一种数据特征. 通过前文中对于主成分的定义 (5.8), 可以知道通过改变取特征向量的个数, 来控制数据特征的个数. 这样一来, 确定考虑的主成分个数是算法中重要的待确定参数. 由于本文中主要以提取图像特征为实验目的来实现提出的推广方法. 结合上文中介绍,

并保持之前的记号, 即默认数据的 (分数阶) 协方差矩阵的特征值已经按照从大至小的顺序排列:

$$\lambda^{(1)} \geqslant \lambda^{(2)} \geqslant \cdots \geqslant \lambda^{(p)}, \tag{5.9}$$

其中 $p \times p$ 为 (分数阶) 协方差矩阵的维度 (p 为正整数). 我们首先通过如下定义的特征贡献率 (Contribution Rate of Eigenvalue, CRE) 来评判分数阶特征提取方法的效果, 并与传统方法和已有方法进行比较:

$$\mathrm{CRE} := \frac{\sum_{j_1=1}^{d} \lambda^{(j_1)}}{\sum_{j_2=1}^{p} \lambda^{(j_2)}}, \tag{5.10}$$

其中 $j_1 \in \{1, \cdots, d\}, j_2 \in \{1, \cdots, p\}$ 是两个指标, $d \leqslant p$ 表示考虑的主成分个数. 简言之, 即根据考虑的特征值的和在全体特征值之和的占比, 来衡量主成分的个数是否足够, 或可以理解为以特征向量构造的数据特征是否充分体现数据信息. 在大部分情形中, 第 1 主成分已经在 CRE 中占了很大的比重.

本文的特征提取算法主要利用训练人脸样本来构建包含样本中每个人的特征的人脸库, 并给出针对每个人的阈值, 进而确定测试图片是一张新脸抑或人脸库中的某人. 因此为了使得训练得到的特征脸库具有代表性, 训练样本中每个人的图片应该包含多个角度的照片. 图 5.1 展示了部分后续训练样本中的图片.

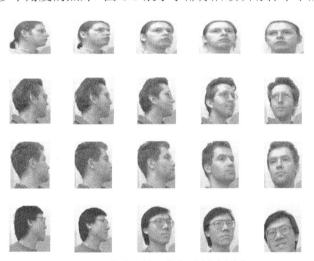

图 5.1　实验中使用的部分样本图片

在选取了合适的训练样本之后, 接下来便是根据样本确定每个人的阈值, 用于判断测试样本是否存在于人脸库中. 下面是本文给出的一种阈值定义.

定义 5.4 记 $\{\mathcal{B}_i\}_{i=1}^N$ 为一列由矩阵构成的样本序列. 首先, 由下式确定一个唯一的正数 $\varepsilon > 0$:

$$\varepsilon := \max\{\|\mathcal{B}_i - \mathcal{B}_j\|_2 : i, j = 1, \cdots, N, \ i \neq j\}, \tag{5.11}$$

其中对于一个矩阵 $\mathcal{A} = (a_{ij})_{m \times n}$, 其 2 范数 $\|\cdot\|_2$ 定义如下

$$\|\mathcal{A}\|_2 = \sqrt{\sum_{i,j} a_{ij}^2}, \quad i = 1, \cdots, m, \ j = 1, \cdots, n. \tag{5.12}$$

在上述定义之下, 测试的过程可以看作在人脸库中寻找一个特征意义下与测试样本 (2 范数或其他范数下) 最接近的, 进而通过它们的差来与训练过程确定的阈值进行比较和判断. 以下为本文中训练过程的伪代码.

算法 5.5 (特征人脸库的构建)

输入 阶数 $k > 0$, 训练样本 $\mathcal{A}_i^{(j)}$, $i = 1, \cdots, N$, $j = 1, \cdots, M$.

循环 $1 \leqslant j \leqslant M, 1 \leqslant i \leqslant N$:
(1) 计算 $\mathcal{A}_i^{(j)}$ 的协方差矩阵 $\Sigma_i^{(j,k)}$.
(2) 计算 $\Sigma_i^{(j,k)}$ 及其最大特征值对应的特征向量 $e_i^{(j,k)}$.
(3) 计算第 j 个人样本提供的特征 $(\mathcal{A}_1^{(j)} e_1^{(j,k)}, \cdots, \mathcal{A}_N^{(j)} e_N^{(j,k)})$.
(4) 应用定义 5.4, 计算根据 j 个人样本得到的阈值 ε_j.

输出 特征脸库矩阵集合 $\{\mathcal{F}_j\}_{j=1}^M$, 以及阈值库 $\{\varepsilon_j\}_{j=1}^M$, 其中

$$\mathcal{F}_j = (\mathcal{A}_1^{(j)} e_1^{(j,k)}, \cdots, \mathcal{A}_N^{(j)} e_N^{(j,k)}), \quad j = 1, \cdots, M.$$

测试的过程与训练过程提取特征的方法基本相同, 基于训练得到的阈值可以进行图片识别. 为了判断算法的准确率, 默认在测试前, 测试样本的信息 (是否为存在于人脸库中的某人的照片) 是已知的. 下面是测试算法的过程.

算法 5.6 (特征提取算法的识别率)

输入 算法 5.5 的输出结果, 阶数 $k > 0$, 测试样本 $\{\overline{\mathcal{A}}_t\}_{t=1}^T$, 以及计数列 $c_t = 0$, $t = 1, \cdots, T$.

(1) 计算测试样本的 k 阶协方差矩阵 $\Sigma_t^{(k)}$ 和最大特征值对应的特征向量 $e_t^{(k)}$, $t = 1, \cdots, T$.
(2) 计算测试样本的特征 $\overline{\mathcal{A}}_t e_t^{(k)}$, $t = 1, \cdots, T$.
(3) 在 $\{\mathcal{F}_j\}_{j=1}^M$ 中求得与测试特征差距 (可以使用 2 范数等范数来度量) 最小的一个特征列向量对应的训练样本 $\mathcal{A}_{i^*}^{(j^*,k)}$. 储存上述最小差距 $\overline{\varepsilon}_t$, $t = 1, \cdots, T$.

(4) 从阈值库中 $\{\varepsilon_j\}_{j=1}^{M}$ 调出 ε_{j^*} 与 $\overline{\varepsilon}_t, t = 1, \cdots, T$ 进行比较.

判断 $1 \leqslant t \leqslant T$:

若 $\overline{\varepsilon}_t \leqslant \varepsilon_{j^*}$, 则作出说明 "这是库中的第 j^* 个人".

否则, 作出说明 "这是一张新脸".

计数 $1 \leqslant t \leqslant T$: 若判断过程中的声明正确, 则执行 $c_t = c_t + 1$.

输出 识别率 (recognition rate) $\mathrm{RR} := \dfrac{1}{T} \sum\limits_{t=1}^{\mathrm{T}} c_t$.

5.3 数据计算实验

基于与已有方法的比较, 本节通过数据实验, 展示并分析了包括分数阶协方差与传统协方差的区别, 以及本文提出特征提取算法的效率和准确率.

5.3.1 分数阶协方差与传统协方差

首先我们将使用从 Yahoo Finance[①] 获取的股票数据进行两种阶数的协方差比较, 图 5.2 是以 10 个工作日为一个向量计算的两家公司的五年间股价的协方差, 表明了比起传统的协方差 $(k = 1)$, 只要对阶数进行很小的变动 $(k = 7/6 \approx 1.1667)$, 将很大程度地突出显示两只股票相关度较大或较小的日期.

图 5.2 股价的分数阶协方差与传统协方差的比较 (大于 1 的阶数)

---

① 网址为 www.yahoo.com/finance.

　　除了突出某些数据的相关关系之外, 通过调整阶数也同样可以削弱最后的取值, 这种灵活性在分析相关性的平稳程度时能够体现很好的作用. 图 5.3 使用了和图 5.2 相同的数据, 取略小于 1 ($k = 6/7 \approx 0.85714$) 的阶数进行了分数阶协方差计算.

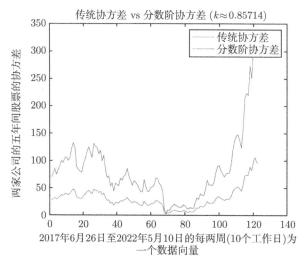

图 5.3　股价的分数阶协方差与传统协方差的比较 (小于 1 的阶数)

　　可以看出, 对于向量或矩阵类型的数据, 在传统方法之外, 我们可以利用分数阶协方差来具有更加针对性地分析数据特征. 除了本身是数据的股价之外, 图像更是一种典型的可量化数据, 图 5.4 展现了图像数据在不同阶数下得到的不同效果, 用于计算的数据是两张添加了服从均匀分布的随机噪声的 "Lena" 图片的列向量.

(a) 随机噪声图1　　　　　　　　　　(b) 随机噪声图2

图 5.4　两张添加了随机噪声的图片

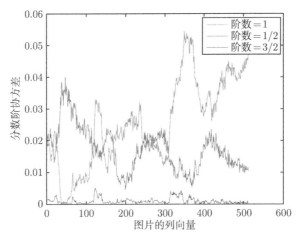

图 5.5 三个不同阶数 $(k = 3/2, 1, 1/2)$ 下的分数阶协方差

5.3.2 特征提取算法

1. 特征贡献率

基于协方差的分数阶推广, 在本小节中, 我们将使用图像数据, 从特征提取效率和识别效果两方面对本文提出的特征提取方法进行展示, 并与传统的 2D-PCA 以及文献 [3] 给出的另一种 "分数阶主成分分析方法" 进行比较. 首先我们用图 5.6 来展示本文方法的 CRE, 这里使用了清晰的 "Lena" 图片以及 $k = 1/2$ 的阶数.

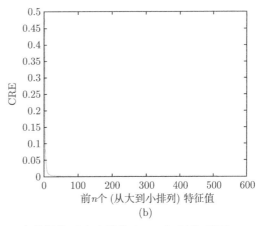

(a)

(b)

图 5.6 (a) 清晰的 "Lena", 共 512 个特征值; (b) 在阶数 $k = 1/2$ 时的 CRE

为更加清晰地体现本章算法在提取效率体现的优势, 图 5.7 是与两种已有算法 (2D-PCA 与 2D-FPCA) 的 CRE 比较. 可以从中看出, 由本章算法 (这里使用的阶数为 $k = 1/2$) 计算的协方差矩阵的最大特征值在全体特征值之和的占比已

经远高于其他方法, 并且用更少的特征值就能够获取尽可能多的原数据信息 (图像更快地贴近横轴). 由于三种方法的后续曲线都比较接近, 因此图 5.7 为截取了前 20 个特征值画出的.

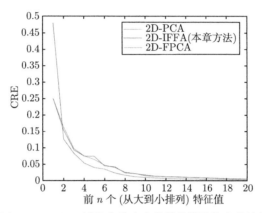

图 5.7   2D-PCA, 2D-FPCA, 以及本节中定义的分数阶协方差计算的 CRE 比较

2. 基于人脸库的识别

人脸识别技术已经逐渐走进了我们的生活, 在后续的内容中, 我们将根据算法 5.5 和算法 5.6 进行人脸识别的实现和算法比较. 首先固定某一个人的图像作为训练样本, 进行一个较为简单的人脸识别实验. 以下实验中使用的训练以及测试样本来自图 5.1 中的一部分. 以下的图片分别展示了对于来自不同人物和相同人物的识别效果. 其中两张子图的左边均为与测试样本在 2 范数和分数阶协方差提取的特征意义下, 由训练样本构造的人脸库中最相似的图片.

可以从图 5.8 中看到, 利用本文的特征提取算法对于两种 (相同或不同人物) 情形均作出了准确的判断, 并且在测试样本存在于人脸库的情况下, 准确地通过

库中与测试样本最相似的图片　测试图片

这是一张新脸　　　　这张图应该是img_2.

(a)　　　　(b)

图 5.8   对测试样本的判断结果

提取的特征找到了相应的图片. 由于本文算法的理论基础在于分数阶协方差, 因此关键的第一步的就是对于阶数的选取, 以下展示的是在不同阶数与不同特征个数下, 对应的 CRE 的比较 (图 5.9).

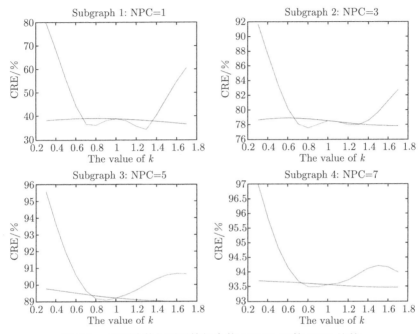

图 5.9　不同阶数与不同特征个数 (NPC) 下的 CRE 比较

对于不同类型与风格的图片, 其最合适的阶数是不尽相同的, 因此在进行训练过程之前, 可以针对不同的训练样本首先进行阶数的分析. 下面利用多人的样本库进行训练和测试, 并对比本文算法 (2D-IFFA) 与文献 [3] 中 (2D-FPCA) 特征提取方法的识别率 (图 5.10).

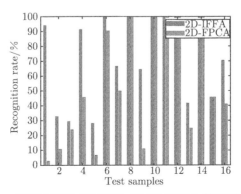

图 5.10　不同人物的 2D-IFFA 和 2D-FPCA 的识别率对比

5.4　案例小结和展望

在理论方面, 本章给出了不同于已有成果的分数阶协方差推广定义, 以及对应的一种新形式的分数阶协方差矩阵. 我们首先提供了一些例子举例说明分数阶协方差在实践中的基本应用. 在上述定义下, 我们建立了基于分数阶协方差的特征提取方法, 并设计了对应的算法. 对于特征提取的效果, 我们采用了广受认可的特征贡献率进行评估. 在算法中, 我们还根据训练样本本身给出了判断标准, 即样本提供的阈值的定义.

在实践方面, 本章不仅对于推广的协方差定义与传统协方差之间的区别进行了比较, 并且进行了一系列实验来比较不同的图像识别算法, 如 2D-PCA 和 2D-FPCA. 此外, 我们也利用 CRE 分析和阐释了不同阶数产生的各种提取效果. 在最后, 我们还通过人脸识别实验, 将新算法和 2D-FPCA 对比实验, 体现了本章算法良好的图像识别能力.

本章中的理论和算法仍有很大的潜力可以进一步探索, 例如通过样本特点给出最合适的分数阶阶数以及提升算法效率和效果的特征数量与阶数的关系. 由于在此之前已经有关于部分特征提取中的微分方程方法[6-8], 上述的工作可以从偏微分方程的角度出发, 通过例如反问题[9,10] 等方法进行探索.

参 考 文 献

[1] Jolliffe I T. Principal Component Analysis[M]. Berlin: Springer-Verlag, 1986.

[2] Yang J, Zhang D, Alejandro F, Yang J. Two-dimensional PCA: A new approach to appearance-based face representation and recognition. IEEE Transactions on Pattern Analysis and Machine Intelligence, 2004, 26(1): 131-137.

[3] Gao C, Zhou J, Pu Q. Theory of fractional covariance matrix and its applications in PCA and 2D-PCA[J]. Expert Systems with Applications, 2013, 40(13): 5395-5401.

[4] Wang L, Wang X, Zhang X, Feng J. The equivalence of two-dimensional PCA to line-based PCA[J]. Pattern Recognition Letters, 2005, 26(1): 57-60.

[5] Le T H, Bui L T. Face recognition based on SVM and 2DPCA[J]. arXiv preprint arXiv:1110.5404, 2011.

[6] Elyan E, Ugail H. Reconstruction of 3D human facial images using partial differential equations[J]. Journal of Computers, 2007, 2(8): 1-8.

[7] Fang C, Zhao Z, Zhou P, Lin Z. Feature learning via partial differential equation with applications to face recognition[J]. Pattern Recognition, 2017, 69: 14-25.

[8] Rodrigues M, Osman A, Robinson A. Partial differential equations for 3D data compression and reconstruction[J]. Advances in Dynamical Systems and Applications, 2013, 8(2): 303-315.

[9] Jari K, Erkki S. Statistical and Compu-tational Inverse Problems[M]. Beijing: Science
     Press, 2018.

[10] 徐定华, 徐映红, 葛美宝, 张启峰. 微分方程和反问题模型与计算[M]. 北京: 科学出版社, 2021.

第 6 章 数据拟合的梯度型优化算法

张晓明　　徐定华 [①②③]

(浙江理工大学理学院, 浙江省杭州市, 310018)

以最速下降法为基础, 给出了六种改进的梯度型优化算法. 首先, 根据梯度下降法的缺点, 分别针对迭代计算量和迭代下降路径的优化, 给出了随机梯度下降法和动量法; 其次, 为了充分利用迭代过程的历史信息来校正下降方向, 给出了 Nesterov 梯度加速法; 考虑到学习率 α 作为校正因子对整体优化的速度和精度影响很大, 给出了针对不同数据分量的自适应 AdaGrad 算法和 RMSprop 算法; 最后, 结合加速算法和自适应算法的优点, 给出了适用性较广的 Adam 算法.

6.1 背 景 介 绍

数据工程领域中回归问题往往归结为目标函数极值问题, 并通过优化算法寻找具有高拟合度的近似解. 在有监督的机器学习中, 考虑 n 个独立同分布的样本构成的训练集

$$\{(x_1, y_1), \cdots, (x_n, y_n)\},$$

其中, $x_i \in \mathbb{R}^d$ 是第 i 个输入的样本数据, $y_i \in \mathbb{R}$ 是第 i 个输出的数据, $i = 1, 2, \cdots, n$.

我们需要通过给定的数据集 $D = \{x_i, y_i\}_{i=1}^n$, 训练得到决策函数 $f(x, \theta)$, 满足

$$y_i = f(x_i, \theta) + \delta_i, \quad i = 1, 2, \cdots, n, \tag{6.1}$$

其中, $x_i = (x_i^{(1)}, x_i^{(2)}, \cdots, x_i^{(d)})^{\mathrm{T}} \in \mathbb{R}^d$, $\theta = (\theta^{(1)}, \theta^{(2)}, \cdots, \theta^{(d)})^{\mathrm{T}} \in \mathbb{R}^d$ 为模型参数, $\delta \in \mathbb{R}$ 为测量误差.

对于线性回归, 决策函数结构为

① 本案例的知识产权归属作者及所在单位所有.

② 本案例源自国家基金科研项目 (No.11471287; 11871435; 12371428) 的部分研究成果, 不涉及保密内容.

③ 作者简介: 张晓明, 硕士研究生, 从事数据建模与计算研究; 电子邮箱: xiaoming_zhang0919@163.com. 徐定华, 教授, 从事可计算建模与反问题数值算法、数据建模与统计研究; 电子邮箱: dhxu6708@zstu.edu.cn.

$$f(x_i, \theta) = \theta^{\mathrm{T}} x_i, \quad i = 1, 2, \cdots, n. \tag{6.2}$$

而对于非线性回归, 一种方法是通过变量替换将其转化为线性问题. 比如目标函数假设是 $y = ax^b$, 通过变换公式 $\{\xi = \ln x, \eta = \ln y\}$, 得到线性方程 $\eta = \ln a + b\xi$.

记第 i 个样本关于 θ 的损失函数为 $J_i(\theta) = |y_i - f(x_i, \theta)|^2$, 通过最小化训练集的平均损失函数可学习得到最优的参数 $\hat{\theta}$, 即求解

$$\min_{\theta \in \mathbb{R}^d} J(\theta) = \frac{1}{n} \sum_{i=1}^{n} J_i(\theta). \tag{6.3}$$

6.2 正则化思想

若 $x \in X, y \in Y, K(\theta): X \to Y$ 是含参数 θ 的线性或非线性算子, X, Y 为 Hilbert 空间, 则上述实际模型可以抽象为统一的算子方程形式

$$K(\theta)x = y. \tag{6.4}$$

因此回归问题是通过给出的数据对 $\{x_i, y_i\}_{i=1}^{n}$, 反演算子系统 $K(\theta)$ 其中的未知参数 θ, 这是一类参数识别反问题.

由于反问题的不适定性, 即数据的微小扰动, 可能会给解带来较大的误差. 为了提高模型稳定性, 需要对算子方程进行正则化处理

$$\theta_{\mathrm{reg}} = \arg\min_{\theta \in \mathbb{R}^d} \left\| K(\theta)x - y^\delta \right\|_{L^p}^p + \alpha \left\| \theta \right\|_{L^p}^p, \quad p \geqslant 0. \tag{6.5}$$

因此方程 (6.3) 正则化处理后为

$$\min_{\theta \in \mathbb{R}^d} J(\theta) = \frac{1}{n} \sum_{i=1}^{n} J_i(\theta) + \alpha \left\| \theta \right\|_{L^p}^p, \quad 0 \leqslant p \leqslant 2. \tag{6.6}$$

特别地, 当 $p = 0$ 时, $\|\theta\|_{L_0} = \sum_{i=1}^{n} I_{\theta_i \neq 0}, I_{\theta_i \neq 0} = \begin{cases} 1, & \theta_i \neq 0, \\ 0, & \theta_i = 0. \end{cases}$ 对于稀疏模型[10], 一般选择 $p = 1$ 或 $p = \dfrac{1}{2}$.

1. 正则化参数选取

对于正则化参数 α 的选取, 除了试探法之外, 通常还有两种选取策略. 一类是基于精确解光滑条件的先验选取, 即寻找 α 与误差 δ 的关系 $\alpha = \alpha(\delta)$, 使得

$\lim\limits_{\delta\to 0}\alpha(\delta)=0$; 另一类是基于数据误差水平的后验选取, 即选取 $\alpha=\alpha(\delta,y^\delta)$, 使得 使得 $\lim\limits_{\delta\to 0}\alpha(\delta,y^\delta)=0$, 此类方法有 Morozov 偏差法、$L$-曲线法等[11].

2. 正则化方程求解

对于方程 (6.6) 的求解, 当 $p=2$ 时可使用 Tikhonov 正则化法、TSVD 法、Landweber 迭代法等; 当 $p=0,1,\dfrac{1}{2}$ 时, 可使用软阈值迭代法[1]、半阈值迭代法等. 其中迭代法以梯度型为主, 核心思想在于求解形如 $\arg\min\limits_{\theta} J(\theta)$ 的最优化问题.

6.3　梯度型迭代算法

以最速下降法为基础, 介绍几类改进的梯度型迭代算法.

6.3.1　最速下降法

在无约束优化问题中, 最速下降法 (Steepest Descent Method, 简称 SD) 是最常用算法之一. 其原理是以迭代格式, 在损失函数 $J(\theta)$ 的负梯度方向 $-\nabla J(\theta)$ 搜寻参数 θ 的最优值.

一般的梯度下降法是以全体样本梯度的平均值作为本次全局梯度的估计值, 参数的更新公式为

$$\theta_{t+1}=\theta_t-\frac{\alpha}{n}\sum_{i=1}^{n}\nabla J_i(\theta_t),\tag{6.7}$$

其中, α 是学习率, $J_i(\theta_t)=|y_i-f(x_i,\theta_t)|^2$.

当目标函数 $J(\theta)$ 为凸函数时, SD 可取得收敛速度 $\mathcal{O}\left(\dfrac{1}{t}\right)$; 当 $J(\theta)$ 为强凸函数时, SD 可取得收敛速度 $\mathcal{O}(\rho^t)$, 其中常数 $\rho\in(0,1)$.

SD 需要把训练集里的每一个数据都计算一遍, 但是实际应用中训练集不仅数量很大, 而且还具有多维度. 比如一张图片上有许多像素点, 每个像素点还具有 RGB 三维度. 特别地, 对于如今的深度神经网络, 具有多个隐藏层和隐藏神经元, 如果按照传统的梯度下降法进行迭代, 计算量十分庞大.

优化思考　再次对 SD 进行思考, 其不足点主要在: ① 每一次迭代的计算量很大; ② 需要经过多次迭代才能达到极值点.

基于以上这两点不足, 对梯度下降法的优化思路可以对应从两方面出发:

(1) 是否可以减少每一次迭代的计算量;

(2) 是否可以优化下降路径, 用更少的步数来更快地逼近极值点.

6.3.2 随机梯度下降法

随机梯度下降法 (Stochastic Gradient Descent Method, 简称 SGD) 的提出是基于如何减少梯度下降法每一次迭代计算量的基础上, 其核心思想是在每次更新参数时, 仅随机抽取一个样本计算其梯度, 并以此梯度为本次全局梯度的估计值, 公式为

$$\theta_{t+1} = \theta_t - \alpha \nabla J(\theta_t; x_i; y_i), \tag{6.8}$$

其中, $\nabla J(\theta_t; x_i; y_i) = \nabla |y_i - f(x_i, \theta_t)|^2$, 表示第 t 次迭代中, 随机抽取第 i 个样本 (x_i, y_i) 计算得到的梯度.

当目标函数 $J(\theta)$ 为凸函数时, SGD 可取得收敛速度 $\mathcal{O}\left(\dfrac{1}{\sqrt{t}}\right)$; 当 $J(\theta)$ 为强凸函数时, SGD 可取得收敛速度 $\mathcal{O}\left(\dfrac{1}{t}\right)$.

小批量随机梯度下降法 小批量 (Mini-batch) 算法是在每次迭代中随机抽取若干个样本, 以这些样本的梯度作为本次全局梯度的估计值. Mini-batch 的参数更新公式为

$$\theta_{t+1} = \theta_t - \alpha \nabla J(\theta_t; x_{i:i+s}; y_{i:i+s}), \tag{6.9}$$

其中, s 表示本次迭代所选样本的批容量,

$$J(\theta_t; x_{i:i+s}; y_{i:i+s}) = \frac{1}{s} \sum_{i=1}^{s} |y_i - f(x_i, \theta_t)|^2.$$

Mini-batch 在一定程度上兼顾了 SD 和 SGD 两种算法的优点, 因此在训练大规模数据时, Mini-batch 是较常用的算法之一.

Algorithm 1 SGD: Mini-batch Algorithm

Input: 学习率 α 和初始参数 θ;

  repeat

    从训练集中随机选择 s 个样本 $\{x_1, x_2, \cdots, x_s\}$, 其中 x_i 对应的目标为 y_i;

    计算梯度: $G = \nabla J(\theta; x_{i:i+s}; y_{i:i+s})$;

    参数更新: $\theta = \theta - \alpha G$;

  until 满足收敛条件.

6.3.3 动量法

SGD 虽然一定程度上减少了每轮迭代计算成本, 但由于在随机采样的过程中误差不断积累, 因此收敛速度会比较慢. 下面思考如何优化下降路径, 加快收敛速度.

对于一般的梯度下降路径, 并不是按最优路径直达极值点, 而是会经过多次来回摆动. 甚至在梯度变化不明显的区域, 会出现明显的振荡现象, 如图 6.1 所示.

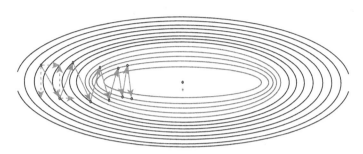

图 6.1   梯度下降法的振荡现象

按物理学上的速度分解, 将每一段梯度下降的路径分别沿 x, y 轴方向分解. 从图可见, x 轴分量的方向是始终保持指向极值点, 而 y 轴分量的方向变化是引起振荡现象的根本原因. 因此可以提出两个优化思路:

(1) 通过减小 y 轴分量的值, 以此减少振荡幅度;

(2) 通过增大 x 轴分量的值, 以此加快逼近速度.

因此动量法 (Momentum Method)[5] 的参数更新公式是

$$v_t = \gamma v_{t-1} + \alpha \nabla J(\theta_t; x_i; y_i),$$
$$\theta_{t+1} = \theta_t - v_t, \tag{6.10}$$

其中, v_t 表示历史计算梯度的累计总和, $J(\theta_t; x_i; y_i) = |y_i - f(x_i, \theta_t)|^2$.

在 x 轴方向, 由于当前梯度方向和历史梯度方向一致, 则加权求和会放大 x 轴分量, 以此加速逼近极值点. 而在 y 轴方向, 由于当前梯度方向和历史梯度方向相反, 则加权相减会缩小 y 轴分量, 以此减少振荡. 如图 6.2 所示.

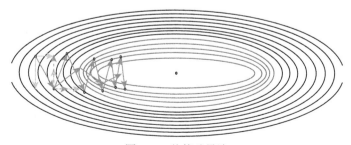

图 6.2   传统动量法

可见 v_t 具有结合历史信息优化梯度下降路径的作用. 但越早期的梯度下降信

息对当前的影响越小, 因此需要调整权重, 即时间越近权重越大. 实际求解中, 可使用指数加权移动平均法, 令 $\alpha = 1 - \gamma$. 例如, 当 $\gamma = 0.9$ 时

$$
\begin{aligned}
v_t &= 0.9 v_{t-1} + 0.1 \nabla J(\theta_t; x_i; y_i) \\
&= 0.1 \times 0.9^0 \nabla J(\theta_t; x_i; y_i) + 0.1 \times 0.9^1 \nabla J(\theta_{t-1}; x_i; y_i) \\
&\quad + 0.1 \times 0.9^2 \nabla J(\theta_{t-2}; x_i; y_i) + \cdots + 0.1 \times 0.9^{t-1} \nabla J(\theta_1; x_i; y_i). \quad (6.11)
\end{aligned}
$$

时间越远的梯度信息, 其权重以指数衰弱.

Algorithm 2 Momentum Algorithm

Input: 学习率 α、动量参数 γ、初始参数 θ、初始速度 v;
  repeat
    从训练集中随机选择 s 个样本 $\{x_1, x_2, \cdots, x_s\}$, 其中 x_i 对应的目标为 y_i;
    计算梯度: $G = \nabla J(\theta; x_{i:i+s}; y_{i:i+s})$;
    速度更新: $v = \gamma v + \alpha G$;
    参数更新: $\theta = \theta - v$;
  until 满足收敛条件.

6.3.4 Nesterov 梯度加速法

动量法存在这样一个问题: 下降速度不断累积, 无限加速, 可能会错过最优解. 因此不妨猜想, 除了利用历史数据, 是否能超前预测下一步下降的方向, 从而提前做校正.

Nesterov 梯度加速法[8] (Nesterov Accelerated Gradient Method, NAG) 是在动量法上添加了一个校正因子, 通过计算 $\theta - \gamma v_{t-1}$ 来粗略估计下一次的位置, 以至于在坡度变化之前能及时做调整, 这种动量形式被称为 Nesterov 动量

$$
\begin{aligned}
v_t &= \gamma v_{t-1} + \alpha \nabla J(\theta_t - \gamma v_{t-1}; x_i; y_i), \\
\theta_{t+1} &= \theta_t - v_t,
\end{aligned}
\quad (6.12)
$$

其中, $J(\theta_t - \gamma v_{t-1}; x_i; y_i) = |y_i - f(x_i, \theta_t - \gamma v_{t-1})|^2$.

NAG 算法在迭代更新过程中, φ_t 的梯度方向与历史累积梯度方向的夹角为锐角, 即向前 "预测" 一步后并未发现前面梯度出现大幅变化, 因此 $-\alpha \nabla J(\theta_t - \gamma v_{t-1}; x_i; y_i)$ 项起到了加速的效果. 而在 NAG 的第 $t+1$ 轮迭代中, 点 φ_{t+1} 的梯度方向与历史累计梯度方向的夹角为钝角, 因此 $-\alpha \nabla J(\theta_{t+1} - \gamma v_t; x_i; y_i)$ 项起到了减速的效果[9]. 图 6.3 直观地解释了 "NAG 在梯度明显变化前能及时做调整".

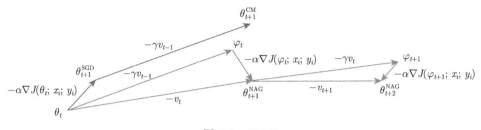

图 6.3　NAG

Algorithm 3 NAG Algorithm

Input: 学习率 α、动量参数 γ、初始参数 θ、初始速度 v;

　　repeat

　　　　从训练集中随机选择 s 个样本 $\{x_1, x_2, \cdots, x_s\}$, 其中 x_i 对应的目标为 y_i;

　　　　梯度修正: $G = \nabla J(\theta - \gamma v; x_{i:i+s}; y_{i:i+s})$;

　　　　速度更新: $v = \gamma v + \alpha G$;

　　　　参数更新: $\theta = \theta - v$;

　　until 满足收敛条件.

6.3.5　自适应梯度算法

　　学习率 α 对整个梯度下降过程具有重要的作用. 如果 α 太大, 虽然下降速度变快, 但可能越过极值点; 如果 α 太小, 虽然精度提高, 但是计算量大大增加. 因此, 我们希望 α 能根据实际情况自适应调整.

　　自适应梯度算法[3] (Adaptive Gradient Method, AdaGrad) 是一种自适应调节学习率的随机梯度下降算法, 它将目标参数 θ 进行拆分, 在每个时间点 t 对每个分量 θ_k 使用不同的学习率进行更新.

　　记 $\theta_{t,k}$ 表示第 t 轮迭代时 θ 的第 k 个参数分量, $k \in \{1, 2, \cdots, d\}$; $G_{t,k} \in \mathbb{R}^d$ 表示第 t 轮迭代时 $\theta_{t,k}$ 对应的梯度分量, 即 $G_{t,k} = \nabla J(\theta_{t,k}; x_i; y_i)$. AdaGrad 的参数分量更新公式为

$$\theta_{t+1,k} = \theta_{t,k} - \frac{\alpha}{\sqrt{\hat{G}_{t,k} + \epsilon}} G_{t,k}, \tag{6.13}$$

其中, $\hat{G}_{t,k} = \sum_{m=1}^{t} G_{m,k}^2$ 表示对前 t 轮的第 k 个梯度分量进行平方和累加; ϵ 是一个很小的数, 作用是避免分母为 0.

　　将上述分量进行向量化, AdaGrad 的参数更新公式可写成

$$\theta_{t+1} = \theta_t - \frac{\alpha}{\sqrt{G + \epsilon}} \odot G_t, \tag{6.14}$$

其中, $\dfrac{\alpha}{\sqrt{G+\epsilon}}$ 为自适应学习率; $G = (\hat{G}_{t,1}, \cdots, \hat{G}_{t,d})^{\mathrm{T}}$, "$\odot$" 表示向量对应元素相乘.

由于 AdaGrad 对不同的参数分量使用不同的学习率, 因此非常适合处理稀疏数据. 对于稀疏分量, 历史梯度的累计值 G 较小, 从而放大学习率. 而且, 稀疏程度越大, 学习率越大.

Algorithm 4 AdaGrad Algorithm

Input: 学习率 α、初始参数 θ 和小常数 ϵ;

　　初始化梯度累计变量 $r = 0$;

　　repeat

　　　　从训练集中随机选择 s 个样本 $\{x_1, x_2, \cdots, x_s\}$, 其中 x_i 对应的目标为 y_i;

　　　　梯度计算: $G = \nabla J(\theta; x_{i:i+s}; y_{i:i+s})$;

　　　　梯度累计: $r = r + G \odot G$;

　　　　参数更新: $\theta = \theta - \dfrac{\alpha}{\sqrt{r+\epsilon}} \odot G$;

　　until 满足收敛条件.

AdaGrad 算法能自适应调节各分量的学习率, 使得其下降方向相较于动量类算法更为平滑, 如图 6.4. 但由于其在分母积累了历史梯度的平方和, 在训练过程中不断增长, 反而会导致收敛速度被拖慢. 同时, 保留这些数据的内存成本也会偏大.

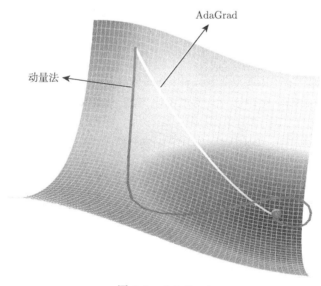

图 6.4　AdaGrad

从图 6.5 可见, AdaGrad 训练过程中, 先经历一个快速变化期, 然后到了平台区, 变化速度变得缓慢. 特别地, 当再次到达应该快速变化的地方, 速度反而依旧很慢. 这是因为要考虑所有的历史梯度数据信息.

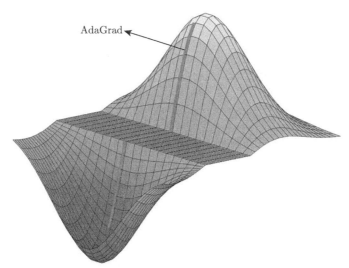

AdaGrad

图 6.5　具有缓冲平台的下降情况

6.3.6　均方根传递算法

从 AdaGrad 的缺点入手, 我们可以考虑如何将历史梯度数据的权重减少, 最近的梯度数据权重增大. 这与传统动量法优化的思路一样, 也是采用指数加权移动平均法.

均方根传递算法[5] (Root Mean Square Prop Method, RMSprop) 是 AdaGrad 的改进版, 不再低效率地存储历史梯度的平方和, 每轮梯度的衰减平均计算公式为

$$E[G^2]_t = \gamma E[G^2]_{t-1} + (1-\gamma)G_t^2, \tag{6.15}$$

其中, $E[G^2]_t$ 表示第 t 轮梯度的衰减平均值, 当 t 为 0 时可初始化为 d 维零向量; $\gamma \in (0,1)$ 为衰减速率, 一般取 0.9.

将 AdaGrad 中的 G 更新为 $E[G^2]_t$, 可得 RMSprop 的参数更新公式

$$\begin{aligned} E[G^2]_t &= \gamma E[G^2]_{t-1} + (1-\gamma)G_t^2; \\ \theta_{t+1} &= \theta_t - \frac{\alpha}{\sqrt{E[G^2]_t + \epsilon}} \odot G_t. \end{aligned} \tag{6.16}$$

Algorithm 5 RMSprop Algorithm

Input: 学习率 α、初始参数 θ、衰减速率 ρ 和小常数 ϵ;

 初始化梯度累计变量 $r = 0$;

 repeat

  从训练集中选择 s 个样本 $\{x_1, x_2, \cdots, x_s\}$, 其中 x_i 对应的目标为 y_i;

  梯度计算: $G = \nabla J(\theta; x_{i:i+s}; y_{i:i+s})$;

  梯度累计: $r = \rho r + (1-\rho)G \odot G$;

  参数更新: $\theta = \theta - \dfrac{\alpha}{\sqrt{r+\epsilon}} \odot G$;

 until 满足收敛条件.

6.3.7 自适应矩估计算法

在 RMSprop 算法的基础上, 结合动量法, 即可得到自适应矩估计算法[2] (Adaptive Moment Estimation Method, Adam).

分别计算 G_t 的一阶矩和二阶矩的估计量

$$M_t = \beta_1 M_{t-1} + (1-\beta_1)G_t;$$
$$E_t = \beta_2 E_{t-1} + (1-\beta_2)G_t^2, \tag{6.17}$$

其中, $\beta_1, \beta_2 \in (0,1)$ 是衰减速率, 一般设置为 $\beta_1 = 0.9, \beta_2 = 0.999$. 初始化 M_0 和 E_0 均为 d 维零向量. 由于初始为零向量, 一开始变化比较慢, 可对 M_t 和 E_t 进行修正

$$\hat{M}_t = \frac{M_t}{1-\beta_1^t};$$
$$\hat{E}_t = \frac{E_t}{1-\beta_2^t}. \tag{6.18}$$

则 Adam 参数的更新公式为

$$\theta_{t+1} = \theta_t - \frac{\alpha}{\sqrt{\hat{E}_t + \epsilon}} \odot \hat{M}_t. \tag{6.19}$$

Adam 结合了 AdaGrad 善于处理稀疏数据和 RMSprop 善于处理非平稳目标的优点, 适用于大数据集和高维空间. 如图 6.6, 相比于 RMSprop, Adam 算法更容易寻找到全局最优点, 避免陷入局部最优.

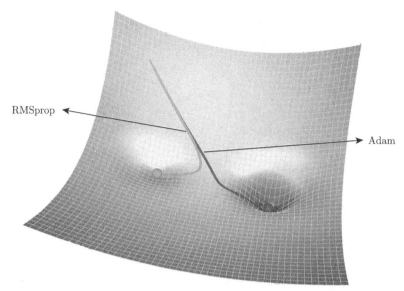

图 6.6　局部最小情况下 RMSprop 和 Adam 对比

Algorithm 6 Adam Algorithm

Input: 学习率 α、初始参数 θ、衰减速率 β_1, β_2 和小常数 ϵ;

　　初始化一阶矩变量 $M = 0$, 二阶矩变量 $E = 0$;

　　repeat

　　　　从训练集中随机选择 s 个样本 $\{x_1, x_2, \cdots, x_s\}$, 其中 x_i 对应的目标为 y_i;

　　　　梯度计算: $G = \nabla J(\theta; x_{i:i+s}; y_{i:i+s})$;

　　　　一阶矩累计: $M = \beta_1 M + (1 - \beta_1)G$;

　　　　二阶矩累计: $E = \beta_2 E + (1 - \beta_2)G \odot G$;

　　　　修正: $\hat{M} = \dfrac{M}{1 - \beta_1^t}, \hat{E} = \dfrac{E}{1 - \beta_2^t}$;

　　　　参数更新: $\theta = \theta - \dfrac{\alpha}{\sqrt{\hat{E} + \epsilon}} \odot \hat{M}$;

　　until 满足收敛条件.

6.4　算法实现与精度比较

　　生活中的噪声无处不在, 影响着人们的感官, 干扰人们对事物真实情况的判别. 因此, 降噪技术是一项十分重要的课题, 拥有广泛的应用场景.

　　以信号传输中的通信降噪为例, 其处理流程如图 6.7. 假若给定一个训练数据集 $\{x_i, y_i\}_{i=1}^n$, 其中 x 是一段携带标准正态噪声 ε 的正弦输入信号, y 是期望输出的真实信号. 我们希望通过训练集能够得到滤波算子 $K(\theta)$, 使得输入信号 x 在滤

波器的作用下尽可能地过滤噪声, 拟合期望输出的真实信号 y, 即

$$K(\theta)x = y.$$

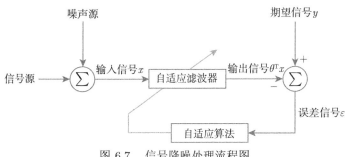

图 6.7 信号降噪处理流程图

不妨取 $n = 1000$ 个训练集, 令 $\varepsilon \sim N(0, 0.5)$, x 满足

$$x_i = \begin{cases} \sin(2\pi \times 0.015i) + \varepsilon, & i \in [1, 500], \\ 0.5\sin(2\pi \times 0.015i) + \varepsilon, & i \in [501, 1000]. \end{cases}$$

上述实例为线性回归问题, 因此可以基于最小均方误差 (Least-Mean-Square) 原则, 寻找最优系数 $\theta = (\theta_1, \theta_2, \cdots, \theta_n)^{\mathrm{T}}$, 即

$$\theta = \arg\min_{\theta \in \mathbb{R}} [\theta^{\mathrm{T}} x - y]^2, \tag{6.20}$$

其中, $x = (x_1, x_2, \cdots, x_n)^{\mathrm{T}}$, $y = (y_1, y_2, \cdots, y_n)^{\mathrm{T}}$.

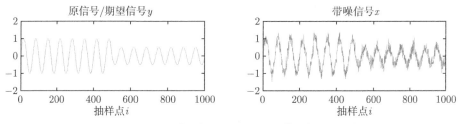

图 6.8 期望输出信号 y 图和带噪输入信号 x 图

LMS 算法是以梯度下降法为基础的迭代算法, 一般使用小批量随机梯度下降法. 现在根据上述介绍的多种优化算法, 对 LMS 作进一步改进. 以平均绝对误差 $\dfrac{1}{n}\sum\limits_{i=1}^{n}\left|\theta^{\mathrm{T}} x_i - y_i\right|$ 评估精度, 结果如表 6.1、图 6.9 和图 6.10.

表 6.1

算法	Mini-batch	AdaGrad	RMSprop	Adam	Momentum	NAG
平均绝对误差	0.037	0.045	0.031	0.029	0.038	0.037

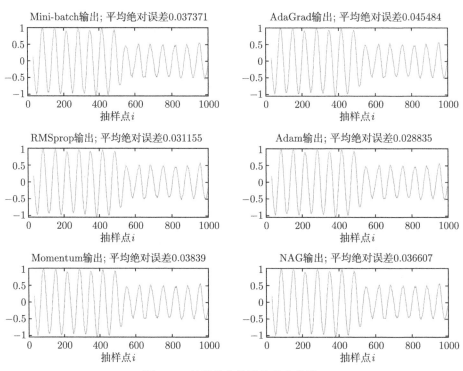

图 6.9   几种优化算法的输出信号

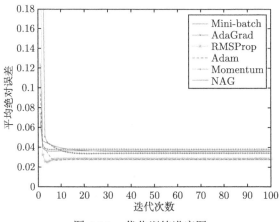

图 6.10   优化训练进度图

6.5 案例小结

以上介绍了围绕最速下降法的几种主要优化策略及其代表算法, 一般对于小规模数据仍建议使用稳定性较好的 SD. 而对于结构复杂的大数据集, 比如深度卷积神经网络等, 建议使用 Adam 等自适应算法.

在山岭曲面下, 几类自适应学习算法能选择较为直接的下降路径进行迭代搜索, 而 SGD 和动量法在前期有所偏离, 在遇到转折点后进行修正 (图 6.11 和表 6.2).

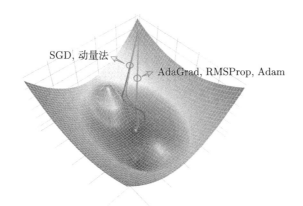

图 6.11　山岭曲面下的算法对比

表 6.2

算法	优点	缺点	适用场景
SD	对于非凸优化和凸优化, 可以分别收敛到局部最小值和全局最小值	每次迭代需要用到全部数据, 计算成本大, 收敛速度慢	适用于小规模数据集, 且在运行过程中不能增加新样本 (在线更新模型)
SGD & Mini-batch	避免了冗余数据的干扰, 收敛速度加快	SGD 以高方差频繁地更新, 使得收敛过程不断的波动, 可能陷入到鞍点. 并且选择合适的学习率比较困难	适用于大规模数据集, 以及需要在线更新数据的模型
Momentum & NAG	能够减小收敛过程的振荡, 加快极值点的逼近	可能越过极值点, 在其周围徘徊 (NAG 一定程度上能修正下降路线) 且需要确定合适的学习率	适用于有可靠的初始化参数
AdaGrad	学习率根据目标参数自适应调节	在分母中累加梯度的平方和, 导致学习率最终变得无限小	适用于较复杂的深度网络模型, 以及适合处理稀疏数据
RMSProp	对历史梯度信息进行优化处理, 收敛速度加快	依赖于人工设置的全局学习率	适用于较复杂的深度网络模型
Adam	收敛速度快, 内存占用小, 且根据目标参数自适应调节学习率	泛化性能差, 训练初期的优化效率较高, 但在训练后期常常出现停滞不前的情况, 且整体精度不及 SGD 与 NAG	适用于较复杂的深度网络模型、稀疏数据和非平稳目标、大数据集和高维空间, 以及大部分的非凸优化问题

　　改进思考　最速下降法是使用最广泛的优化算法之一, 基于其改进算法的研究也在不断深入. 虽然实际应用效果不错, 但是在理论框架上仍不够完善. 比如一些参数的选取, 如学习率 α、初始参数 θ、衰减速率 β 等, 往往是通过经验或者多次尝试, 存在诸多不确定性. 那么是否存在一个选取准则, 使得收敛速度和精度能得到平衡; 又比如在稳定性方面, SD 算法虽然计算成本高, 但是稳定性好. 而 SGD 等其他改进算法, 虽然计算成本有所降低, 但是在数据规模庞大且存在复杂噪声干扰时, 稳定性不足. 目前关于稳定性[4] 的研究并不多, 因此如何通过理论指导兼顾稳定性和计算成本, 也是待解决的问题之一.

参 考 文 献

[1] Chambolle A, De Vore R A, Lee N Y, et al. Nonlinear wavelet image processing: Variational problems, compression, and noise removal through wavelet shrinkage[J]. IEEE Transactions on Image Processing, 1998, 7(3): 319-335.

[2] Kingma D P, Ba J. Adam: A method for stochastic optimization[J]. arXiv preprint arXiv:1412.6980, 2014.

[3] Duchi J, Hazan E, Singer Y. Adaptive subgradient methods for online learning and stochastic optimization[J]. Journal of Machine Learning Research, 2011, 12(7).

[4] Shen W, Yang Z, Ying Y, et al. Stability and Optimization Error of Stochastic Gradient Descent for Pairwise Learning[J]. arXiv e-prints, 2019.

[5] Zeiler M D. Adadelta: an adaptive learning rate method[J]. arXiv preprint arXiv: 1212.5701, 2012.

[6] Qian N. On the momentum term in gradient descent learning algorithms[J]. Neural Networks, 1999, 12(1): 145-151.

[7] Ruder S. An overview of gradient descent optimization algorithms[J]. arXiv preprint arXiv:1609.04747, 2016.

[8] Nesterov Y. A method for unconstrained convex minimization problem with the rate of convergence. 1983.

[9] 王丹. 随机梯度下降算法研究 [D]. 西安建筑科技大学, 2020. doi:10.27393/d.cnki. gx-azu.2020.000978.

[10] 徐宗本, 吴一戎, 张冰尘, 等. 基于 $L_{1/2}$ 正则化理论的稀疏雷达成像[J]. 科学通报, 2018, 63(14): 1306-1319.

[11] 徐定华. 纺织材料热湿传递数学模型及设计反问题[M]. 北京: 科学出版社, 2014.

[12] 徐定华, 徐映红, 葛美宝, 张启峰. 微分方程和反问题模型与计算[M]. 北京: 科学出版社, 2021.

数据建模与计算篇

第 7 章　基于深度学习的低剂量 CT 成像算法研究

崔学英 [①②③]

计算机断层扫描成像 (Computed Tomography, CT) 因为具有较高的分辨率而广泛应用于临床诊断中. 然而高剂量辐射易引发人体组织器官病变, 低剂量 CT 会造成图像的成像质量下降. 如何在降低辐射剂量的同时提高 CT 图像的成像质量, 已成为低剂量 CT (Low-dose CT, LDCT) 成像技术的研究热点. 随着深度学习的不断发展以及在各个领域的广泛应用, LDCT 成像算法也在这方面得到了长足发展. 本案例在基于 CT 的应用, 低剂量 CT 的产生、成像的原理与算法的基础上, 针对低剂量 CT 图像降质问题提出了一种基于深度学习的 LDCT 成像算法以提高 LDCT 图像的质量.

7.1　引　　言

自从 20 世纪 70 年代初英国工程师 G. N. Hounsfield 研制成功第一台 CT 机以来, X 射线计算机断层成像技术在放射领域发挥着不可替代的作用, 已被广泛应用于医学临床诊断方面. 从最初的头颅 CT 发展到当代高分辨率的多层螺旋 CT, 成像的质量越来越高, 现如今已经能够清晰地展现人体各部位的结构特征、器官以及病灶, 对临床诊断起到很好的指导作用, 这也使得 CT 的检查频率有了显著地提高. 有资料显示, 在美国, 1983 年仅有 1800 万例 CT 扫描检查, 而在 2006 年进行了大约 6000 万例. 然而 CT 检查中 X 射线的辐射对人体健康会造成不利的影响, 尤其对于生长发育期的儿童, 细胞分裂速度远高于成人, 对射线的敏感性是成人的十多倍. 在同样的扫描条件下, 儿童接受到的辐射剂量远高于成人, 致使患癌症的风险越大, 且年龄越小危险性越高. 据电离辐射生物效应委员会的估算, 如果 15 岁的女孩接受的辐射剂量为 100mGy 时, 其乳腺癌的发生率会增加 0.3%; 5 岁儿童接受同样剂量的照射, 其致癌症的发生率会增加 1.2%—1.5%. 美国每年大

---

① 本案例的知识产权归属作者及所在单位所有.

② 本案例源自山西省自然科学基金科研项目 (No. 201901D111261) 的部分研究成果, 不涉及企业保密.

③ 作者简介: 崔学英, 副教授, 从事图像处理, 低剂量 CT 重建, 深度学习以及应用; 电子邮箱: xyingcui@126.com.

约 60 万例的 15 岁以下儿童脑部和腹部 CT 检查中, 粗略估计会有 500 人将死于由 CT 辐射过量导致的癌症[1-2]. 在许多发达国家, CT 检查已被认为是造成医源性辐射最主要的辐射源, 并且还在快速地增加. 频繁的 CT 检查和辐射的影响已引起了国际放射委员会 (ICRP)、世界卫生组织 (WHO) 以及国际医学物理组织 (IOMP) 的广泛关注. 国际放射防护委员会指出 X 射线检查应以最小的人体损伤代价获得最佳的影像质量. 因此, 如何在保证成像质量的情况下尽可能减少 X 射线对患者的辐射剂量已成为当今世界 CT 研究领域的迫切需要.

低剂量 CT (low-dose CT, LDCT) 的概念是 Naidich 等在 1990 年首次提出[3], 多年来, 众多 CT 研究人员、制造商和临床操作人员为降低 CT 辐射剂量做出了不懈的努力, 也相继研究出了多种有效的方法, 其中降低射线管电流和不完备投影是实际扫描中常采用的降低辐射剂量的技术. 降低射线管电流是通过限制特定的扫描参数达到减少对人体辐射的目的, 而不完备投影通过减少投影的角度数达到降低辐射的目的, 包括有限角度投射、稀疏角度投射和局部投射 (或者内部问题) 等.

采用低剂量 CT 扫描技术不仅能极大地降低对患者的辐射剂量, 消除少量患者对 CT 检测的恐惧心理, 还能够进一步扩大 CT 技术的应用范围, 如在大规模人口健康普查、孕妇及儿童的诊断性检查中. 然而在降低辐射剂量的同时也使得重建图像的质量发生严重退化, 如图 7.1(a) 所示, 影响医学的诊断和治疗. 图 7.1(b) 是相应的标准剂量扫描的图像, 可以看出低剂量 CT 图像发生明显的退化.

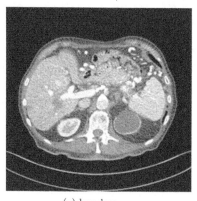
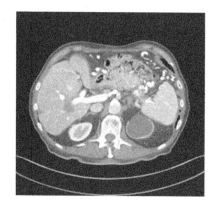

(a) low-dose　　　　　　　　　　　　　　　　(b) normal-dose

图 7.1　标准剂量 CT 图像及其对应的低剂量 CT 图像

因此, 如何在降低 CT 辐射剂量的同时又不影响重建图像的质量一直是 CT 领域的研究热点, 具有重要的科学研究价值和临床使用价值.

7.2 CT 成像原理

CT 重建是指射线的计算机层析成像技术. 通过射线与待测物体的相互作用对物体的某个横截面进行成像. 当射线穿过物体时, 由于产生光电效应、康普顿效应等物理现象, 射线或者入射光子会被物体吸收, 发生衰减.

CT 重建的物理原理如图 7.2 所示, 在所示的横截面上, X 射线从光源射出沿直线穿过被测物体到达探测器, 射线的强度从 I_{in} 衰减到 I_{out}, I_{out} 可由探测器测得, 而 I_{in} 可由探测器在不放物体时事先测出. 物体对光子的吸收作用可用衰减系数 $f(x)$ 来表示, 它与物质的密度有关. 设射线经过 x 处时的强度为 $I(x)$, 在小位移 Δx 后的强度为 $I(x+\Delta x)$. 其衰减情况遵循 Lambert-Beer (朗伯比尔) 定律, 即

$$I(x + \Delta x) = I(x) \cdot e^{-f(x)\Delta x}, \quad x \in [x_{\text{in}}, x_{\text{out}}], \tag{7.1}$$

其中 $x_{\text{in}}, x_{\text{out}}$ 分别是射线进入物体的位置和出来的位置.

两边积分得到

$$\ln(I_{\text{out}}/I_{\text{in}}) = -\int_{x_{\text{in}}}^{x_{\text{out}}} f(x)\Delta x, \tag{7.2}$$

即

$$\ln(I_{\text{in}}/I_{\text{out}}) = \int_{x_{\text{in}}}^{x_{\text{out}}} f(x)\Delta x. \tag{7.3}$$

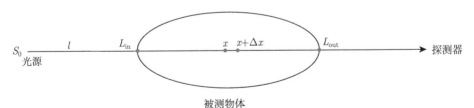

图 7.2 CT 重建的物理原理示意图

由此可知 $f(x)$ 在直线 l 上的线积分值, 即 $\ln(I_{\text{in}}/I_{\text{out}})$, 称为图像的投影 (Projection), 也就是通常所说的射束和. 变动直线的方向和位置, 可得不同方向和不同位置图像的投影值, 这属于数学上的正问题, CT 重建在理论上属于反问题, 即如何从投影值来反求衰减系数 $f(x)$. 把光源发射 X 射线穿过待测物体, 探测器接收射线衰减后的数据这个过程称为扫描. 因此扫描过程能得到线性衰减系数在直

线上的积分值. 然而仅知道 $f(x)$ 在一条直线上的线积分值, 无法确定这条直线上每一点处的衰减系数的值. 需要对物体从多个方向和多个位置进行扫描, 得到一系列的投影求解 $f(x)$. 把线性衰减系数 $f(x)$ 看作图像, 所以 CT 重建可以叙述为由投影重建图像 $f(x)$.

7.3 重建算法

图像重建算法包括迭代重建法和解析重建法. 常用的滤波反投影算法是一种解析重建算法.

7.3.1 迭代重建法

迭代重建算法将成像目标离散化成一个图像网格, 由一个未知的矩阵组成, 把图像重建问题转化为求解线性方程组, 通过求解方程组求解未知图像矩阵.

假定某物质在扫描面上由 4 个均匀的部分组成, 如图 7.3 所示, 且衰减系数分别为 $\mu_1, \mu_2, \mu_3, \mu_4$, 并已知它们在水平、竖直和对角方向的积分.

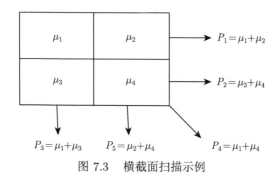

图 7.3 横截面扫描示例

选择其中四个方程组成独立方程组

$$P_1 = \mu_1 + \mu_2, \tag{7.4}$$

$$P_2 = \mu_3 + \mu_4, \tag{7.5}$$

$$P_3 = \mu_1 + \mu_3, \tag{7.6}$$

$$P_4 = \mu_1 + \mu_4. \tag{7.7}$$

若用

$$P_5 = \mu_2 + \mu_4 \tag{7.8}$$

代替式 (7.4) 联立方程组, P_5 可由 $P_1 + P_2 - P_3$ 得到, 由 (7.5)—(7.8) 组成的方程组只有三个独立方程, 方程数少于未知数, 方程组有无穷多个解.

1967 年 CT 研发时所采用的图像重建方法即联立方程组法.

联立方程组法的局限性:

(1) 当方程组的规模越来越大时, 即便在计算机上编程实现, 其工作量也很大, 重建速度慢.

(2) 需采集多个投影数据, 因为许多方程是相关的.

(3) 当方程的数量超过未知数数量时, 方程组的解未必收敛, 因为投影值的测量存在误差.

7.3.2 滤波反投影重建算法

滤波反投影算法是目前应用最广泛的一种直线透射断层成像的算法. 此算法源于 Fourier 中心切片定理. 由 Fourier 中心切片定理, $f(x,y)$ 可表示为

$$f(x,y) = \int_0^\pi \left\{ \int_{-\infty}^\infty \mathcal{F}(\rho,\theta) e^{2\pi i \rho(x\cos\theta + y\sin\theta)} \mathrm{d}\rho \right\} \mathrm{d}\theta, \qquad (7.9)$$

其中 $\mathcal{F}(\rho,\theta)$ 为 $f(x,y)$ 的二维 Fourier 变换. 该公式的内层积分是一个滤波的过程, $|\rho|$ 可以看作是一个频域滤波器, 即对某一角度下的投影函数的 Fourier 变换值作滤波处理后再作反变换. 而外层积分是把滤波后的投影数据作反投影, 然后将所有过 x 的反投影累加起来, 便可得到最终的重建图像, 因此式 (7.9) 称为滤波反投影算法.

滤波反投影法的思想: 设计一种一维滤波函数, 利用卷积的方法, 先对获得的投影函数进行修正, 然后把修正过的投影函数反投影来重建图像. 滤波反投影法可一定程度上消除星形伪影.

7.3.3 低剂量 CT 重建算法

近年来, 为了增强重建图像的质量, 提出了多类型方法, 主要有三大类方法: 投影域滤波算法、迭代重建算法和后处理算法.

(1) 投影域滤波算法: 这类算法是在图像重建前, 直接对投影数据进行滤波, 在过去得到了广泛的研究, 投影域滤波的优点是可以充分利用投影域中噪声的统计特性. 然而, 当投影域噪声处理不当时, 将导致在重建的图像中引入新的伪影.

(2) 迭代重建算法: 为了改善重建图像的质量, 研究人员提出了 CT 图像迭代重建算法, 这个方法主要是根据重建图像的先验信息、投影数据的统计属性以及成像系统的物理原理建立目标函数, 利用优化算法迭代重建. 由于迭代性质, 这些算法非常耗时. 投影域滤波和迭代重建算法都需要访问投影数据, 但投影数据一般不易得到.

(3) 后处理算法: 这类去噪算法不需要对原始投影数据有任何了解, 不需要实时成像或庞大的存储空间, 直接对滤波反投影重建的 CT 图像去噪, 实用方便, 而且速度快, 显示出了更大的优势. 本案例采用基于深度学习的后处理算法, 该算法通过构建卷积神经网络架构, 定义损失函数, 通过大量训练数据训练网络的参数, 得到输入与输出的映射关系.

7.4 基于深度学习的低剂量 CT 后处理算法与计算模拟

近年来, 将人工智能与大数据应用于医学图像处理领域已经成为重要的研究课题. 与此同时, 深度学习技术的发展, 也为医学图像质量改善、疾病诊断、医学图像分割等领域提供了新的研究思路. 深度学习技术通过对样本特征的自动学习, 将低维浅层特征映射到高维深层特征, 学习数据局部特征的能力非常优异. 深度学习技术为解决 LDCT 图像伪影噪声抑制问题 (医学图像质量改善) 提供了新的研究思路和角度. 学者们的研究热点主要集中在: 损失函数的设置、网络框架改进、功能模块设计等方面.

7.4.1 损失函数

损失函数, 也称为代价函数, 通过前向传播测量网络输出预测与给定的参考图像之间的一致性. 均方误差损失、L_1 损失和感知损失是最常用的几种损失函数.

1) 均方误差损失

均方误差 (Mean Absolute Error, MSE) 损失或 L_2 损失通过最小化两张图片之间的像素级差异, 对不正确的像素进行更重的惩罚, 以使不正确的像素更接近原始图像的像素. 在端到端处理系统中, 如果 x 是标准剂量 CT 图像, y 是模型的输出即去除噪声的图像, 那么 L_2 损失定义如下:

$$L_2 = \sum \|y - x\|^2. \tag{7.10}$$

2) L_1 损失

L_1 损失是基于均值的度量, 但对降低噪声有不同的影响. 与 MSE 损失相比, 模型的输出图像和对应的参考图像之间的较大误差不会受到过度惩罚. 定义如下:

$$L_1 = \sum \|y - x\|_1, \tag{7.11}$$

通过 L_1 损失可以测量图像像素空间中模型的输出图像的失真程度. 因此, 本文网络中采用 L_1 损失来约束网络.

3) 感知损失

一般来说, 图像中的噪声具有高频特性. 使用 L_2 损失进行优化的去噪网络可能会在去除噪声的同时导致高频细节的丢失. 感知损失函数通过保留图像的高频细节可克服这一缺点, 被用于图像去噪和恢复问题[4]. 感知损失旨在探讨高维表征中真实图像和模型的输出图像之间的全局差异, 通常使用一个预先训练好的模型来提取图像的特征, 如 VGG、InceptionNet 或 ResNet 等. 引入感知损失可以提高图像的视觉性能, 感知损失可以表示为

$$L_{\mathrm{VGG}} = \frac{1}{dwh} \left\| \mathrm{VGG}(G(x)) - \mathrm{VGG}(y) \right\|_F^2. \tag{7.12}$$

VGG-19 网络作为预先训练好的特征提取器, d, w 和 h 分别表示特定卷积层的输出通道、宽度和高度.

7.4.2 主流的网络框架

主流深度学习网络架构主要有两类: 卷积神经网络 (CNN) 与生成对抗网络 (GAN), 其中, CNN 具有优异的特征提取能力[5], GAN 具有强大的图像生成能力, 在 LDCT 图像伪影抑制方面都有不俗表现[6-7]. 不同的算法框架设计会产生具有不同复杂度的降噪网络, 不同功能模块的采用也会对网络性能产生不同影响. 深度学习技术由于不依赖于噪声模型, 通过网络学习图像之间的映射关系达到去噪的目的. 因此, 网络结构对整体性能的提升十分重要.

7.4.3 DAU-Net 网络

DAU-Net 的网络架构如图 7.4 所示, 它的基础架构是传统的 U-Net 网络, 低剂量 CT 图像作为网络的输入. 首先将低剂量 CT 图像输入到由 8 个卷积层和一个注意模块组成的编码器, 8 个卷积层分别具有 64, 128, 256, 256, 256, 256, 256 和 256 个滤波器. 由如图 7.5(c) 所示的通道注意与像素注意结合的注意模块被引入到网络的第一层卷积之后, 特征图首先进入通道注意, 然后进入像素注意, 使得网络关注有效信息, 提取到更多的噪声和伪影, 提高网络的去噪性能. 之后将编码器获得的特征输入到由 8 个反卷积层和一个注意模块组成的解码器, 前 7 层的滤波器个数分别为 256, 256, 256, 256, 256, 128, 64, 之后输入到由通道注意与像素注意结合的注意模块, 再用 1 个滤波器得到残差图像, 最后通过残差网络来得到去噪图像. 此外, 编码器与解码器结构对称. 在网络添加了跳跃连接, 将编码器的每一层堆叠到相应的解码层, 作为下一层网络的输入, 这种结构可将浅层信息传递到深层, 避免因网络加深造成细节信息的丢失. 网络中卷积核大小全部为 5×5, 步长为 1, 损失函数采用 L_1 损失, 使用基于动量的 Adam 优化算法.

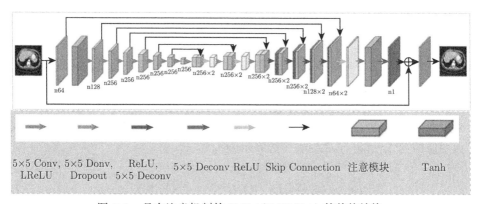

n64　n128　n256　n256　n256n256n256　n256×2　n256×2　n256×2　n256×2　n256×2　n128×2　n64×2　n1

5×5 Conv, 5×5 Donv,　　ReLU,　　5×5 Deconv　ReLU　Skip Connection　注意模块　　　　Tanh
LReLU　　　Dropout　5×5 Deconv

图 7.4　具有注意机制的 U-Net(DAU-Net) 的整体结构

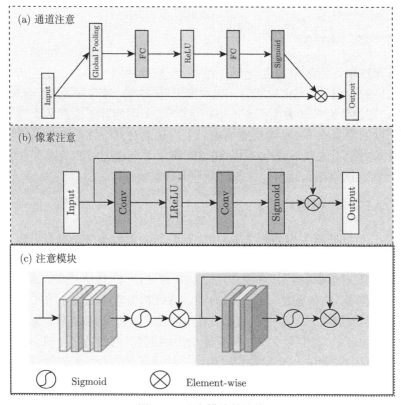

(a) 通道注意

Input　Global Pooling　FC　ReLU　FC　Sigmoid　Output

(b) 像素注意

Input　Conv　LReLU　Conv　Sigmoid　Output

(c) 注意模块

Sigmoid　　　　Element-wise

图 7.5　注意模块的结构

　　数据集的质量和大小对于数据驱动的深度学习十分重要. 本文采用 Mayo
Clinic 公开发布用于 "2016NIH-AAPM-Mayo Clinic Low Dose CT Grand Chal-
lenge" 的 CT 数据集[8]. 该数据集包含 10 位匿名患者的标准剂量的 CT 图像以

及模拟的相对应的低剂量 CT 图像, 厚度为 3mm. 所有 CT 图像的分辨率均为 512×512. 在实验中, 将数据集分为两组, 一组包含 8 名患者的 1943 幅图像对作为训练集, 另一组为其余两名患者的 440 幅图像对作为测试集. 为了保证训练所需的数据集, 从图像中以步长为 1 抽取大小为 64×64 图像块, 并对抽取的图像块进行旋转操作, 获得了更多的训练样本, 以避免过拟合. 测试时, 将整个图像输入网络, 对网络的性能进行测试. 在训练期间, 小批量数为 64, 学习率为 1×10^{-4}, 使用 Tensorflow, 基于配备 3.20Hz 的 Intel Core i7-8700 和一个 NVIDIA GTX 1070Ti GPU 的个人计算机对网络进行了总共 100000 次迭代训练 (图 7.6—图 7.9).

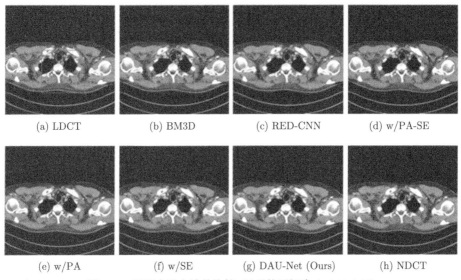

(a) LDCT　　　　(b) BM3D　　　　(c) RED-CNN　　　　(d) w/PA-SE

(e) w/PA　　　　(f) w/SE　　　　(g) DAU-Net (Ours)　　　　(h) NDCT

图 7.6　　不同去噪方法的比较, 显示的区间为 $[-160, 240]$

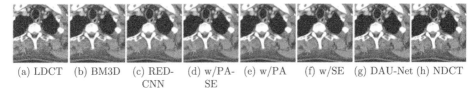

(a) LDCT　(b) BM3D　(c) RED-　(d) w/PA-　(e) w/PA　(f) w/SE　(g) DAU-Net　(h) NDCT
CNN　　SE

图 7.7　　图 7.6 中的矩形标记的感兴趣区域 (ROI)

为了评估本章算法的优越性, 选择 BM3D 去噪算法[9]、RED-CNN[10] 以及与本网络结构相关的三种网络: ① 仅使用 SE 模块的注意网络 (简称为 w/SE); ② 仅使用 PA 模块的注意网络 (简称为 w/PA); ③ 没有注意模块的网络 (简称为 w/PA_SE) 与本章提出的网络 DAU-Net 进行比较. 使用 Tensorflow, 基于配备 3.20Hz 的 Intel Core i7-8700 和一个 NVIDIA GTX 1070Ti GPU 的个人计算机对网络进行了总共 100000 次迭代训练.

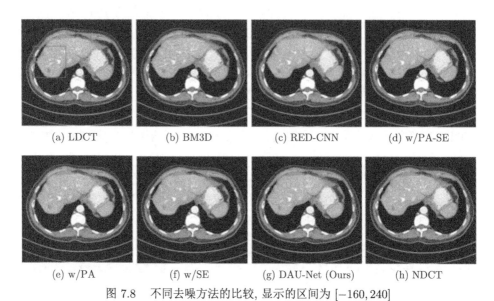

图 7.8　不同去噪方法的比较, 显示的区间为 $[-160, 240]$

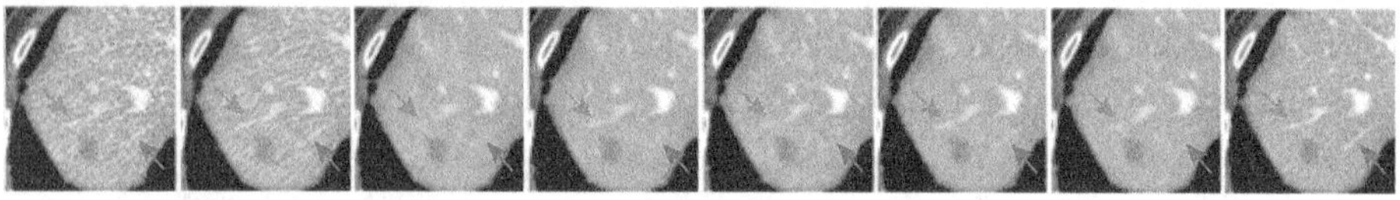

(a) LDCT (b) BM3D (c) RED-CNN (d) w/PA-SE (e) w/PA (f) w/SE (g) DAU-Net (h) NDCT

图 7.9　不同去噪方法的比较, 显示的区间为 $[-160, 240]$

　　为了直观地说明 DAU-Net 网络的去噪性能, 从测试集中选择了 2 种典型的 LDCT 图像, 如图 7.6(a) 和图 7.8(a) 所示. 不同方法的去噪结果如图 7.6(b)—(g) 和图 7.8(b)—(g) 所示. 图 7.6(h) 和图 7.8(h) 分别是图 7.6(a) 和图 7.8(a) 对应的 NDCT 图像. 图 7.7 和图 7.9 分别是图 7.6 和图 7.8 中红色矩形标记的感兴趣区域 (region of interest, ROI). 从图中可以看到, 所有的方法的结果与低剂量图像相比, 图像质量都有不同程度的提高, 都具有一定的去噪效果. 图 7.6(b) 和 7.8(b) 中仍然存在明显的条纹伪影, 说明传统的去噪算法 BM3D 的去噪能力有限, 无法获得令人满意的结果.

　　从图 7.6(c)—(g) 和图 7.8(c)—(g) 中, 可以看出基于深度学习的方法有效地抑制了噪声和伪影, 并且去噪效果显著高于 BM3D. 然而, RED-CNN 过度平滑了结果图像, 一些关键结构变得模糊, 如图 7.7(c) 和图 7.9(c) 箭头所指部分. 相比之下, w/PA_SE 和 w/SE 可以获得相对好的结果, 而 w/PA 和本章提出的方法

DAU-Net 产生的图像边缘锐利, 结构细节和纹理清晰, 获得的去噪图像更接近标准剂量的图像.

进一步做定量分析, 包括基于数学定义的度量 PSNR 和 SSIM, 以及基于视觉系统的感知质量度量: VIF 和 IFC, 结果见表 7.1. 最佳的两种方法分别用黑色加粗和斜体标记. 可以看出, 对于图 7.6 所示的结果的定量值, DAU-Net 在 PSNR, SSIM 和 IFC 得分最高, PSNR 值与第二相比高了大约 0.1, 在 VIF 中排名第二, 而 w/PA 对 VIF 评分最高, 在 PSNR、SSIM 和 IFC 中排名第二. 与没有注意的网络 w/PA_SE 相比, DAU-Net 的 PSNR 值比其高大约 0.23. 与 RED-CNN 相比, PSNR 值比其高大约 0.18. 对于图 7.8 中的结果, 本章方法在 PSNR, VIF 和 IFC 得分最高, 在 SSIM 中排名第二. 而 w/PA 的 SSIM 得分最高, 在 PSNR, VIF 和 IFC 中排名第二, 与 w/PA_SE 相比, 突出显示了通道注意在所提出网络中的重要作用. 比较 w/PA_SE 与 w/SE 的定量结果, 说明了像素注意在网络中起到了一定的效果, 然而当把两者结合在一起时, 效果最佳.

表 7.1   不同算法的 PSNR, SSIM, VIF 和 IFC 的比较

	图 7.6				图 7.8			
	PSNR	SSIM	VIF	IFC	PSNR	SSIM	VIF	IFC
LDCT	27.0084	0.8543	0.3993	2.1882	27.3747	0.8339	0.4137	2.8702
BM3D	28.6543	0.8774	0.3990	2.1880	29.8759	0.8644	0.4273	2.8779
RED-CNN	32.4205	0.9190	0.4678	2.6814	32.4433	0.8937	0.4729	3.4035
w/PA_SE	32.3688	0.9187	0.4666	2.6755	32.4655	0.8932	0.4720	3.3967
w/SE	32.4447	0.9189	0.4680	2.6822	32.5043	0.8939	0.4747	3.4172
w/PA	32.4888	0.9205	0.4741	2.7151	32.5411	0.8955	0.4770	3.4368
DAU-Net (Ours)	*32.6007*	*0.9207*	*0.4738*	*2.7200*	*32.6128*	0.8948	*0.4776*	*3.4454*

参 考 文 献

[1] Brenner D J, Hall E J. Computed tomography——an increasing source of radiation exposure[J]. New England Journal of Medicine, 2007, 357(22): 2277-2284.

[2] de González A B, Darby S. Risk of cancer from diagnostic X-rays: estimates for the UK and 14 other countries[J]. Lancet, 2004, 363(9424): 345-351.

[3] Naidich D P, Marshall C H, Gribbin C, et al. Low-dose CT of the lungs: preliminary observations[J]. Radiology, 1990, 175(3): 729-731.

[4] Johnson J, Alahi A L F F. Perceptual losses for real-time style transfer and super-resolution[C]. European conference on computer vision. Piscataway: Springer, Cham, 2016: 694-711.

[5] Chen H, Zhang Y, Zhang W, Liao P, Li K, Zhou J, Wang G. Low dose CT via convolutional neural network[J]. Biomedical Optics Express, 2017, 2(3): 679-694.

[6] Yang Q, Yan P, Zhang Y, et al. Low-dose CT image denoising using a generative adversarial network with wasserstein distance and perceptual loss[J]. IEEE Transactions on Medical Imaging, 2018, 37163: 1348-1357.

[7] Zhu J Y, Park T, Isola P, et al. Unpaired image-to-image translation using cycle-consistent adversarial networks[J]. 2017: 2223-2232.

[8] AAPM. Low dose CT grand challenge. 2017. [Online]. http://www.aapm. org/ Grand-Challenge/LowDose CT/.

[9] Kang D, Slomka P, Nakazato R, et al. Image denoising of low-radiation dose coronary CT angiography by an adaptive block-matching 3D algorithm[C]. Medical Imaging 2013: Image Processing. SPIE, 2013, 8669: 671-676.

[10] Chen H, Zhang Y, Kalra M K, et al. Low-dose CT with a residual encoder-decoder convolutional neural network[J]. IEEE Transactions on Medical Imaging, 2017, 36(12): 2524-2535.

第 8 章 心电图识别的 ELM-LRF 和 BLSTM 算法

李 彬 [①②③]

(齐鲁工业大学 (山东省科学院), 山东省济南市, 250353)

心电图 (ECG) 是临床医生进行心血管疾病诊断和病理分析的重要工具, 随着对计算机辅助医疗技术研究的深入, 产生了多种用于 ECG 分类的算法. 本案例针对心电图的智能分类算法进行设计, 提出了一种基于局部感受野的极限学习机 (ELM-LRF) 和双向长短时记忆网络 (BLSTM) 结合的 ECG 分类算法; 结合 ELM-LRF 和 BLSTM 的优势, 提出了用于心电数据分类的 ELM-LRF-BLSTM 算法. 在 MIT-BIH 数据库上进行仿真实验, 取得了较好的分类效果.

8.1 背景介绍

心电图 (Electrocardiogram, ECG) 能够记录心脏的电活动, 进而反映其健康状况, 心血管疾病的专家往往通过观察患者的 ECG 波形变化情况来判断该患者的心脏健康情况, 从而给出治疗方案, 是进行心血管疾病诊断和病理分析的重要工具. 然而, 由于 ECG 的复杂性, 缺少经验的年轻医生难以根据 ECG 给出准确的判断. 随着疾病发病率的增加, 每时每刻都会产生大量 ECG, 因此需要大量有经验的医生来对 ECG 进行分析诊断. 这给医院的医生资源造成极大的负担, 并产生了一些消极影响. 为了解决上述问题, 需要采取一定的手段来提高 ECG 的诊断效率和准确率.

随着对计算机辅助医疗技术研究的深入, 产生了多种用于 ECG 分类的算法, 并在一些标准心电数据集上取得了较好效果. 近几年, 越来越多的深度学习算法被移植到心电图自动诊断任务. 然而, 已有的自动诊断技术还难以达到临床的实际需求, 原因如下: 一方面, ECG 自身十分复杂, 不同人的 ECG 往往存在较大差异, 而且心血管疾病的种类也非常多, 微小的差距可能会导致疾病种类的不同; 另

---

① 本案例的知识产权归属作者及所在单位所有.

② 本案例源自齐鲁工业大学 (山东省科学院) 青年博士合作基金项目 (No.2018BSHZ2008).

③ 作者简介: 李彬, 教授, 从事人工智能算法、四足机器人环境感知与智能控制研究; 电子邮箱: ribbenlee@126.com.

一方面, 利用心电图机在采集电信号时容易受环境的影响, 从而产生各种噪声, 进而影响判断结果. 因此, 如何提高诊断结果的准确性, 提供稳定、实时的智能诊断系统, 是目前临床辅助医疗领域面临的重要问题.

8.2　ECG 基础知识

心电图是记录心肌细胞电激动一次动作的过程, 这种电位变化通过心电图机在体表检测并记录下来, 并以曲线的形式反映出来. 临床上心电图的获取通常是采用标准的 12 导联, 通过 12 导联可以更全面地收集人体各个部分的心电信号 (表 8.1), 更为全面地反映心脏的状况. 12 导联分为 I 导联、II 导联、III 导联、avR 导联、avL 导联、avF 导联、V_1 导联、V_2 导联、V_3 导联、V_4 导联、V_5 导联、V_6 导联.

标准心电图由 4 栏组成, 每栏 3 个导联, 即 I, II, III; aVR, aVL, aVF; V_1, V_2, V_3; V_4, V_5, V_6.

表 8.1　各个导联测得的心电信号所反映的心脏部位

肢体导联所测心脏部位			
I	高侧壁	avR	无特殊意义
II	下壁	avL	高侧壁
III	下壁	avF	下壁
胸导联所测心脏部位			
V_1	前间壁	V_4	前间壁
V_2	前间壁	V_5	左侧壁
V_3	前壁	V_6	左侧壁

医学上对 ECG 中的各个波段进行了统一的命名. 一段完整的心拍由 P 波、QRS 波、T 波构成, 如图 8.1 所示. ECG 的不同波形反映了心脏中兴奋传导的方向, 包含 ECG 的重要特征. 医生能够根据不同波段的幅值、时宽等信息诊断心血管疾病.

P 波: 一段完整心拍的起点, 波形较为平缓, 振幅较小, 形态上升. 一般来说, P 波的最长持续时间为 0.12s, 振幅为 0.25mV. 若病人的 P 波出现高耸或双峰现象, 则可能患有心房肥大等疾病.

QRS 波: 由 Q 波、R 波和 S 波三个波形组成, 反映了心室除极时的电位变化. 一般来说, 峰值不高于 5mV, 宽度为 0.06—0.10s. 若患者的 QRS 波时宽超过 0.10s, 则可能患有心室肥大等疾病. QRS 波是 ECG 波形中变化最剧烈的波段, 包含了能够反映 ECG 特征的重要信息, 能够描述 ECG 的整体特征.

T 波: 反映了心室在复极过程中的电位变化. 正常人的 T 波时宽处于 0.05—0.25s 内, 幅值处于 0.1—0.8mV. 若出现高尖峰现象, 则可能患有心肌梗死; 若 T 波幅值较低或为负值, 则可能患有心肌缺血.

U 波: 其产生机理目前尚不清楚, 通常出现在 T 波之后, 时宽处于 0.16—0.25s 内, 幅值不高于 0.05mV.

PR 间期: PR 间期是电活动由前中后结间束传导到房室结所产生的, 正常的 PR 间期介于 0.12—0.20s. PR 间期的延长或 P 波之后心室波消失, 则反映了心房到心室的传导异常.

QT 间期: QT 间期的长短反映人体的心率的状况. 高钙血症则会导致间期的缩短.

ST 间期: ST 间期是介于心室肌除极完成, 复极还没有开始的时间段上, 时间宽度为 0.08—0.12s.

PP 间期: 同 RR 间期一样, 表示一次心动周期, 时间范围: 0.6—1.0s.

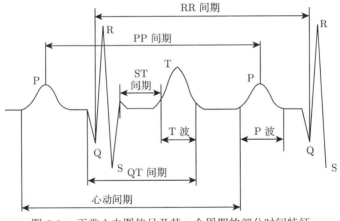

图 8.1   正常心电图信号及其一个周期的部分时间特征

1. ECG 数据库

本案例使用 MIT-BIH (Massachusetts Institute of Technology-Beth Israel Hospital Database, MIT-BIH) 心律失常数据库进行仿真分析. MIT-BIH 是心律失常研究领域中应用最广泛的数据库之一. 该数据库记录了美国 Beth Israel 医院中 47 位病人的 48 条心电记录, 其中一位病人有两条记录包括在内. MIT-BIH 数据库利用心电图机采集了病人大约 30 分钟内的两个导联 (V_5 和 MLII) 的心电传输情况, 采样频率为 360Hz. 这些心电数据由心血管疾病专家进行标注, 记录在 R 波峰值附近.

该数据库可以通过下网站 (https://archive.physionet.org/cgi-bin/atm/ATM) 下载. MIT-BIH 数据中每条记录的存储由三部分组成:

(1) 头文件 [.hea], 以 ASCII 码存储.

图 8.2 显示了 100 号记录的头文件, 其中第 1 行标明了记录编号、导联数、采样率、65 万份采样点; 第 2 行和第 3 行分别记录两个导联的存储规范, 信号的位置、格式和增益, 200ADC uints/mV、ADC 的分辨率和零值、采样点的校验数以及信号来自哪一导联. 第 4 行和第 5 行标明了患者的信息.

```
100 2 360 650000
100. dat 212 200 11 1024 995 -22131 0 MLII
100. dat 212 200 11 1024 1011 20052 0 V5
# 69 M 1085 1629 x1
# Aldomet, Inderal
```

图 8.2   100 号记录的头文件

(2) 数据文件 [.dat], 以 212 格式存储采样的心电信号.

(3) 注释文件 [.art], 专家对该信号的诊断结果, 以 MIT 格式存储. 表 8.2 显示了部分注释代码的含义. MIT-BIH 数据库中的 48 条心电记录共可分割为十万多个心拍, 包含十几种心律失常类型, 如表 8.2 所示.

表 8.2   MIT-BIH 数据库心律失常注释

心拍类型	简称	注释
正常心拍	N	N
左束支传导阻滞	LBBB	L
右束支传导阻滞	RBBB	R
房性期前收缩	APB	A
室性期前收缩	PVC	V
起搏心拍	PB	/
融合波	FUSION	F
交界性期前收缩	NPC	J
室上性期前收缩	SVPE	S
室性逸搏	VESC	E
心室颤动	FLWAV	!
房性逸搏	AESC	e
未分类心拍	UNKNOWN	Q

2. 基于局部感受野的极限学习机

相比于传统的神经网络算法, 极限学习机 (Extreme Learning Machine, ELM) 的权重根据概率分布随机确定且不需要通过迭代进行调整, 具有训练速度快、算法复杂度低的优点. 然而, 由于 ELM 算法简单, 在处理一些复杂问题时难以取得较好结果. 尤其是在一些图像处理、信号识别等需要考虑局部相关性的问题中,

ELM 算法仅通过全连接结构难以学习输入的局部特征, 因而学习能力较差. 针对这一问题, Huang 等结合 ELM 和 CNN 中局部连接的思想提出了一种新的神经网络算法——ELM-LRF, 该算法保留了 ELM 分类速度快和 CNN 特征提取能力强的优点, 在处理一些复杂问题时具有优势. 极限学习机是一种单隐藏层前馈神经网络, 其网络结构如图 8.3 所示, $x = (x_1, x_2, \cdots, x_n)^{\mathrm{T}}$ 表示输入样本, n 表示输入样本维数, $y = (y_1, y_2, \cdots, y_m)^{\mathrm{T}}$ 表示对应期望输出样本, m 表示其维数.

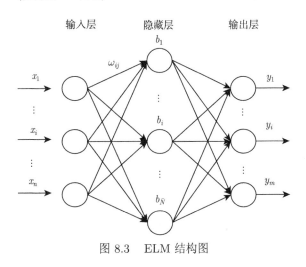

图 8.3   ELM 结构图

设共有 N 个输入样本, ELM 的输入样本为 (x_i, y_i), $i = 1, \cdots, N$, x_i 表示输入的第 i 个样本, y_i 表示第 i 个样本的输出类别. 设隐藏层神经元的个数为 $\tilde{N}$, 则算法的实际输出 o_j 表示为

$$o_j = \sum_{i=1}^{\tilde{N}} \beta_i g\left(w_i x_j + b_i\right), \quad j = 1, 2, \cdots, N, \tag{8.1}$$

其中 w_i 和 b_i 分别表示第 i 个神经元的输入权重和偏差 (随机生成); β_i 表示输出权重; $g(\cdot)$ 表示激活函数.

当期望输出和实际输出相等时, 算法的误差为 0, 此时

$$\sum_{i=1}^{N} \|o_j - y_j\| = 0. \tag{8.2}$$

设隐藏层的输出为 H, 表示为

$$H = \begin{bmatrix} g\left(w_1 x_1 + b_1\right) & \cdots & g\left(w_{\tilde{N}} x_1 + b_{\tilde{N}}\right) \\ \vdots & & \vdots \\ g\left(w_1 x_N + b_1\right) & \cdots & g\left(w_{\tilde{N}} x_N + b_{\tilde{N}}\right) \end{bmatrix}. \tag{8.3}$$

当期望输出 Y 和实际输出 O 相等时, 算法的实际输出可以表示为

$$O = Y = H\beta, \tag{8.4}$$

其中, $\beta = \begin{bmatrix} \beta_1^{\mathrm{T}} \\ \vdots \\ \beta_{\tilde{N}}^{\mathrm{T}} \end{bmatrix}_{\tilde{N} \times m}, Y = \begin{bmatrix} y_1^{\mathrm{T}} \\ \vdots \\ y_N^{\mathrm{T}} \end{bmatrix}_{N \times m}.$

通过最小二乘法对式 (8.4) 的求解, 即

$$\beta^* = H^+ Y, \tag{8.5}$$

其中 H^+ 表示 H 的 Moore-Penrose 的广义逆矩阵.

ELM 的实现过程如表 8.3 所示. 由于 ELM 的输入权重是随机生成的, 且一旦确定下来就不需要更改, 因此该网络不需要通过反向传播来调整权重取值, 可节省大量训练时间. 凭借其速度快、效率高的优点, ELM 在分类识别任务和回归预测任务中具有广泛应用.

表 8.3　ELM 的实现过程

ELM 算法
1) 初始化 (随机生成) 输入权重 w_i 和偏置 b_i、隐藏层神经元个数为 $\tilde{N}$, 激活函数为 $g(\cdot)$;
2) 利用公式 (8.3) 计算隐藏层输出 H;
3) 利用公式 (8.5) 求解输出权重的最优解 β^*;
4) 利用输出权重得到实际输出

ELM-LRF 包括输入层、隐藏层和输出层三个部分. 输入层和隐藏层之间的连接权重根据一定的概率分布随机生成, 通过不同大小的感受野实现局部连接, 连接密度由概率分布函数随机采样确定. 局部连接和全连接如图 8.4 所示.

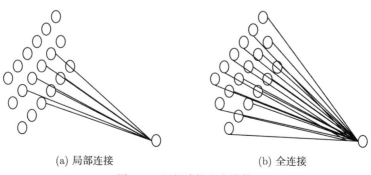

(a) 局部连接　　　　　　　　(b) 全连接

图 8.4　局部连接和全连接

接着, 组合节点可以通过将几个子节点组合在一起, 生成更抽象的原始输入表示, 如图 8.5 所示. 组合节点具有池化的作用, 能够去除冗余信息, 同时使得网络具有平移和旋转不变性, 从而更好地学习局部特征.

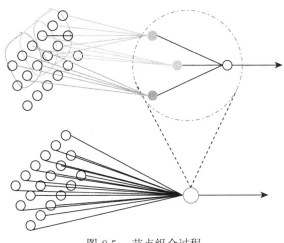

图 8.5 节点组合过程

原始 ELM-LRF 算法是针对图像的分类识别任务而设计的二维结构, 为了更好地处理 ECG, 提取 ECG 的局部空间特征, 本案例仿照该文献提出了一维的 ELM-LRF, 其网络结构包括随机卷积层、最大池化层和输出层, 如图 8.6 所示.

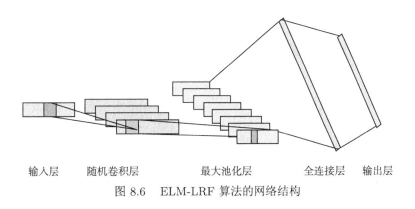

输入层　　随机卷积层　　　　最大池化层　　　　全连接层　输出层

图 8.6 ELM-LRF 算法的网络结构

(1) 随机卷积层. 类似于 CNN 中的卷积层, 通过卷积操作学习输入向量的局部特征表示. 与 CNN 中的卷积层不同的是, 随机卷积核中的每个元素都是随机生成的, 且不需要微调. 由于采用了多个不同的卷积核, 因此通过组合特征图能够得到输入向量的全局特征. 假设模型的输入是大小为 $d \times 1$ 的向量, 卷积核的大小为 $r \times 1$, 假设共有 k 个特征图, 则根据卷积操作的原理, 每个特征图的大小为

$d - r + 1$, 则第 k 个特征图的随机卷积层的计算公式为

$$c_{i,1,k}(x) = \sum_{m=1}^{r} x_{i+m-1,1} a_{m,1,k}, \quad i = 1, \cdots, d-r+1, \tag{8.6}$$

其中, $c_{i,1,k}(x)$ 表示在节点 $(i,1)$ 处的输出值.

一维卷积过程的操作原理如图 8.7 所示.

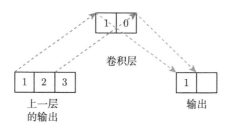

图 8.7   一维卷积过程的操作原理

(2) 最大池化层. 池化层的类别很多, 如最大池化、平均池化等, 本案例使用最大池化. 利用最大池化能够去除冗余信息, 减少特征维数, 进而减少算法参数, 降低复杂度. 设池化大小为 s, 池化层不会改变特征图的个数, 第 k 个特征图的输出 $h_{p1,k}$ 为

$$h_{p1,k} = \max(c_{i,1}), \quad i = p - s/2, \cdots, p + s/2, \tag{8.7}$$

其中, $p, q = 1, 2, \cdots, d-r+1$.

一维最大池化过程的操作原理如图 8.8 所示.

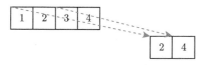

图 8.8   一维最大池化过程的操作原理

(3) 输出层. 通过最后一个隐藏层的输出 H 求解输出权重 β, 计算公式为

$$\beta = \begin{cases} H^{\mathrm{T}} \left(\dfrac{1}{C} + HH^{\mathrm{T}} \right)^{-1} Y, & N < (d-r+1)^2, \\[3mm] \left(\dfrac{1}{C} + HH^{\mathrm{T}} \right)^{-1} H^{\mathrm{T}} Y, & N > (d-r+1)^2, \end{cases} \tag{8.8}$$

其中, H^{T} 表示矩阵 H 的转置, C 为正则化因子, Y 为输入数据的真实标签.

在计算出输出权重 β 后, 便可将该算法用于未知标签的数据, 实现数据分类或预测任务. ELM-LRF 中的感受野更为灵活, 其权重参数可根据概率分布随机确定, 不需要通过反向传播算法进行迭代训练, 这就避免了反向传播算法带来的一系列问题, 如收敛速度慢、易陷入局部最优等.

3. 双向长短时记忆网络

循环神经网络 (Recurrent Neural Network, RNN) 是一种特殊的神经网络, RNN 的隐藏层节点之间是相互连接的, 通过这种连接, 能够循环更新当前状态, 实现对历史信息的记忆. RNN 能够考虑当前状态与历史信息的关系, 保留历史信息中的重要成分, 其结构如图 8.9 所示. 图 8.9 左侧为一个代表性的 RNN 结构, 包括输入层、隐藏层和输出层. 若 t 时刻的输入为 x_t, 经过隐藏层神经元 A 的作用能够产生当前时刻的输出. 由图中可以看出, 该输出可以传递到下一层网络节点, 也可以传输到下一时刻的隐藏层节点. 也就是说, 通过隐藏层节点的内部运算, RNN 可以选择性地遗忘或记住某些信息, 从而输出对当前时刻的判断或对下一时刻的预测.

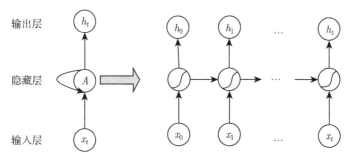

图 8.9　RNN 的结构图

长短时记忆网络 (Long Short-Term Memory, LSTM), 通过门结构实现信息的记忆和更新, 是一种特殊的 RNN. 与一般 RNN 不同的是, LSTM 的隐藏层不再是单一的神经元, 而是由一系列的记忆单元组成的. LSTM 的网络结构如图 8.10 所示, 实线表示前馈连接, 虚线表示隐藏层的内部连接.

一般的记忆单元包含三个门结构: 遗忘门、输入门和输出门, 如图 8.11 所示. LSTM 能够通过三个门结构确定输入信息的保留和丢弃, 实现输入信息的循环更新.

输入序列 x_t 经过遗忘门的作用决定保留和忘记信息. 信息的保留和忘记通过一个 Sigmoid 函数来判断. 若 Sigmoid 值为 0, 则丢弃全部信息; 若为 1, 则保留所有信息. 其计算公式如下:

$$f_t = \sigma\left(W_f\left[x_t, h_{t-1}\right] + b_f\right),\tag{8.9}$$

其中, x_t 是 t 时刻的输入, f_t 表示遗忘门在 t 时刻的输出, σ 表示 Sigmoid 函数, W_f 表示遗忘门的权重, b_f 为偏置.

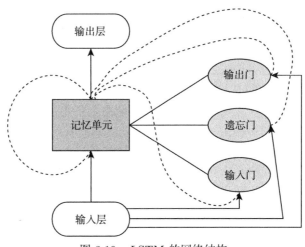

图 8.10　LSTM 的网络结构

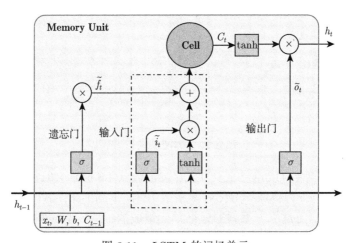

图 8.11　LSTM 的记忆单元

输入门的计算公式为

$$i_t = \sigma\left(W_i\left[x_t, h_{t-1}\right] + b_i\right), \tag{8.10}$$

$$\tilde{c}_t = \tanh\left(W_g\left[x_t, h_{t-1}\right] + b_{\tilde{c}}\right), \tag{8.11}$$

其中, i_t 为 t 时刻的输出, 能够确定更新的信息, $\tilde{c}_t$ 为候选细胞信息.

输出门确定输出信息, 通过 Sigmoid 函数确定将哪些信息输出, 计算公式为

$$o_t = \sigma \left(W_o \left[x_t, h_{t-1} \right] + b_o \right). \tag{8.12}$$

细胞状态 c_t 经过 tanh 函数作用后的输出和输出门的输出的 Hadamard 乘积为隐藏层在 t 时刻的输出 h_t, 计算公式为

$$c_t = f_t \odot c_{t-1} + i_t \odot \tilde{c}_t, \tag{8.13}$$

$$h_t = o_t \odot \tanh \left(c_t \right), \tag{8.14}$$

其中, $\odot$ 表示 Hadamard 乘积.

LSTM 的训练算法是反向传播算法, 其计算过程如下:

(1) 前向计算每个神经元的输出值, 对于 LSTM 来说, 即 f_t, i_t, c_t, o_t, h_t 五个向量的值.

(2) 反向计算每个神经元的误差项值. 与循环神经网络一样, LSTM 误差项的反向传播也是包括两个方向: 一个是沿时间的反向传播, 即从当前 t 时刻开始, 计算每个时刻的误差项; 另一个是将误差项向上一层传播.

(3) 根据相应的误差项, 计算每个权重的梯度.

设定 gate 的激活函数为 Sigmoid 函数, 输出的激活函数为 tanh 函数, 其导数分别为

$$\sigma(z) = y = \frac{1}{1 + e^{-z}}, \quad \sigma'(z) = y(1 - y),$$

$$\tanh(z) = y = \frac{e^z - e^{-z}}{e^z + e^{-z}}, \quad \tanh'(z) = 1 - y^2.$$

从上面可以看出, Sigmoid 和 tanh 函数的导数都是原函数的函数. 这样, 我们一旦计算原函数的值, 就可以用它来计算出导数的值.

在 t 时刻, LSTM 的输出值为 h_t. 我们定义 t 时刻的误差项 δ_t 为 $\delta_t \stackrel{\text{def}}{=} \frac{\partial E}{\partial h_t}$. 假设误差项是损失函数对输出值的导数, 定义 $f_t, i_t, \tilde{c}_t, o_t$ 的四个加权输入, 以及它们对应的误差项

$$\text{net}_{f,t} = W_f[h_{t-1}, x_t] + b_f = W_{fh}h_{t-1} + W_{fx}x_t + b_f,$$

$$\text{net}_{i,t} = W_i[h_{t-1}, x_t] + b_i = W_{ih}h_{t-1} + W_{ix}x_t + b_i,$$

$$\text{net}_{\tilde{c},t} = W_{\tilde{c}}[h_{t-1}, x_t] + b_{\tilde{c}} = W_{\tilde{c}h}h_{t-1} + W_{\tilde{c}x}x_t + b_{\tilde{c}},$$

$$\text{net}_{o,t} = W_o[h_{t-1}, x_t] + b_o = W_{oh}h_{t-1} + W_{ox}x_t + b_o,$$

$$\delta_{f,t} \stackrel{\text{def}}{=\!=} \frac{\partial E}{\partial \text{net}_{f,t}}, \quad \delta_{i,t} \stackrel{\text{def}}{=\!=} \frac{\partial E}{\partial \text{net}_{i,t}}, \quad \delta_{\tilde{c},t} \stackrel{\text{def}}{=\!=} \frac{\partial E}{\partial \text{net}_{\tilde{c},t}}, \quad \delta_{o,t} \stackrel{\text{def}}{=\!=} \frac{\partial E}{\partial \text{net}_{o,t}}.$$

沿时间反向传递误差项, 就是要计算出 $t-1$ 时刻的误差项 δ_{t-1}.

$$\delta_{t-1}^{\text{T}} = \frac{\partial E}{\partial h_{t-1}} = \frac{\partial E}{\partial h_t} \frac{\partial h_t}{\partial h_{t-1}} = \delta_t^{\text{T}} \frac{\partial h_t}{\partial h_{t-1}}, \tag{8.15}$$

其中, 由式 (8.13) 和式 (8.14) 可知, $h_t = o_t \odot \tanh(c_t)$, $c_t = f_t \odot c_{t-1} + i_t \odot \tilde{c}_t$. 利用全微分方程将式 (8.15) 展开可得

$$\begin{aligned}
\delta_t^{\text{T}} \frac{\partial h_t}{\partial h_{t-1}} &= \delta_t^{\text{T}} \frac{\partial h_t}{\partial o_t} \frac{\partial o_t}{\partial net_{o,t}} \frac{\partial net_{o,t}}{\partial h_{t-1}} + \delta_t^{\text{T}} \frac{\partial h_t}{\partial c_t} \frac{\partial c_t}{\partial f_t} \frac{\partial f_t}{\partial net_{f,t}} \frac{\partial net_{f,t}}{\partial h_{t-1}} \\
&\quad + \delta_t^{\text{T}} \frac{\partial h_t}{\partial c_t} \frac{\partial c_t}{\partial i_t} \frac{\partial i_t}{\partial net_{i,t}} \frac{\partial net_{i,t}}{\partial h_{t-1}} + \delta_t^{\text{T}} \frac{\partial h_t}{\partial c_t} \frac{\partial c_t}{\partial \tilde{c}_t} \frac{\partial \tilde{c}_t}{\partial net_{\tilde{c},t}} \frac{\partial net_{\tilde{c},t}}{\partial h_{t-1}} \\
&= \delta_{o,t}^{\text{T}} \frac{\partial net_{o,t}}{\partial h_{t-1}} + \delta_{f,t}^{\text{T}} \frac{\partial net_{f,t}}{\partial h_{t-1}} + \delta_{i,t}^{\text{T}} \frac{\partial net_{i,t}}{\partial h_{t-1}} + \delta_{\tilde{c},t}^{\text{T}} \frac{\partial net_{\tilde{c},t}}{\partial h_{t-1}}, \tag{8.16}
\end{aligned}$$

分别对式 (8.14) 中的 o_t 和 c_t 求偏导可得

$$\frac{\partial h_t}{\partial o_t} = \text{diag}[\tanh(c_t)], \quad \frac{\partial h_t}{\partial c_t} = \text{diag}\left[o_t \odot \left(1 - \tanh(c_t)^2\right)\right].$$

由式 (8.13) 可以求出

$$\frac{\partial c_t}{\partial f_t} = \text{diag}[c_{t-1}], \quad \frac{\partial c_t}{\partial i_t} = \text{diag}[\tilde{c}_t], \quad \frac{\partial c_t}{\partial \tilde{c}_t} = \text{diag}[i_t].$$

因为

$$o_t = \sigma(\text{net}_{o,t}), \quad \text{net}_{o,t} = W_{oh}h_{t-1} + W_{ox}x_t + b_o,$$
$$f_t = \sigma(\text{net}_{f,t}), \quad \text{net}_{f,t} = W_{fh}h_{t-1} + W_{fx}x_t + b_f,$$
$$i_t = \sigma(\text{net}_{i,t}), \quad \text{net}_{i,t} = W_{ih}h_{t-1} + W_{ix}x_t + b_i,$$
$$\tilde{c}_t = \tanh(\text{net}_{\tilde{c},t}), \quad \text{net}_{\tilde{c},t} = W_{\tilde{c}h}h_{t-1} + W_{\tilde{c}x}x_t + b_{\tilde{c}}.$$

于是可以得出

$$\frac{\partial o_t}{\partial \text{net}_{o,t}} = \text{diag}\left[o_t \odot (1 - o_t)\right], \quad \frac{\partial \text{net}_{o,t}}{\partial h_{t-1}} = W_{oh},$$

$$\frac{\partial f_t}{\partial \text{net}_{f,t}} = \text{diag}\left[f_t \odot (1 - f_t)\right], \quad \frac{\partial \text{net}_{f,t}}{\partial h_{t-1}} = W_{fh},$$

$$\frac{\partial i_t}{\partial \mathrm{net}_{i,t}} = \mathrm{diag}\left[i_t \odot (1 - i_t)\right], \qquad \frac{\partial \mathrm{net}_{i,t}}{\partial h_{t-1}} = W_{ih},$$

$$\frac{\partial \tilde{c}_t}{\partial \mathrm{net}_{\tilde{c},t}} = \mathrm{diag}[1 - \tilde{c}_t^2], \qquad \frac{\partial \mathrm{net}_{\tilde{c},t}}{\partial h_{t-1}} = W_{\tilde{c}h}.$$

将上述偏导数代入 (8.16), 可得

$$\delta_{t-1} = \delta_{o,t}^{\mathrm{T}} \frac{\partial \mathrm{net}_{o,t}}{\partial h_{t-1}} + \delta_{f,t}^{\mathrm{T}} \frac{\partial \mathrm{net}_{f,t}}{\partial h_{t-1}} + \delta_{i,t}^{\mathrm{T}} \frac{\partial \mathrm{net}_{i,t}}{\partial h_{t-1}} + \delta_{\tilde{c},t}^{\mathrm{T}} \frac{\partial \mathrm{net}_{\tilde{c},t}}{\partial h_{t-1}}$$

$$= \delta_{o,t}^{\mathrm{T}} W_{oh} + \delta_{f,t}^{\mathrm{T}} W_{fh} + \delta_{i,t}^{\mathrm{T}} W_{ih} + \delta_{\tilde{c},t}^{\mathrm{T}} W_{\tilde{c}h}.$$

根据 $\delta_{o,t}, \delta_{f,t}, \delta_{i,t}, \delta_{\tilde{c},t}$ 的定义, 可知

$$\delta_{o,t}^{\mathrm{T}} = \delta_t^{\mathrm{T}} \odot \tanh (c_t) \odot o_t \odot (1 - o_t),$$
$$\delta_{f,t}^{\mathrm{T}} = \delta_t^{\mathrm{T}} \odot o_t \odot \left(1 - \tanh (c_t)^2\right) \odot c_{t-1} \odot f_t \odot (1 - f_t),$$
$$\delta_{i,t}^{\mathrm{T}} = \delta_t^{\mathrm{T}} \odot o_t \odot \left(1 - \tanh (c_t)^2\right) \odot \tilde{c}_t \odot i_t \odot (1 - i_t),$$
$$\delta_{\tilde{c},t}^{\mathrm{T}} = \delta_t^{\mathrm{T}} \odot o_t \odot \left(1 - \tanh (c_t)^2\right) \odot i_t \odot (1 - \tilde{c}_t^2).$$

于是, 可写出将误差项向前传递到任意 k 时刻的公式:

$$\delta_k^{\mathrm{T}} = \prod_{j=k}^{t-1} \delta_{o,j}^{\mathrm{T}} W_{oh} + \delta_{f,j}^{\mathrm{T}} W_{fh} + \delta_{i,j}^{\mathrm{T}} W_{ih} + \delta_{\tilde{c},j}^{\mathrm{T}} W_{\tilde{c}h}. \tag{8.17}$$

将误差项传递到上一层: 假设当前为第 l 层, 定义 $l-1$ 层的误差项是误差函数对 $l-1$ 层加权输入的导数, 即

$$\delta_t^{l-1} \stackrel{\mathrm{def}}{=} \frac{\partial E}{\mathrm{net}_t^{l-1}}.$$

本层 LSTM 的输出 x_t 由下式计算

$$x_t^l = f^{l-1}(\mathrm{net}_t^{l-1}),$$

式中, f^{l-1} 表示第 $l-1$ 层的激活函数.

将误差项传递到上一层的公式表示为

$$\frac{\partial E}{\partial \mathrm{net}_t^{l-1}} = \frac{\partial E}{\partial \mathrm{net}_{f,t}^l} \frac{\partial \mathrm{net}_{f,t}^l}{\partial x_t^l} \frac{\partial x_t^l}{\partial \mathrm{net}_t^{l-1}} + \frac{\partial E}{\partial \mathrm{net}_{i,t}^l} \frac{\partial \mathrm{net}_{i,t}^l}{\partial x_t^l} \frac{\partial x_t^l}{\partial \mathrm{net}_t^{l-1}}$$

$$+ \frac{\partial E}{\partial \mathrm{net}_{\tilde{c},t}^l} \frac{\partial \mathrm{net}_{\tilde{c},t}^l}{\partial x_t^l} \frac{\partial x_t^l}{\partial \mathrm{net}_t^{l-1}} + \frac{\partial E}{\partial \mathrm{net}_{o,t}^l} \frac{\partial \mathrm{net}_{o,t}^l}{\partial x_t^l} \frac{\partial x_t^l}{\partial \mathrm{net}_t^{l-1}}$$

$$= \delta_{f,t}^{\mathrm{T}} W_{fx} \odot f'\left(\mathrm{net}_t^{l-1}\right) + \delta_{i,t}^{\mathrm{T}} W_{ix} \odot f'\left(\mathrm{net}_t^{l-1}\right) + \delta_{\tilde{c},t}^{\mathrm{T}} W_{\tilde{c}x} \odot f'\left(\mathrm{net}_t^{l-1}\right)$$

$$+ \delta_{o,t}^{\mathrm{T}} W_{ox} \odot f'\left(\mathrm{net}_t^{l-1}\right)$$

$$= \left(\delta_{f,t}^{\mathrm{T}} W_{fx} + \delta_{i,t}^{\mathrm{T}} W_{ix} + \delta_{\tilde{c},t}^{\mathrm{T}} W_{\tilde{c}x} + \delta_{o,t}^{\mathrm{T}} W_{ox}\right) \odot f'\left(\mathrm{net}_t^{l-1}\right).$$

权重梯度的计算: 我们已经求得了误差项 $\delta_{o,t}, \delta_{f,t}, \delta_{i,t}, \delta_{\tilde{c},t}$, 很容易求出 t 时刻的 $W_{oh}, W_{ih}, W_{fh}, W_{\tilde{c}h}$:

$$\frac{\partial E}{\partial W_{oh,t}} = \frac{\partial E}{\partial \mathrm{net}_{o,t}} \frac{\partial \mathrm{net}_{o,t}}{\partial W_{oh,t}} = \delta_{o,t} h_{t-1}^{\mathrm{T}}, \qquad \frac{\partial E}{\partial W_{fh,t}} = \frac{\partial E}{\partial \mathrm{net}_{f,t}} \frac{\partial \mathrm{net}_{f,t}}{\partial W_{fh,t}} = \delta_{f,t} h_{t-1}^{\mathrm{T}},$$

$$\frac{\partial E}{\partial W_{ih,t}} = \frac{\partial E}{\partial \mathrm{net}_{i,t}} \frac{\partial \mathrm{net}_{i,t}}{\partial W_{ih,t}} = \delta_{i,t} h_{t-1}^{\mathrm{T}}, \qquad \frac{\partial E}{\partial W_{\tilde{c}h,t}} = \frac{\partial E}{\partial \mathrm{net}_{\tilde{c},t}} \frac{\partial \mathrm{net}_{\tilde{c},t}}{\partial W_{\tilde{c}h,t}} = \delta_{\tilde{c},t} h_{t-1}^{\mathrm{T}}.$$

将各个时刻的梯度加在一起, 就能得到最终的梯度:

$$\frac{\partial E}{\partial W_{oh}} = \sum_{j=1}^{t} \delta_{o,j} h_{j-1}^{\mathrm{T}}, \qquad \frac{\partial E}{\partial W_{fh}} = \sum_{j=1}^{t} \delta_{f,j} h_{j-1}^{\mathrm{T}},$$

$$\frac{\partial E}{\partial W_{ih}} = \sum_{j=1}^{t} \delta_{i,j} h_{j-1}^{\mathrm{T}}, \qquad \frac{\partial E}{\partial W_{\tilde{c}h}} = \sum_{j=1}^{t} \delta_{\tilde{c},j} h_{j-1}^{\mathrm{T}}.$$

对于偏置项的梯度, 也是将各个时刻的梯度加在一起. 下面是各个时刻的偏置项梯度:

$$\frac{\partial E}{\partial b_{o,t}} = \frac{\partial E}{\partial \mathrm{net}_{o,t}} \frac{\partial \mathrm{net}_{o,t}}{\partial b_{o,t}} = \delta_{o,t}, \qquad \frac{\partial E}{\partial b_{f,t}} = \frac{\partial E}{\partial \mathrm{net}_{f,t}} \frac{\partial \mathrm{net}_{f,t}}{\partial b_{f,t}} = \delta_{f,t},$$

$$\frac{\partial E}{\partial b_{i,t}} = \frac{\partial E}{\partial \mathrm{net}_{i,t}} \frac{\partial \mathrm{net}_{i,t}}{\partial b_{i,t}} = \delta_{i,t}, \qquad \frac{\partial E}{\partial b_{\tilde{c},t}} = \frac{\partial E}{\partial \mathrm{net}_{\tilde{c},t}} \frac{\partial \mathrm{net}_{\tilde{c},t}}{\partial b_{\tilde{c},t}} = \delta_{\tilde{c},t}.$$

下面是最终的偏置项梯度, 即将各个时刻的偏置项梯度加在一起:

$$\frac{\partial E}{\partial b_o} = \sum_{j=1}^{t} \delta_{o,j}, \qquad \frac{\partial E}{\partial b_i} = \sum_{j=1}^{t} \delta_{i,j},$$

$$\frac{\partial E}{\partial b_f} = \sum_{j=1}^{t} \delta_{f,j}, \qquad \frac{\partial E}{\partial b_{\tilde{c}}} = \sum_{j=1}^{t} \delta_{\tilde{c},j}.$$

对于 $W_{fx}, W_{ix}, W_{\tilde{c}x}, W_{ox}$ 的权重梯度, 只需要根据相应的误差项直接计算即可.

$$\frac{\partial E}{\partial W_{ox}} = \frac{\partial E}{\partial \mathrm{net}_{o,t}} \frac{\partial \mathrm{net}_{o,t}}{\partial W_{ox}} = \delta_{o,t} x_t^{\mathrm{T}}, \quad \frac{\partial E}{\partial W_{fx}} = \frac{\partial E}{\partial \mathrm{net}_{f,t}} \frac{\partial \mathrm{net}_{f,t}}{\partial W_{fx}} = \delta_{f,t} x_t^{\mathrm{T}},$$

$$\frac{\partial E}{\partial W_{ix}} = \frac{\partial E}{\partial \mathrm{net}_{i,t}} \frac{\partial \mathrm{net}_{i,t}}{\partial W_{ix}} = \delta_{i,t} x_t^{\mathrm{T}}, \quad \frac{\partial E}{\partial W_{\tilde{c}x}} = \frac{\partial E}{\partial \mathrm{net}_{\tilde{c},t}} \frac{\partial \mathrm{net}_{\tilde{c},t}}{\partial W_{\tilde{c}x}} = \delta_{\tilde{c},t} x_t^{\mathrm{T}}.$$

这样, 便完成了 LSTM 训练算法的全部公式推导.

LSTM 网络的隐藏层之间的连接是单向的, 信息流只能由当前时刻传递到下一时刻, 而不能由下一时刻传递到当前时刻. 也就是说, 当前时刻的细胞状态取决于当前时刻的输入和历史时刻的隐藏层输出. 然而, 在某些问题中, 当前时刻的细胞状态不仅与历史时刻的状态有关, 还与未来时刻的状态有关系. 为了弥补 LSTM 的不足, 提出了 BLSTM, 其结构如图 8.12 所示. 可以看出, 对于每个时刻的输入 x_t, 都会有两个相反方向的 LSTM 与其连接, 当前时刻的输出为两个 LSTM 的组合, 也就是说正向和反向 LSTM 共同决定了当前时刻的输出.

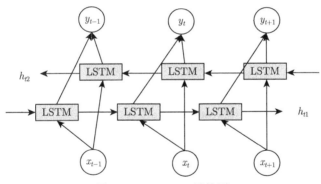

图 8.12　BLSTM 结构图

BLSTM 的计算公式如下:

$$h_t = o_t \odot \tanh(f_t \odot c_{t-1} + i_t \odot g_t),$$

$$h_t' = o_t' \odot \tanh(f_t' \odot v_{t+1}' + i_t' \odot g_t'), \quad y_t = [h, h'].$$

公式中的 h_t 和 h_t' 分别表示正向和反向 LSTM 的隐藏层输出. BLSTM 是可以看作一个正向 LSTM 和一个反向的 LSTM 的结合, 分别能够学习信号的前向特征和后向特征. BLSTM 网络能够同时考虑信号的历史和未来信息, 在 ECG 信号的处理上效果优于 LSTM.

8.3　基于 ELM-LRF-BLSTM 的 ECG 分类算法

8.3.1　网络结构

ELM-LRF 能够有效地学习输入信号的局部特征表示, 但难以充分考虑序列的长时间依赖关系. 为了更好地学习 ECG 的高级特征表示, 本案例结合 ELM-LRF 和 BLSTM 网络提出了一种新的网络算法, 记为 ELM-LRF-BLSTM. 该算法由三个部分组成: ELM-LRF 特征提取器、BLSTM 层和输出层, 如图 8.13 所示.

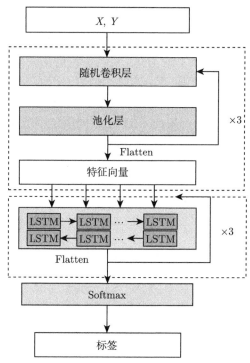

图 8.13　ELM-LRF-BLSTM 的网络结构

(1) ELM-LRF 特征提取器.

ELM-LRF 特征提取器包括 3 个依次交替的随机卷积层和池化层, 利用多个卷积层挖掘学习输入序列的深层特征, 利用池化层去除冗余特征. 随机卷积层和池化层交替出现, 最后一个池化层输出的所有特征子图合并为 BLSTM 层的输入.

(2) BLSTM 层.

BLSTM 层为一个正向 LSTM 和反向 LSTM 算法的结合, 能够反映输入序列的时间依赖关系, 提取输入序列过去和未来的时间信息. 假设正向和反向 LSTM

的隐藏层输出分别为 $f_{\text{forward}} = (h_{f1}, h_{f2}, \cdots, h_{fn})$ 和 $h_{\text{backword}} = (h_{b1}, h_{b2}, \cdots, h_{bn})$, 将 h_{forward} 和 h_{backword} 进行拼接, 即可得到 BLSTM 的隐藏层输出 $h = (h_{\text{forward}}; h_{\text{backword}})$.

(3) 输出层.

本算法利用 Softmax 函数对输入序列进行分类, Softmax 函数的定义如下:

$$P(y_i = j | x_i) = \frac{\exp(x^{\text{T}} w_j)}{\sum\limits_{n=1}^{N} \exp(x^{\text{T}} w_n)}, \tag{8.18}$$

其中, N 为样本数目, j 为类别, x_i 表示输入的第 i 个样本, w 代表算法中使用的参数, $P(y_i = j | x_i)$ 为样本标签的概率输出函数.

8.3.2 复杂度分析

计算 ELM-LRF-BLSTM 在理论上的时间复杂度. 首先, 计算时间特征提取阶段的复杂度: 此阶段中, 计算主要发生在卷积操作中, 每个卷积的复杂度为 $O(M \cdot K \cdot i \cdot o)$, M, K, i, o 分别为特征图大小、滤波器大小、输入通道数和输出通道数. 因此, 该阶段的总体复杂度为 $O\left(\sum\limits_{i=1}^{d} M_i \cdot K_i \cdot i_i \cdot o_i \right)$, d 为卷积层总数.

接下来, 计算 BLSTM 层的时间复杂度: 对于每一个时间步长, LSTM 的时间复杂度为 $O(\omega)$, ω 为 LSTM 网络中可调参数的个数. BLSTM 可以看作两个方向不同的 LSTM 网络, 其时间复杂度为 $O(w)$, 其中 $w = 2\omega$ 为 BLSTM 网络中可调参数的个数.

ELM-LRF-BLSTM 算法的整体复杂度可以看作特征提取阶段和 BLSTM 层的复杂度之和, 即 $O\left(\sum\limits_{i=1}^{d} (M_i \cdot K_i \cdot i_i \cdot o_i) + w \right)$. 由于在特征提取阶段不需要通过迭代进行参数优化, 所以训练过程的整体复杂度为 $O\left(\sum\limits_{i=1}^{d} (M_i \cdot K_i \cdot i_i \cdot o_i) + we \right)$, e 为网络迭代的次数. 因为在特征提取阶段中不需要迭代, 对整体复杂性影响不大, 在计算 DELM-LRF-BLSTM 的复杂度时可将其忽略. 因此, DELM-LRF-BLSTM 的复杂度估计为 $O(w)$.

8.4 实验过程及结果分析

8.4.1 数据预处理

本案例使用 MIT-BIH 来验证所提出算法的性能, 按照 4:1 的比例划分训练集和测试集, 数据分布情况如表 8.4 所示.

表 8.4   MIT-BIH 数据分布情况

类型	训练集	测试集	总计
NSR	59970	14992	74962
LBBB	6454	1614	8068
RBBB	5803	1451	7254
VPC	5627	1407	7034
APB	2036	509	2545
总计	79890	19973	99863

另外, 心电信号的所有波形中, QRS 复合波所含有的特征信息最多, 同时也是最为复杂的波形. 在信号采集过程中容易受到心电信号采集环境、采集设备和人体自身等各项因素的干扰, 导致心电信号中存在许多的噪声. 鲁棒的心电信号分类算法要经过心电信号的去噪和 QRS 波群的探测两个步骤, 去噪方法大多采用滤波器的方法, 相较于工具箱设计的滤波器, 当前比较常用的是经典的 P&T 算法, 可以有效地提高 R 峰的识别率.

P&T 算法是经典 QRS 复合波检测算法, 采用滤波器滤波的方法对信号进行去噪. 该方法由三部分构成: ① 线性数字滤波器: 带通滤波器、近似导数、滑动窗口积分; ② 非线性数字滤波器: 信号振幅的平方; ③ 决策规则: 自适应阈值, 框架图如图 8.14 所示.

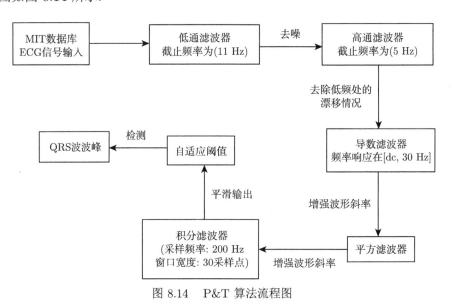

图 8.14   P&T 算法流程图

从而本案例中对 MIT-BIH 数据集的预处理过程主要包括以下三个过程:

(1) 将数据下采样到 250Hz;

(2) 利用 Pan-Tompkins (P&T) 算法检测 R 峰, 取 R 峰和前 100 个采样点

和后 149 个采样点组成一个完整的心拍;

(3) 将 ECG 数据进行归一化处理, 归一化公式为

$$\bar{x} = \frac{x - x_{\min}}{x_{\max} - x_{\min}} \tag{8.19}$$

其中 x 是 ECG 数据, $x_{\max}$ 和 $x_{\min}$ 分别是样本数据属性的最大值和最小值.

为了评价不同方法的有效性, 使用了几种常用的评价指标: 特异性、灵敏度和准确率, 这些常用的评价指标的计算公式如下所示, 其中 TP, TN, FP 和 FN 分别代表真阳性、真阴性、假阳性和假阴性.

$$\text{特异性} = \frac{\text{TN}}{\text{FP} + \text{TN}}, \quad \text{灵敏度} = \frac{\text{TP}}{\text{TP} + \text{FN}}, \quad \text{准确率} = \frac{\text{TP} + \text{TN}}{\text{TP} + \text{FP} + \text{FN} + \text{TN}}.$$

8.4.2 算法设计与参数优化

本文在 MIT-BIH 上验证 ELM-LRF-BLSTM 算法的性能, 由于该数据上的每个心拍都有心血管疾病专家的心律失常类型标记, 因此, 先将完整的心电记录分割为心拍, 以心拍为单位实现心律失常分类.

1. 算法设计

ELM-LRF-BLSTM 算法的具体结构设计如表 8.5 所示. 第一、三、五层为随机卷积层, 卷积核大小分别为 17×1、6×1 和 5×1; 第二、四、六层为池化层, 池化大小为 2×1, 2×1 和 2×1; 第七层为 BLSTM 层; 第八层为全连接层, 对输入序列进行分类.

表 8.5 ELM-LRF-BLSTM 在 MIT-BIH 上的结构设计

层	名称	核大小	滤波器个数	输出大小
0	输入层	—	—	250×1
1	随机卷积层	17×1	4	244×4
2	最大池化层	2×1	4	122×4
3	随机卷积层	6×1	8	118×8
4	最大池化层	2×1	8	59×8
5	随机卷积层	5×1	3	54×16
6	最大池化层	2×1	3	27×16
7	BLSTM	64 Unit	—	1×128
8	BLSTM	64 Unit	—	1×128
9	Dense	—	—	5

2. dropout 的取值

为了防止过拟合, 本实验在 BLSTM 层引入 dropout 机制, 以一定的概率使一些隐层神经元失去作用. 合适的 dropout 值能够进一步提高算法的分类性能.

如果 dropout 值太小, 难以达到防止过拟合的目的; 如果 dropout 值太大, 则失去作用的隐藏层神经元过多, 可能会丢失一些重要信息, 降低算法性能. 为了选择合适的 dropout 值, 本实验进行多次实验, 分别选择 0—0.8 内不同的 dropout 值进行测试, 然后选取分类性能最优的 dropout 取值为 0.4.

3. 其他参数

其他参数如学习率、迭代次数 (Epoch) 等的具体设置如表 8.6 所示.

表 8.6　实验中的网络参数设置

参数	值
学习率	0.01
损失函数	$L(\theta) = -\dfrac{1}{N} \sum\limits_{i=1}^{N} \sum\limits_{j=1}^{m} (y_i \log(P(y_i = j \mid x_i)))$
优化器	Adam
批处理大小	128
Epoch	100

8.4.3　实验结果及分析

本案例在 MIT-BIH 数据集上进行了算法的验证实验. 首先, 进行了 ELM-LRF 算法的验证实验, 其分类性能如表 8.7 所示. ELM-LRF 算法的平均特异性、平均灵敏度和平均准确率分别为 89.64%, 92.71% 和 93.02%. 针对 APB 类的分类特异性较低, 这是由该类样本量太少造成的.

表 8.7　ELM-LRF 算法在 MIT-BIH 上的分类性能

	特异性	灵敏度	平均准确率
NSR	93.07%	91.07%	
LBBB	86.33%	93.60%	
RBBB	94.86%	92.88%	93.02%
VPC	93.52%	92.99%	
APB	80.00%	93.03%	
Average	89.64%	92.71%	

同时, 本案例在该数据集上进行了 ELM-LRF-BLSTM 算法的验证实验, 其损失函数曲线如图 8.15 所示. 可以发现, 损失函数曲线呈下降趋势, 并在约 30 次迭代后趋于稳定.

表 8.8 为 ELM-LRF-BLSTM 在 MIT-BIH 上的分类性能. ELM-LRF-BLSTM 算法的平均特异性、平均灵敏度和平均准确率分别为 92.72%, 99.30% 和 99.32%.

本案例对比了 BLSTM、ELM-LRF 和 ELM-LRF-BLSTM 在 MIT-BIH 上的分类性能, 如表 8.9 所示. BLSTM 算法的特异性、灵敏度、准确率分别为 92.25%、

96.45%、97.26%, ELM-LRF 算法的各指标得分为 89.64%、92.71%、93.02%, ELM-LRF-BLSTM 的各指标得分为 92.72%、99.30%、99.32%. ELM-LRF-BLSTM 的各个指标均高于单独的 ELM-LRF 或 BLSTM, 说明 BLSTM 的引入考虑了信号采样点之间的时间依赖关系, 挖掘时间序列的相关性, 进而提高了算法的特征提取能力, 取得了更好的分类效果. 因此, ELM-LRF 和 BLSTM 的结合是十分有必要的.

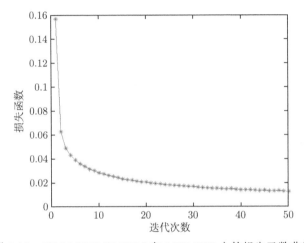

图 8.15　ELM-LRF-BLSTM 在 MIT-BIH 上的损失函数曲线

表 8.8　ELM-LRF-BLSTM 在 MIT-BIH 上的分类性能

	特异性	灵敏度	平均准确率
NSR	99.38%	99.14%	
LBBB	98.78%	99.37%	
RBBB	99.86%	99.27%	99.32%
VPC	98.90%	99.35%	
APB	66.67%	99.33%	
Average	92.72%	99.30%	

表 8.9　不同算法在 MIT-BIH 上的分类性能

	特异性	灵敏度	准确率
BLSTM	92.25%	96.45%	97.26%
ELM-LRF	89.64%	92.71%	93.02%
ELM-LRF-BLSTM	92.72%	99.30%	99.32%

8.5　案例小结

本案例针对 ECG 的自动分类工作进行研究, 所做的主要工作为: 首先, 在已有 2D ELM-LRF 算法的基础上, 设计了更适合处理 ECG 数据的 1D ELM-LRF

算法, 实现 ECG 的快速分类; 然后, 结合 1D ELM-LRF 算法的局部特征提取能力和 BLSTM 的序列学习能力, 提出了 ELM-LRF-BLSTM. 同时, 在 MIT-BIH 数据集上对比了 ELM-LRF, BLSTM 以及 ELM-LRF-BLSTM 算法的分类性能, ELM-LRF-BLSTM 在特异性、灵敏度和准确率方面均优于单独的 ELM-LRF 或 BLSTM.

参 考 文 献

[1]　王如想. 心律失常自动识别算法的研究[D]. 济南: 山东大学, 2013.

[2]　刘建伟, 刘媛, 罗雄麟. 深度学习研究进展[J]. 计算机应用研究, 2014(7): 1921-1930.

[3]　Goodfellow I, Bengio Y, Courville A. Regularization for Deep Learning[EB/OL]. http://www. deeplearningbook.org/contents/TOC.html. 2016.

[4]　蒋艳凰. 机器学习方法[M]. 北京: 电子工业出版社, 2009.

[5]　周志华. 机器学习[M]. 北京: 清华大学出版社, 2016.

[6]　李航. 统计学习方法[M]. 北京: 清华大学出版社, 2012.

[7]　李彬, 李贻斌. 基于 ELM 学习算法的混沌时间序列预测[J]. 天津大学学报, 2011, 44(8): 701-704.

[8]　李彬, 李贻斌, 荣学文. 激活函数可调的 ELM 学习算法及其应用[C]. 中国自动化学会控制理论专业委员会 D 卷, 2011: 2657-2660.

[9]　李伟. 基于特征提取和神经网络集成的心电图信号识别与分类[D]. 济南: 齐鲁工业大学, 2020.

[10]　乔风娟. 基于 ELM-LRF 和 BLSTM 优化的深度神经网络在心电图识别中的应用[D]. 齐鲁工业大学, 2021.

[11]　Huang G B, Bai Z. Liyanaarachchi lekamalage chamara kasun, chi man vong. local receptive fields based extreme learning machine[J]. IEEE Computational Intelligence Magazine, 2015, 10(2): 18-29.

第 9 章　基于高斯隐马尔可夫模型的择时策略研究

刘可仮　刘　单 [1][2][3]

(上海财经大学数学学院, 上海市, 200001)

　　股票价格的波动造成收益率波动, 从而带来投资风险. 为了有效规避风险, 提高投资收益, 投资者需要判断股市状态, 选择合适的时机进行投资. 在预测股市状态的众多模型中, 隐马尔可夫模型是非常重要的一类模型. 本案例首先介绍离散情形下的 HMM 及该模型的三大基本问题 (识别问题、学习问题和解码问题) 及其解决算法; 然后结合股票价格的连续性, 改进得到高斯隐马尔可夫模型 (GHMM); 最后构建上证综指的择时策略. 通过实证分析发现, 择时策略相比于不择时策略, 可有效增大收益、降低风险.

　　该案例适用于应用理科数学类专业 (新工科专业)、统计类专业、金融类专业及相关领域本科生、研究生的课程教学, 如 "统计计算" "机器学习" "随机过程" "金融工程与量化投资" 等, 也适用于数学和交叉学科研究生开展科研训练.

9.1　背　景　介　绍

　　量化投资是指投资者借助数学、物理学、仿生学等方法, 将投资想法转化为量化模型, 或者运用计算机对大量数据进行分析, 然后利用模型模拟市场行为, 判断市场的趋势等, 以 "大概率" 获得超额收益, 它本质上是定性投资或预测市场行为的量化实践. 量化投资的特点主要有: 决策过程由计算机完成、克服人性弱点、理性客观、信息处理能力强、决策效率高、风险控制能力强、获取超额收益等.

　　自 1952 年量化投资理论兴起, 以量化投资作为核心概念的投资基金在海外金融市场已经风行六十多个年头. 我国最早的量化投资产品出现于 2004 年, 因为对冲手段的缺乏, 真正意义上量化投资的运用直到 2011 年才出现. 伴随着 2014 年

---

[2] 本案例来源自国家基金科研项目 (No.12071275) 和上海财经大学线下一流课程建设项目 (No.2021120020) 资助, 不涉及保密内容.

[3] 作者简介: 刘可仮, 教授, 研究方向为反问题的理论分析与数值方法; 邮箱: liu.keji@sufe.edu.cn. 刘单, 副教授, 研究方向为偏微分方程; 邮箱: liudan@mail.shufe.edu.cn.

的牛市, 出现了不少以量化投资为基础的私募基金和公募基金产品, 但总体而言我国量化投资目前还处于起步阶段.

量化择时策略是量化投资中最具代表性的策略之一. 量化择时策略不考虑如何选取股票, 不考虑构建投资组合, 而更侧重于在确定股票或者资产组合后买卖时点的选择. 具体而言, 量化择时通过各种数学、统计学方法进行分析, 挖掘能预测价格走势的关键信息, 如果预测未来资产价格会上涨, 则进行买入; 如果预测未来的价格下跌, 则进行卖出; 如果预测未来是盘整, 则保持持有或高抛低吸, 如图 9.1. 量化择时策略收益往往能大幅超越简单买入并持有, 是一种高风险高收益的策略. 相比于传统的择时, 量化择时策略具有不易受主观判断、投资心理影响的优点, 并且可处理大量数据、对于市场信息的反应速度较快、模型简单, 可以极大提升择时交易的表现. 如今已有很多模型被用于择时研究, 隐马尔可夫模型就是其一.

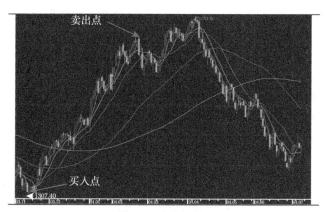

图 9.1　择时图例

本案例基于 2000—2022 年的上证综指日收益率数据, 运用高斯隐马尔可夫模型 (GHMM) 构建择时策略. 本案例将选择年化收益率、最大回撤以及夏普比率, 作为择时策略好坏的评价指标. 年化收益率指是把当前收益率换算成年来计算的一种理论收益率, 计算公式如下:

$$年化收益率 = \frac{投资内收益/本金}{投资天数} \times 365 \times 100\%.$$

最大回撤是指在选定周期内任一历史时点往后推, 产品净值走到最低点时, 收益率回撤幅度的最大值, 即买入产品后可能出现的最糟糕的情况. 最大回撤是一个重要的风险指标, 计算公式如下:

$$最大回撤率 = \max \left| \frac{第\ i\ 天净值 - 第\ j\ 天净值}{第\ i\ 天净值} \right| \times 100\%.$$

夏普比率的核心思想为: 理性的投资者将选择并持有有效的投资组合, 即给定的风险水平下使期望回报最大化的投资组合, 或给定期望回报率的水平上使风险最小化的投资组合. 计算公式如下:

$$夏普比 = \frac{E(R_p) - R_f}{\delta_p},$$

其中 $E(R_p)$ 表示投资组合预期年化报酬率, R_f 表示年化无风险利率, δ_p 表示投资组合年化报酬率的标准差.

在未使用择时策略时, 投资收益与上证综指收益保持一致, 如图 9.2 所示. 其年化收益率为 3.59%, 最大回撤率为 71.98%, 收益低、风险高. 本案例将对其进行择时策略研究, 从而提高其投资收益并降低投资风险.

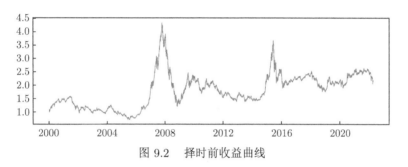

图 9.2　择时前收益曲线

在构建择时策略时, 需要判断股市状态, 然后在牛市时买入标的, 在熊市时卖出标的, 因此判断股市状态尤为重要. 但我们只能观测到股票价格、成交量、成交额等数据, 而不能直接观测到股票市场当前所处的状态, 如何通过这些观测数据识别股票市场状态, 是择时研究需要解决的问题. 高斯隐马尔可夫模型可以很好地解决这一问题, 它利用观测数据对隐藏状态估计和推断, 从而更准确地构建择时策略. 相比其他择时模型, 例如 MACD, 高斯隐马尔可夫模型 (GHMM) 参数较少, 即只需要确定隐状态的个数, 从而避免过拟合. 综上, 本案例将运用 GHMM 识别股市状态, 构建择时策略.

9.2　隐马尔可夫理论模型

9.2.1　马尔可夫链与隐马尔可夫模型

对状态空间为 S 的随机变量序列 $\{X_n, n \geqslant 0\}$, 若随机变量 X_{n+1} 的取值与 $X_1, X_2, \cdots, X_{n-1}$ 都无关, 即对任意 $i_0, i_1, \cdots, i_n, i_{n+1} \in S$ 及 $P\{X_0 = i_0, X_1 = i_1, \cdots, X_n = i_n\}$, 有

$$P\{X_{n+1} = i_{n+1} | X_0 = i_0, X_1 = i_1, \cdots, X_n = i_n\} = P\{X_{n+1} = i_{n+1} | X_n = i_n\},$$

则称该序列具有马尔可夫性 (也称无后效性), 简称马氏性. 具有该性质的离散时间随机过程称为马尔可夫链, 简称马氏链[1].

隐马尔可夫模型 (HMM) 是由隐藏状态序列和观测序列组成的双重随机过程[4], 可用有向图 9.3 表示. 从图 9.3 中可以看出, 隐马尔可夫模型是一种特殊的相关混合模型. 若用 $X^{(t)}$ 和 $C^{(t)}$ 表示从时间 1 到时间 t 的历史, 则可以总结出这类最简单的模型:

$$P(C_t|C^{(t-1)}) = P(C_t|C_{t-1}), \quad t = 2, 3, \cdots,$$

$$P(X_t|X^{(t-1)}, C^{(t)}) = P(X_t|C_t), \quad t \in \mathbb{N}.$$

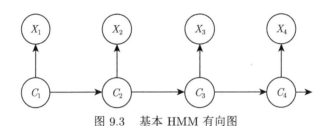

图 9.3　基本 HMM 有向图

该模型由两部分组成:

(1) 无法被观测的 "参数过程" $\{C_t : t = 1, 2, \cdots\}$, 满足马尔可夫性, 被称为隐藏状态集.

(2) 可被观测的 "状态相关过程" $\{X_t : t = 1, 2, \cdots\}$, 被称为观测状态集, 其中观测状态 X_t 的分布只与当前隐藏状态 C_t 有关, 而与过去的状态或观测值无关.

如果马氏链 $\{C_t\}$ 有 m 个状态, 则称 $\{X_t\}$ 为 m 状态 HMM. HMM 由三元组 $\lambda = (\Pi, A, B)$ 表示, 其中

Π 为初始状态概率分布, $\Pi = \{\pi_1, \pi_2, \cdots, \pi_N\}$, $\pi_n = P(i_1 = q_n)$, 即初始时刻股市状态为 q_n 的概率.

A 为状态转移概率矩阵, $A = \{a_{kj}\}_{N \times N}$, $a_{kj} = P(i_{t+1} = q_j|i_t = q_k)$, 即 t 时刻股票市场从状态 q_k 转移到状态 q_j 的概率.

B 为观测概率矩阵, $B = \{b_j(l)\}_{N \times M}$, $b_j(l) = P(o_t = v_l|i_t = q_j)$, 即 t 时刻股市状态为 q_k 时对应的观测状态 (如股票价格、收益率、成交量等) 恰为 v_l 的概率, 又称 "发射概率".

9.2.2　HMM 基本问题及其解决算法

HMM 需要解决三个基本问题:

问题 1　概率计算问题

已知参数 $\lambda = (A, B, \Pi)$, 计算给定观测序列 $O = (o_1, o_2, \cdots, o_T)$ 出现的概率值 $P(O|\lambda)$.

问题 2 学习问题

给定观测序列 $O = (o_1, o_2, \cdots, o_T)$, 找到模型参数 $\lambda = (A, B, \Pi)$ 的估计值, 使观测序列的条件概率 $P(O|\lambda)$ 达到最大, 即通过给定的股票价格、收益率、成交量等可观测到的序列, 对建立的 HMM 进行参数估计.

问题 3 预测问题

对于已知观测序列 $O = (o_1, o_2, \cdots, o_T)$ 和模型参数 $\lambda = (A, B, \Pi)$, 要求找出对应的出现概率最大的隐藏状态序列 $I = \{i_1, i_2, \cdots, i_T\}$. 该问题又称为解码问题, 即对股票市场的牛、熊市状态进行推断.

下面给出三大基本问题的解决方法.

1. 概率计算问题

采用基于动态规划的前向-后向算法 (Forward-Backward Algorithm) 解决该问题, 其步骤如下:

• 前向算法的流程:

(1) 输入: 模型参数和观测序列.

(2) 初始化前向概率: $\alpha_1(j) = \pi_j b_j(o_1), j = 1, 2, \cdots, N$.

(3) 对 $2, 3, \cdots, T$ 时刻的前向概率进行递推:

$$\alpha_{t+1}(i) = \left[\sum_{j=1}^{N} \alpha_t(j) a_{ji} \right] b_i(o_{t+1}), \quad i = 1, 2, \cdots, N.$$

• 输出观测序列概率: $P(O|\lambda) = \sum_{i=1}^{N} \alpha_T(i)$.

• 后向算法的流程:

(1) 输入: 模型参数和观测序列.

(2) 初始化后向概率: $\beta_T(i) = 1, i = 1, 2, \cdots, N$.

(3) 对 $T-1, T-2, \cdots, 1$ 时刻的后向概率进行递推:

$$\beta_t(i) = \sum_{j=1}^{N} a_{ij} b_j(o_{t+1}) \beta_{t+1}(j), \quad i = 1, 2, \cdots, N.$$

(4) 计算与输出观测序列概率: $P(O|\lambda) = \sum_{i=1}^{N} \pi_i b_i(o_1) \beta_1(i)$.

通过以上定义, 可得 HMM 中的一些概率公式.

给定 HMM 和观测序列 O, t 时刻股市状态为 q_i 的概率为

$$\gamma_t(i) = P(i_t = q_i | O, \lambda)$$

$$= \frac{P(i_t = q_i, O | \lambda)}{P(O | \lambda)}$$

$$= \frac{\alpha_t(i)\beta_t(i)}{\sum\limits_{j=1}^{N} \alpha_t(j)\beta_t(j)}.$$

给定 HMM 和观测序列 O, t 时刻隐藏状态为 q_i, $t+1$ 时刻隐藏状态为 q_j 的概率为

$$\xi_t(i,j) = P(i_t = q_i, i_{t+1} = q_j | O, \lambda)$$

$$= \frac{P(i_t = q_i, i_{t+1} = q_j, O | \lambda)}{P(O | \lambda)}$$

$$= \frac{\alpha_t(i)a_{ij}b_j(o_{t+1})\beta_{t+1}(j)}{\sum\limits_{l=1}^{N}\sum\limits_{k=1}^{N} \alpha_t(l)a_{lk}b_k(o_{t+1})\beta_{t+1}(k)}.$$

2. 学习问题

采用鲍姆-韦尔奇算法 (Baum-Welch Algorithm) 解决该问题, 该算法是鲍姆等在 EM 算法基础上研究得出的[2], 具体步骤如下:

(1) 输入观测序列 $O = (o_1, o_2, \cdots, o_T)$.

(2) 令 $n = 0$, 初始化参数 $a_{ij}^{(0)}, b_j^{(0)}(k), \pi_i^{(0)}$, 可以得到 $\lambda^{(0)} = (A^{(0)}, B^{(0)}, \pi^{(0)})$.

(3) 对参数进行递推, 对 $n = 1, 2, \cdots$, 有 $\lambda^{(n)} = (A^{(n)}, B^{(n)}, \pi^{(n)})$,

$$\pi_i^{(n)} = \gamma_1(i), \quad a_{ij}^{(n)} = \frac{\sum\limits_{t=1}^{T-1} \xi_t(i,j)}{\sum\limits_{t=1}^{T} \gamma_t(i)}, \quad b_j^{(n)}(k) = \frac{\sum\limits_{t=1}^{T} \gamma_t(j)}{\sum\limits_{t=1}^{T} \gamma_t(j)}.$$

(4) 递推直至收敛, 即 $\forall \epsilon$, 有 $\lambda^{(n+1)} - \lambda^{(n)} < \epsilon$, 得到模型参数 $\lambda^{(n+1)} = (A^{(n+1)}, B^{(n+1)}, \pi^{(n+1)})$.

输出模型参数 $\lambda = (A, B, \pi)$.

3. 预测问题

采用维特比算法 (Viterbi Algorithm) 求解该问题, 其步骤如下:

(1) 输入: 模型参数 λ 和观测序列 $O = (o_1, o_2, \cdots, o_T)$.

(2) 初始化 1 时刻的局部状态

$$\delta_1(i) = \pi_i b_i(o_1),$$

$$\phi_1(i) = 0.$$

(3) 递推时刻 $t = 2, 3, \cdots, T$ 的局部状态:

$$\delta_{t+1}(j) = \max_{1 \leqslant i \leqslant N} [\delta_t(i) a_{ij}] b_j(o_{t+1}),$$

$$\phi_t(j) = \arg \max_{1 \leqslant i \leqslant N} [\delta_{t-1}(i) a_{ij}].$$

(4) 计算最大的 $\delta_T(j)$, 以及使 $\phi_T(i)$ 达到最大的隐状态 i_T^*.

$$P^* = \max_{1 \leqslant j \leqslant N} \delta_T(i),$$

$$i_T^* = \arg \max_{1 \leqslant j \leqslant N} [\phi_T(i)].$$

(5) 对 $t = T-1, T-2, \cdots, 1$ 的局部状态 $\phi_t(i)$ 进行回溯:

$$i_t^* = \phi_{t+1}(i_{t+1}^*).$$

(6) 最后得到最可能的股市状态序列: $I^* = \{i_1^*, i_2^*, \cdots, i_T^*\}$.

最终可得到最可能的隐藏状态序列: $I^* = \{i_1^*, i_2^*, \cdots, i_T^*\}$.

9.2.3 改进的隐马尔可夫模型

前面介绍的是离散情形下的隐马尔可夫模型 (HMM), 其观测状态集合是一个有限集, 且观测函数是一个离散的概率分布函数. 但在股市分析中, 股票收益率多为连续型分布, 若输入数据为股票收益率, 则离散的 HMM 不再适用, 此时需要改进模型为高斯混合隐马尔可夫模型 (GM-HMM), 使其适用于连续型观测数据.

高斯混合隐马尔可夫模型 (GM-HMM)

对于连续观测序列, 可考虑将高斯混合模型与隐马尔可夫模型结合, 建立高斯混合隐马尔可夫 (GM-HMM) 模型[3], 首先给出该模型的观测密度函数:

$$b_j(O) = \sum_{l=1}^{M} c_{jl} N(O, \mu_{jl}, \Sigma_{jl}), \quad 1 \leqslant j \leqslant N,$$

其中 $N(O, \mu_{jl}, \Sigma_{jl})$ 是观测序列 O 的多维高斯概率密度函数, M 为高斯混合数, c_{jl} 为组合系数, 且

$$\sum_{l=1}^{M} c_{jl} = 1, \quad c_{jl} \geqslant 0.$$

则定义观测概率矩阵为 $B = \{b_j(X), j = 1, 2, \cdots, N\}$.

与 HMM 类似, GM-HMM 可以由以下五元组表示:

$$\lambda = (A, c, \mu, \Sigma, \pi),$$

其中 A 为状态转移概率矩阵, π 为初始状态概率分布.

值得一提的是, 高斯隐马尔可夫模型 (GHMM) 是 GM-HMM 的特殊形式, 该模型中高斯混合数 $M = 1$, 观测概率密度函数是一维函数, 且在每个隐藏状态 i 下服从正态分布: $b_i(o_t) \sim N(\mu_i, \sigma_i), 1 \leqslant i \leqslant N$. 案例中将运用 GHMM 进行实证.

GHMM 模型可以由以下四元组表示:

$$\lambda = (A, \mu, \sigma, \pi).$$

参数为以下形式:

$$\pi_i = \gamma_1(i),$$

$$a_{ij} = \frac{\displaystyle\sum_{t=1}^{T-1} \xi_t(i, j)}{\displaystyle\sum_{t=1}^{T-1} \gamma_t(i)},$$

$$\mu_i = \frac{\displaystyle\sum_{t=1}^{T} \gamma_t(i)}{\displaystyle\sum_{t=1}^{T} \gamma_t(i)},$$

$$\sigma_i^2 = \frac{\displaystyle\sum_{t=1}^{T} \gamma_t(i) \cdot (o_t - \mu)^2}{\displaystyle\sum_{t=1}^{T} \gamma_t(i)}.$$

9.3　HMM 应用合理性讨论

(1) GHMM 假设每个观测变量只由隐状态决定, 该假设可以合理运用于股票市场. 例如: 牛市和熊市下指数的收益率有明显的差别, 震荡慢熊的成交量也和快

牛的成交量相去甚远, 因此我们认为这两个指标在不同市场状态下是不同的分布, 且这个分布只依赖于市场状态本身.

(2) GHMM 的状态数具有可解释性. GHMM 中的隐状态虽然是系统状态, 是抽象的, 但可根据经验进行后验解释. 例如, 将市场分成涨、跌两种或者涨、跌、平三种, 还可以再细分为大涨、小涨、振荡、小跌、大跌等. 不同状态数均有相应的解释: 状态数较少时, 平均每个状态包含的样本数较多, 模型稳定性提高, 但模型对极端情况的刻画较弱, 错判率较高; 状态数较多时, 平均每个状态包含的样本数较少, 模型稳定性降低, 但模型对极端情况的刻画较好, 错判率较低.

(3) GHMM 相比一般的随机过程和时间序列具有优势, 例如, 经典 Black-Scholes 模型要求股价服从对数正态分布, 并用历史数据拟合漂移项 μ 和波动率 θ, 拟合的结果会使 μ 的值向长期均值靠拢, 从而忽略短期趋势特性. 而 GHMM 的优点为: 每个状态都是一个单独随机过程或者分布, 不同状态下的 μ 和波动率 θ 都不同 (牛市的 μ 正值较大, 熊市 μ 负值较大, 而震荡市则绝对值小), 对实际情况的解释度更强. 再如 GARCH 模型或者 EMA, 此类模型通常赋予近期 (高频) 的数值较高的权重, 对长期 (低频) 数值赋予较低的权重, 可能忽略长期的趋势. 而 GHMM 着眼于历史上的统计规律, 是一个概率模型, 能够兼顾长期与短期的特征[3].

9.4 实验数据实证分析

1. 数据获取

本案例采用 2000 年 1 月 4 日至 2022 年 5 月 6 日的上证指数的开盘价、收盘价、最高价、最低价数据作为模型原始数据, 并对其进行检验和分析, 数据来自同花顺 iFinD 金融终端. 上证指数是上海证券交易所股票价格综合指数, 它比个股更加具有代表性, 避免了单个企业因某些非普遍性影响因素造成的非正常波动对预测带来的干扰, 也提高了模型建立的可靠性和预测结果的准确性. 实证部分选取 2000 年 1 月 4 日至 2017 年 11 月 16 日共 4328 天的价格数据作为模型的训练数据集, 2017 年 11 月 17 日至 2022 年 5 月 6 日共 1083 天的价格数据作为测试数据集, 训练数据集用于模型参数进行训练, 测试数据集用于回测. 除价格数据以外, 引入日收益率对股票市场进行刻画:

$$日收益率 = \frac{S_t - S_{t-1}}{S_{t-1}},$$

其中 S_t 为第 t 天的股票价格.

2. 数据检验

首先对收益率数据和价格数据检验、统计数据基本特征, 从而恰当选择研究数据, 准确建立预测模型, 有助于后续研究. 检验过程如下:

作出上证指数的开盘价、收盘价、最高价与最低价的价格走势, 如图 9.4 所示. 由于引入高斯隐马尔可夫模型的假设条件为观测序列服从正态分布, 因此需要检验数据的正态性, 作出收盘价数据的频数分布直方图, 如图 9.5, 其分布形状明显与正态分布有明显差异. 判断其不服从正态分布, 收盘价序列不符合问题假设条件, 因此不适合作为该模型的训练数据.

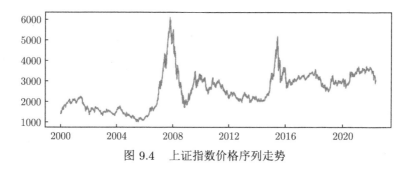

图 9.4   上证指数价格序列走势

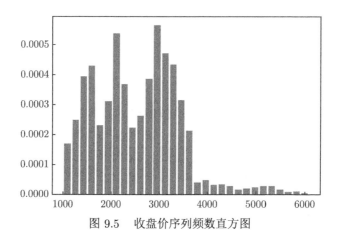

图 9.5   收盘价序列频数直方图

日对数收益率走势图如图 9.6 所示, 可看出日对数收益率序列在零均值附近做无规则震荡.

为了检验数据的正态性, 作出收益率数据的频数分布直方图, 如图 9.7, 其分布形状近似正态分布. 对样本数据进行 Shapiro-Wilk 正态性检验和 K-S 检验, 结果如表 9.1 所示, 得到的 p 值远小于显著水平, 可以拒绝样本服从正态分布的假设.

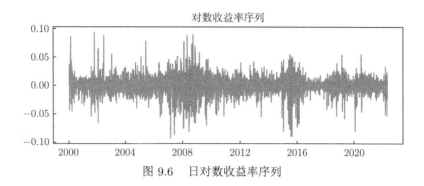

图 9.6 日对数收益率序列

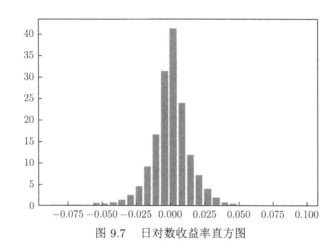

图 9.7 日对数收益率直方图

表 9.1 正态性检验

检验方法	统计量	p 值
Shapiro-Wilk 正态性检验	0.9331	5.1848×10^{-44}
K-S 检验	0.5392	0.0

为了引入高斯分布, 需要对日收益率序列进行 Box-Cox 变换, 使序列服从正态分布. Box-Cox 变换是一种广义幂变换方法, 常用于连续响应变量不满足正态分布时的情况, 它可以一定程度上减小不可观测的误差和预测变量的相关性, 改善数据的正态性、对称性和方差相等性. 其一般形式为

$$y(\lambda) = \begin{cases} \dfrac{y^{\lambda} - 1}{\lambda}, & \lambda \neq 0, \\ \ln y, & \lambda = 0. \end{cases}$$

我们将变换后的序列作为模型的输入数据.

3. 模型训练

设置隐藏状态数量为 $n = 7$, 标记为状态 0—6. 样本区间为 2000 年 1 月 4 日至 2017 年 11 月 16 日. 将区间内日收益率作为输入变量进行模型训练, 运用 Baum-Welch 算法, 输出数据为

转移概率矩阵

$$A = \begin{bmatrix} 0.09 & 0.08 & 0 & 0 & 0.02 & 0 & 0.80 \\ 0.09 & 0.08 & 0 & 0 & 0.03 & 0 & 0.80 \\ 0.005 & 0.005 & 0 & 0 & 0 & 0 & 0.99 \\ 0 & 0 & 0 & 0 & 0 & 0 & 1.00 \\ 0 & 0 & 0 & 0 & 0.93 & 0.06 & 0 \\ 0 & 0 & 0 & 0 & 0.09 & 0.91 & 0 \\ 0.09 & 0.07 & 0 & 0 & 0 & 0 & 0.84 \end{bmatrix}.$$

观测概率分布中每个状态均服从正态分布, 具体参数见表 9.2.

表 9.2　样本内观测变量状态的均值和方差

状态	均值/%	方差/%
0	−0.10	0.038
1	−0.11	0.041
2	5.96	0.86
3	−0.45	0.098
4	0.49	0.025
5	0.002	0.007
6	0.52	0.100

初始概率分布:

$$\pi = (0, 0, 0, 0, 1, 0, 0).$$

4. 样本内结果分析

为了更直观地对比不同状态的差异, 将每个状态的多头策略净值取对数. 根据图 9.8 的多头策略净值可以看出 "涨" 包含状态 4, "跌" 包含状态 3, 其余为震荡. 最后, 我们以 "涨"、"跌" 和 "震荡" 三个类别替代原有的 7 种状态, 并以 1, −1 和 0 表示. 图 9.9 呈现了样本内三种状态对应的散点图. 图 9.10 展现了上证择时样本内 "涨"、"跌" 和 "震荡" 对应的多头策略对数净值曲线.

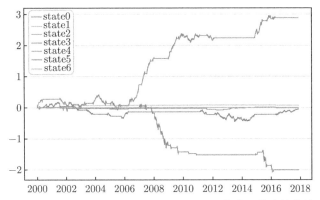

图 9.8　上证择时样本内状态 0—6 的多头策略对数净值曲线

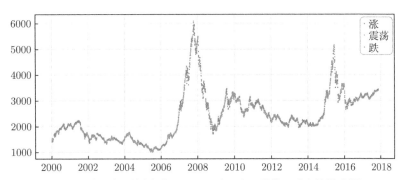

图 9.9　上证择时样本内 "涨"、"跌" 和 "震荡" 对应的散点图

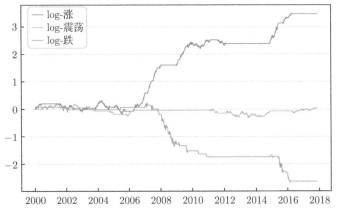

图 9.10　上证择时样本内 "涨"、"跌" 和 "震荡" 对应的多头策略对数净值曲线

5. 策略回测

在进行回测时, 仓位只允许全仓和空仓. 当日收盘发出的信号 (1, -1 和 0) 后, 以第二个交易日的开盘价进行交易, 如果前后两个信号是 1 和 -1 或 -1 和 1, 则

在开盘需进行两次交易, 先平仓原有头寸后反向开仓. 为了便于区别, 我们采用两种交易方式进行比较:

　　Tradetype1: 不允许做空指数, 考虑单边交易成本为 1.5 ‰.

　　Tradetype2: 允许做空指数, 考虑单边交易成本为 1.5 ‰.

　　作出上证择时样本内两种交易方式的对数净值曲线, 如图 9.11 所示, 两种交易方式回测结果如表 9.3 所示. 可以看出, 通过 GHMM 构建择时策略后, 收益率、收益回撤比、夏普比都有了显著增加, 最大回撤率有所降低, 意味着该择时策略有效增大了收益、降低了风险.

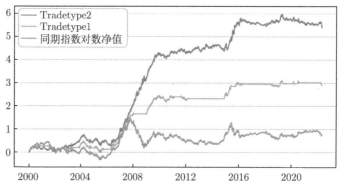

图 9.11　　上证择时样本两种交易方式的对数净值曲线

表 9.3　　上证择时样本不同交易方式结果统计

	Tradetype1	Tradetype2	指数
总收益率	17.4178	228.77	1.1343
年化收益率/%	14.53	26.03	3.59
最大回撤率/%	38.62	36.72	71.98
夏普比	0.94	1.08	0.27
收益回撤比	0.37	0.71	0.05

9.5　案 例 小 结

　　本案例对隐马尔可夫模型进行了介绍, 并针对离散 HMM 在股票市场应用中的不足之处, 引入了 GHMM, 对 "发射概率" 进行更准确的刻画. 以上证指数为例, 采用日收益率为输入观测变量, 进行了择时策略的构建与回测, 实证结果表明, 通过该模型构建的择时策略可以有效增大投资收益、降低投资风险. 在后续研究中, 可以考虑输入多维观测变量, 如增加输入股票价格、成交量和换手率等, 通过 GM-HMM 模型, 对择时策略进行进一步改进. 本案例的教学目的是让研究生多学数学、多用数学、活学数学、活用数学. 具体说来, 就是让学生掌握数学思想, 培养数学思维, 建立数学与应用学科之桥梁; 让学生学习交叉学科知识, 学会算法设计与数值模拟, 以解决实际中的数学问题; 让学生在学习与研究中, 学有所获, 积累成果和信心, 成为优秀的、数理基础扎实的高素质科技人才.

参 考 文 献

[1] 林元烈. 应用随机过程 [M]. 北京: 清华大学出版社, 2002.

[2] 刘建平. 隐马尔科夫模型 HMM (四) 维特比算法解码隐藏状态序列 [EB/OL]. 2017. http://www.cnblogs.com/pinard/p/6991852.html.

[3] 陈亚龙, 肖承志. 金融工程: HMM 指数择时研究之实战篇 [EB/OL]. 2016. https://max.book118.com/html/2021/0726/6201135021003221.shtm.

[4] Caccia M, Remillard B. Option pricing and hedging for discrete time autoregressive hidden markov model[J]. Les Cahiers du GERAD, 2017.

第 10 章 盐酸与氨气化学反应的 pH 值变化回归模型

刘唐伟 ①②③

(东华理工大学理学院, 江西省南昌市, 330013)

基于氨气浓度检测化学实验中盐酸液滴与氨气化学反应时 pH 值变化的数据, 对 pH 值变化规律进行分析, 并进行参数估计. 在数据建模过程中, 考虑了离子浓度扩散的机理. 与传统的实验数据推断相比较, 机理建模与计算在分析化学的量化计算中, 能提供数理基础和科学解释, 为相关化学实验设计节约研发成本, 提升设计效率构筑理论基础.

该案例适用于应用理科数学类专业 (新工科专业)、统计学专业、分析化学、水文地质及相关领域本科生、研究生的课程教学, 如 "数学物理方程" "计量化学" "水文地质学" 等, 也适用于数学和交叉学科研究生开展科研训练.

10.1 问题背景

室内空气中氨气浓度的超标, 可对居住者健康造成诸多危害, 近年来氨作为居室和公共场所空气中主要污染物, 日益引起了人们极大关注. 氨的快速测定方法, 已成为一个与人们生活相关的课题. 目前测量氨气的方法有很多种, 但存在成本较高, 且氨气的检测管法易受到空气中的有机胺和酸蒸汽的干扰等问题. 现考虑一种简单快捷的检测方法, 利用实验室仪器制造氨的电化学传感器原型, 以微量的盐酸溶液吸收空气中的氨气, 通过测量微量盐酸溶液的 pH 值的变化, 来达到测量空气中氨气浓度的目的 [1].

10.1.1 pH 值测定的实验方法

pH 值测定的实验方法简述如下.

---

① 本案例的知识产权归属作者及所在单位所有.

② 本案例源自江西省教育厅教学改革项目 (研究生数学建模 "教赛研" 混合教学模式的改革与实践, No.yjsjg1202007) 的部分研究成果, 不涉及企业保密.

③ 作者简介: 刘唐伟, 教授, 从事数学建模、数值计算、数据分析处理研究; 电子邮箱: twliu@ecut.edu.cn.

1) 试剂

混合磷酸盐标准缓冲溶液 (PBS, pH6.85, 28℃): 0.025 mol/L;

邻苯二甲酸氢钾标准缓冲溶液 (KHP, pH4.01, 28℃): 0.05 mol/L;

盐酸标准溶液 (GR): 0.02、0.01、0.005、0.002、0.001 mol/L;

氨气: 由氨水用蒸馏法制备, 经装有固体 KOH 的干燥塔干燥后收集.

2) 仪器

pHS-3C 型精密 pH 计: 上海雷磁仪器厂;

201 型 pH 复合电极: 杭州;

微量进样器 (10 μL、50 μL): 上海安亭微量进样器厂;

注射器 (1 mL): 江西金山医疗器械有限责任公司.

3) 实验方法

酸度计预热 30 分钟 (min) 以上直至稳定, 用标准缓冲溶液标定酸度计, 测量待测盐酸溶液和悬挂一定量盐酸液滴的 pH 值, 连接实验装置, 用注射器注入适当体积的纯氨气, 测定并记录悬挂液滴 pH 值随时间的变化.

10.1.2 实验数据情况

在三种不同情况下进行测定实验.

(1) 不同浓度的盐酸对 0.5mL 氨气中悬挂液滴的 pH 值的影响.

(2) 不同盐酸体积对 0.5mL 氨气中悬挂液滴 pH 值的影响.

(3) 测定不同氨气体积对固定盐酸浓度 2.0mol/L, 体积 15μL 悬挂液滴 pH 值的影响.

相关说明如下.

(1) 中所采用的盐酸浓度分别是 0.001mol/L、0.002mol/L、0.005mol/L、0.01mol/L、0.02mol/L, 每 1/3 min 进行一次 pH 值测定, 直至 pH 值趋向于稳定.

(2) 中所采用的盐酸体积分别 10μL、15μL、15μL (复查)、20μL、20μL(复查)、25μL、30μL、40μL, 每 1/3 min 进行一次 pH 值测定, 直至 pH 值趋向于稳定.

(3) 中所采用的氨气体积分别是 0.1ml、0.2ml、0.3ml、0.5ml、0.7ml、1.0ml, 每 1/3 min 进行一次 pH 值测定, 直至 pH 值趋向于稳定.

10.2 实验数据与问题分析

主要实验数据如表 10.1.

表 10.1　pH 值随时间 t 变化数据/不同 HCL 浓度与 0.5mL 氨气反应

Time/min	pH1 0.001mol/L	pH2 0.002mol/L	pH3 0.005mol/L	pH4 0.01mol/L	pH5 0.02mol/L
0	3.05	2.76	2.4	2.1	1.78
0.3333	3.13	2.8	2.4	2.13	1.78
0.6667	3.18	2.85	2.4	2.14	1.79
1	3.26	2.9	2.4	2.16	1.8
1.3333	3.37	2.96	2.4	2.17	1.8
1.6667	3.51	3.05	2.5	2.18	1.81
2	3.66	3.13	2.5	2.19	1.82
2.3333	3.86	3.22	2.5	2.2	1.82
2.6667	4.06	3.33	2.6	2.21	1.83
3	4.32	3.45	2.6	2.22	1.84
3.3333	4.62	3.58	2.6	2.24	1.84
3.6667	5.08	3.75	2.6	2.25	1.85
4	5.55	3.93	2.7	2.26	1.86
4.3333	6.1	4.13	2.7	2.27	1.86
4.6667	6.73	4.41	2.7	2.28	1.87
5	7.3	4.7	2.8	2.3	1.88
5.3333	7.83	5.06	2.8	2.31	1.88
5.6667	8.36	5.56	2.8	2.32	1.89
6	8.7	6.09	2.9	2.33	1.89
6.3333	8.92	6.64	2.9	2.34	1.9
6.6667	9.11	7.33	2.9	2.36	1.9
7	9.19	7.87	3	2.37	1.91
7.3333	9.26	8.29	3	2.39	1.91
7.6667	9.34	8.58	3.1	2.41	1.92
8	9.37	8.74	3.1	2.42	1.92
8.3333	9.41	8.85	3.3	2.43	1.92
8.6667	9.45	8.94	3.3	2.45	1.93
9	9.48	9	3.4	2.46	1.93
9.3333	9.5	9.06	3.6	2.47	1.94
9.6667	9.52	9.1	3.8	2.49	1.94
10	9.54	9.14	4.1	2.5	1.95
10.333	9.56	9.17	4.3	2.52	1.95
10.667	9.58	9.2	4.6	2.53	1.96
11	9.59	9.23	4.9	2.55	1.96
11.333	9.6	9.25	5.1	2.57	1.96
11.667	9.61	9.27	5.4	2.58	1.97
12	9.62	9.29	5.6	2.6	1.97
12.333	9.63	9.3	5.8	2.62	1.97
12.667	9.64	9.32	6.1	2.64	1.98
13	9.64	9.33	6.5	2.66	1.98
13.333	9.65	9.34	7.1	2.68	1.99
13.667	9.66	9.35	7.7	2.7	1.99
14	9.66	9.36	8.1	2.73	2

续表

Time/min	pH1 0.001mol/L	pH2 0.002mol/L	pH3 0.005mol/L	pH4 0.01mol/L	pH5 0.02mol/L
14.333	9.67	9.37	8.3	2.75	2
14.667	9.67	9.38	8.5	2.78	2.01
15	9.67	9.39	8.6	2.8	2.01
15.333	9.68	9.4	8.6	2.84	2.02
15.667	9.68	9.4	8.7	2.87	2.02
16	9.68	9.41	8.8	2.9	2.02
16.333	9.68	9.41	8.8	2.94	2.03
16.667	9.69	9.42	8.8	2.98	2.03
17	9.69	9.42	8.9	3.03	2.04
17.333	9.69	9.43	8.9	3.08	2.04
17.667	9.69	9.43	8.9	3.14	2.04
18	9.69	9.43	8.9	3.2	2.05
18.333	9.69	9.44	9	3.3	2.05
18.667		9.44	9	3.4	2.06
19		9.44	9	3.53	2.06
19.333		9.44	9	3.7	2.07
19.667		9.45	9	3.89	2.07
20		9.45	9	4.09	2.08
20.333			9.1	4.32	2.08
20.667			9.1	4.55	2.09
21			9.1	4.79	2.09
21.333			9.1	5.03	2.1
21.667			9.1	5.27	2.1
22			9.1	5.54	2.11
22.333			9.1	5.72	2.11
22.667			9.1	5.87	2.12
23			9.1	6.04	2.12
23.333			9.1	6.34	2.13
23.667			9.1	6.56	2.13
24			9.1	6.91	2.14
24.333			9.1	7.56	2.14
24.667			9.2	7.98	2.15
25			9.2	8.18	2.15
25.333			9.2	8.32	2.16
25.667			9.2	8.41	2.16
26			9.2	8.48	2.17
26.333			9.2	8.55	2.17
26.667			9.2	8.59	2.18
27			9.2	8.63	2.19
27.333			9.2	8.67	2.19
27.667			9.2	8.7	2.2
28			9.2	8.73	2.2
28.333			9.2	8.75	2.21
28.667			9.2	8.77	2.22
29			9.2	8.8	2.22

续表

Time/min	pH1 0.001mol/L	pH2 0.002mol/L	pH3 0.005mol/L	pH4 0.01mol/L	pH5 0.02mol/L
29.333			9.2	8.82	2.23
29.667			9.2	8.83	2.23
30			9.2	8.85	2.24
30.333			9.2	8.86	2.25
30.667			9.2	8.88	2.25
31			9.2	8.89	2.26
31.333			9.2	8.9	2.27
31.667				8.91	2.27
32				8.93	2.28
32.333				8.94	2.29
32.667				8.95	2.3
33				8.95	2.3
33.333				8.96	2.31
33.667				8.97	2.32
34				8.98	2.33
34.333				8.99	2.34
34.667				8.99	2.34
35				9	2.35

Time/min	pH6 10μL	pH7 15μL	pH8 15μL (重测)	pH9 20μL	pH10 (重测) 20μL (重测)	pH11 25μL
0	3.1	2.74	2.77	2.7	2.75	2.74
0.3333	3.9	2.8	2.84	2.8	2.78	2.77
0.6667	4.3	2.87	2.9	2.8	2.84	2.8
1	4.7	2.97	2.97	2.9	2.93	2.84
1.3333	5.2	3.09	3.08	2.9	3.01	2.9
1.6667	5.8	3.23	3.2	3	3.09	2.97
2	6.3	3.4	3.36	3.1	3.2	3.03
2.3333	6.9	3.58	3.59	3.2	3.31	3.1
2.6667	7.5	3.82	3.84	3.3	3.41	3.2
3	8.1	4.1	4.16	3.4	3.56	3.28
3.3333	8.5	4.53	4.56	3.5	3.69	3.37
3.6667	8.9	5.07	5.04	3.6	3.84	3.49
4	9	5.83	5.7	3.8	4.05	3.59
4.3333	9.1	6.77	6.7	3.9	4.26	3.71
4.6667	9.2	7.66	7.48	4.1	4.5	3.85
5	9.2	8.35	8.05	4.3	4.83	4
5.3333	9.3	8.79	8.52	4.5	5.22	4.16
5.6667	9.3	9.03	8.78	4.8	5.66	4.35
6	9.3	9.18	8.97	5	6.25	4.54
6.3333	9.3	9.28	9.12	5.4	6.76	4.75
6.6667	9.4	9.35	9.2	5.8	7.3	5.06
7	9.4	9.41	9.26	6.3	7.85	5.37
7.3333	9.4	9.46	9.32	6.8	8.26	5.75
7.6667	9.4	9.49	9.36	7.4	8.58	6.24
8	9.4	9.52	9.42	7.8	8.84	6.7

时间/min	pH6 10μL	pH7 15μL	pH8 15μL (重测)	pH9 20μL	pH10 (重测) 20μL (重测)	pH11 25μL
8.3333	9.4	9.55	9.44	8.3	9	7.15
8.6667	9.4	9.57	9.46	8.6	9.1	7.62
9	9.4	9.59	9.48	8.8	9.2	8.02
9.3333	9.4	9.61	9.5	8.9	9.25	8.38
9.6667	9.4	9.63	9.51	9	9.31	8.65
10	9.4	9.64	9.53	9.1	9.35	8.82
10.3333	9.4	9.66	9.54	9.1	9.39	8.94
10.6667	9.4	9.67	9.55	9.2	9.42	9.03
11	9.4	9.68	9.56	9.2	9.46	9.09
11.3333	9.4	9.69	9.57	9.3	9.48	9.14
11.6667	9.4	9.7	9.58	9.3	9.51	9.2
12	9.4	9.7	9.59	9.3	9.53	9.23
12.333		9.71	9.6	9.3	9.54	9.27
12.667		9.71	9.6	9.4	9.56	9.3
13		9.72	9.61	9.4	9.58	9.33
13.333		9.72	9.61	9.4	9.59	9.35
13.667		9.73	9.61	9.4	9.61	9.38
14		9.73	9.61	9.4	9.62	9.4
14.333		9.73	9.61	9.4	9.63	9.42
14.667		9.73	9.62	9.5	9.64	9.44
15		9.74	9.62	9.5	9.65	9.45
15.333		9.74	9.62	9.5	9.66	9.47
15.667		9.74	9.62	9.5	9.67	9.48
16		9.74	9.62	9.5	9.68	9.5
16.333		9.75	9.62	9.5	9.69	9.51
16.667		9.75		9.5	9.7	9.52
17		9.75		9.5	9.7	9.53
17.333		9.75		9.5	9.71	9.54
17.667		9.75		9.5	9.71	9.55
18		9.75		9.5	9.72	9.56
18.333		9.75		9.5	9.72	9.57
18.667				9.5	9.73	9.58
19				9.6	9.73	9.58
19.333				9.6	9.74	9.59
19.667				9.6	9.74	9.6
20				9.6	9.75	9.6
20.333				9.6	9.75	9.61
20.667				9.6	9.75	9.62
21				9.6	9.76	9.62
21.333				9.6	9.76	9.63
21.667				9.6	9.76	9.63
22				9.6	9.76	9.64
22.333				9.6	9.77	9.64
22.667				9.6	9.77	9.65
23				9.6	9.77	9.65

续表

时间/min	pH6 10μL	pH7 15μL	pH8 15μL (重测)	pH9 20μL	pH10 (重测) 20μL (重测)	pH11 25μL
23.333				9.6	9.77	9.65
23.667				9.6	9.77	9.66
24				9.6	9.77	9.66
24.333						9.66
24.667						9.67
25						9.67
25.333						9.67
25.667						9.67
26						9.67
26.333						9.68
26.667						9.68
27						9.68
27.333						9.68
27.667						9.68
28						9.68

现在用回归分析的方法, 根据所测得的多组数据进行分析, 得到 pH 值随时间的变化规律.

在实验中, pH 值主要受到盐酸 (HCL) 和氨气 (NH) 这两个因素的影响, 盐酸是一种酸性液体, 而氨气是一种碱性气体, 盐酸和氨气放在一起会发生化学反应生成氯化氨 (NHCL), 氯化氨呈弱碱性, 所以趋于稳定状态的 pH 值都在 8—10 内. 另外, 盐酸的浓度、盐酸的体积以及氨气的体积都会直接影响 pH 值的变化.

根据表 10.1 相关实验数据, 可得在不同条件下 pH 值随时间 t 变化的趋势及曲线形状 (图 10.1).

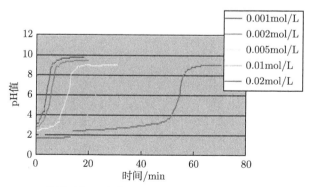

图 10.1　pH 值随时间 t 变化/ 不同浓度 HCL 与 0.5mL 氨气反应 (1)

由上面的分析可以比较清楚地看出各种情况下 pH 值的变化趋势, 但是无法得出 pH 值变化的准确规律, 所以很难得到一个合适的数学模型. 在下文中, 拟采用扩散机理分析和数据回归分析结合的方法, 得到不同情况下 pH 值随时间的变化规律.

首先利用扩散方程得到 Logistic 数学模型, 然后利用实验数据, 通过对 Logistic 模型进行线性回归与非线性回归获取模型中的具体参数 (图 10.2).

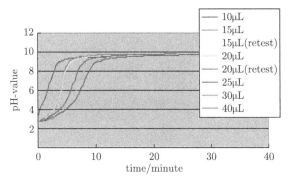

图 10.2　pH 值随时间 t 变化/ 不同体积 HCL 与 0.5mL 氨气反应 (2)

10.3　数据隐含的扩散机理

数学上 pH 值定义为氢离子浓度的常用对数 (以 10 为底) 负值, 即 pH= $-\lg[\mathrm{H}^+]$. 其中 [H$^+$] 指的是溶液中氢离子的活度, 单位为摩尔/升, 在稀溶液中, 氢离子活度约等于氢离子的浓度, 可以用氢离子浓度来进行近似计算. 在标准温度和压力下, pH = 7 的水溶液 (如: 纯水) 为中性, 这是因为水在标准温度和压力下自然电离出的氢离子和氢氧根离子浓度的乘积 (水的离子积常数) 始终是 1×10^{-14}, 且两种离子的浓度都是 1×10^{-7}mol/L. pH 值小于 7 说明 H$^+$ 的浓度大于 OH$^-$ 的浓度, 故溶液酸性强, 而 pH 值大于 7 则说明 H$^+$ 的浓度小于 OH$^-$ 的浓度, 故溶液碱性强. 所以 pH 值愈小, 溶液的酸性愈强; pH 值愈大, 溶液的碱性也就愈强. 在非水溶液或非标准温度和压力的条件下, pH = 7 可能并不代表溶液呈中性, 这需要通过计算该溶剂在这种条件下的电离常数来决定 pH 为中性的值, 如 373K (100 ℃) 的温度下, pH = 6 为中性溶液.

在本次实验的 pH 值测定中, 考虑到各种条件的约束, 设氢离子浓度的变化服从扩散定律. 记当前 pH 值为 y_0, k 秒后 pH 值为 y_k, 变化率为 r, 则

$$y_k = y_0(1+r)^k, \quad k = 1, 2, \cdots. \tag{10.1}$$

显然, 这个公式的基本假设条件是变化率保持不变. 记时刻 t 的 pH 值为 $y(t)$, 将 $y(t)$ 视为连续、可微的函数. 记初始时刻的 pH 值为 y_0, 假设 pH 值增长率为常数 r, 即单位时间内 $y(t)$ 的增量等于 r 乘以 $y(t)$. 考虑到 t 到 $t + \Delta t$ 时间内

pH 值的增量, 显然有

$$y\left(t+\Delta t\right)-y\left(t\right)=ry\left(t\right)\Delta t.$$

令 $\Delta t\to 0$, 取极限, 得到 $y\left(t\right)$ 满足的微分方程

$$\frac{dy}{dt}=ry,\quad y\left(0\right)=y_0. \tag{10.2}$$

由方程 (10.2) 解出

$$y\left(t\right)=y_0e^{rt}. \tag{10.3}$$

当 $r>0$ 时, 式 (10.3) 表示 pH 值将按指数规律随时间无限增长.

由微分学的理论知, 当 $|r|\ll 1$ 时,

$$e^r\approx 1+r.$$

然后将 t 离散化, 则由公式 (10.3) 可得到与公式 (10.1) 一致的表达式, 即

$$y(k)=y_0(1+r)^k,\quad k=1,2,\cdots.$$

由此可见, 公式 (10.1) 是 pH 值指数增长模型 (10.3) 的离散近似形式.

下面我们应用 pH 值指数增长模型 (10.3) 对 pH 值的变化进行预测.

首先将模型 (10.3) 线性化为

$$\ln y\left(t\right)=\ln y_0+rt. \tag{10.4}$$

记

$$y=\ln y\left(t\right),\quad a=\ln y_0, \tag{10.5}$$

则 (10.3) 线性化为

$$y=a+rt. \tag{10.6}$$

注意到, 各种因素对 pH 值的增大起着阻滞作用, 并且随着 pH 值的增大, 阻滞作用越来越大. pH 值阻滞增长模型就是考虑到该因素影响, 对 pH 值指数增长模型的基本假设进行修改后得到.

阻滞作用体现在对增长率 r 的影响上, 使得 r 随着 pH 值的增加而下降. 若将 r 表示为 y 的函数 $r\left(y\right)$, 则它应是减函数, 于是方程 (10.2) 改写为

$$\frac{dy}{dt}=r\left(y\right)y,\quad y\left(0\right)=y_0. \tag{10.7}$$

设 $r(y)$ 为 y 的线性减函数, 即

$$r(y) = r - sy \quad (r > 0, s > 0), \tag{10.8}$$

其中 r 称为固有增长率, 表示 pH 值很小时 (理论上是 $y = 0$) 的增长率. 为了确定系数 s 的意义, 引入特定条件下所能容纳的最大 pH 值量 y_m, 称为 pH 值容量. 当 $y = y_m$ 时 pH 值不再增长, 即增长率 $r(y_m) = 0$, 代入式 (11.8) 得 $s = \dfrac{r}{y_m}$. 于是式 (10.8) 化为

$$r(y) = r\left(1 - \frac{y}{y_m}\right), \tag{10.9}$$

比例系数 r 为固有增长率.

将式 (10.9) 代入方程 (10.7) 得

$$\frac{dy}{dt} = ry\left(1 - \frac{y}{y_m}\right), \quad y(0) = y_0. \tag{10.10}$$

因子 ry 体现 pH 值的增长趋势, 因子 $1 - \dfrac{y}{y_m}$ 则体现了各因素对 pH 值增长的阻滞作用. 显然 y 越大, 前一因子越大, 后一因子越小, pH 值增长是两个因子共同作用的结果. 模型 (10.10) 称为 pH 值阻滞增长模型, 也称为 Logistic 模型 [2-4].

用分离变量法解方程 (10.10) 得

$$y(t) = \frac{y_m}{1 + \left(\dfrac{y_m}{y_0} - 1\right)e^{-rt}}. \tag{10.11}$$

下面应用 pH 值阻滞增长模型对 pH 值的变化进行预测.

由于 (10.11) 不是线性表达式, 因此不能运用线性回归方法进行参数估计, 需要非线性回归的方法. 如果将方程 (10.10) 表示为

$$\frac{dy/dt}{y} = r - sy, \quad s = \frac{r}{y_m}. \tag{10.12}$$

令 $x = \dfrac{dy/dt}{y}$, 则式 (10.12) 线性化为

$$x = r - sy. \tag{10.13}$$

由表中 pH 值数据可以得到 y, 而 x 的值可根据表中数据运用数值微分的方法算出. 在此基础上, 应用线性回归分析的方法即可估计出模型 (10.13) 中参数 r(变化率) 和 s, 进一步可算出参数 y_m 的估计值, 也是模型 (10.11) 中参数 r 和 y_m 的估计值.

10.4　数学模型参数的数据推断

10.4.1　Logistic 模型

由式 (10.11), 设 $\frac{1}{y_m} = a, \frac{1}{y_0} - \frac{1}{y_m} = b, r = c$, 得 Logistic 回归模型的表达式为

$$y(t) = \frac{1}{a + be^{-ct}}, \tag{10.14}$$

其中 t 表示时间, $y(t)$ 表示所测定的 pH 值, a, b, c 是未知参数, 表示影响 pH 值变化的因素, 下面由具体实验数据来确定参数.

10.4.2　非线性回归的程序实现

在数学软件 MATLAB 中, 非线性回归 [5] 可用命令 nlinfit, nlintool 来实现, 回归可用以下两个命令之一.

(1) 确定回归系数的命令: [beta,r,J]= nlinfit(x,y,'model', beta0).

其中, 输入数据 x, y 分别为 $n \times m$ 矩阵和 n 维列向量, 对一元非线性回归, x 为 n 维列向量; model 是事先用 m 文件定义的非线性函数; beta0 是回归系数的初值, beta 是估计出来的回归系数、r (残差)、J (Jacobi 矩阵) 是估计预测误差需要的数据.

(2) 非线性回归命令: nlintool(x,y, 'model', beta0, alpha).

其中各参数含义同前, alpha 为显著性水平, 比如可设为 0.05 等.

10.4.3　运用软件交互进行回归分析

可以将 Excel 和 MATLAB 进行链接, 使得 Excel 中的数据能直接导入 MATLAB 进行计算, MATLAB 中的计算结果也能直接导入 Excel 进行存储, 对于较低版本的 MATLAB, 可以使用 Excel Link[6] 解决这个问题.

Excel Link 作为一个插件, 它将 Excel 和 MATLAB 基于 Windows 环境进行了集成. 只要将 Excel 和 MATLAB 进行链接, 就可以在 Excel 工作表和宏编辑工具中实现 MATLAB 的计算和图形功能. 首先装载 Excel Link; 然后启动 Excel, 打开工具菜单, 选择加载宏命令, 单击浏览; 选择 MATLAB 目录下 toolbox/exlink 中的 excllink.xla; 选中其中的 "Excel Link 2.2.1 for use with MATLAB" 选项, 单击确定即可使 Excel 与 MATLAB 建立链接.

接下来的操作过程如下.

(1) 采用模型 $y(x) = \dfrac{1}{a + be^{-cx}}$, 其中自变量 x 对应原模型中的变量 t, 对数据进行非线性回归, 建立 m 文件 ph1.m.

function y=ph1(beta, x)

y=1./(beta(1)+beta(2).* exp(-beta(3).* (x))).

(2) 输入数据.

选定所要分析的数据, 这里以 pH 值测定过程中不同盐酸体积在 0.5mL 氨气中悬挂液滴 pH 值的影响, 以其中复查盐酸体积为 15μL 时所测得 pH 值的数据为例进行计算.

首先, 输入 x 的值, 选定测定的时间即 x 的值, 单击工具栏中的 putmatrix 选项就会出现对话框, 在对话框中填入 x, 单击确定即可.

其次, 输入 y 的值, 选定盐酸体积为 15μL (复查) 时所测的 pH 值即 y 的值, 按上面同样的方法进行操作即可.

最后, 输入回归系数的初值 beta0.

在 Logistic 模型 $y(x) = \dfrac{1}{a + be^{-cx}}$ 中, 通过分析, 可以取 a 的初值 a_0 为 $x \to \infty$ 时的 y 值, 取 b 的初值 b_0 为 $x \to 0$ 时的 y 值, 取 c 的初值 c_0 为 pH 值之差的平均值, 在这里 $c_0 \to 0$, 计算公式为

$$a_0 = \frac{1}{y}\bigg|_{x \to \infty}, \quad b_0 = \frac{1}{y} - a\bigg|_{x \to 0}, \quad c_0 \to 0, \tag{10.15}$$

这里取 a_0 为所测 pH 值最后一个数据的倒数, b_0 为所测 pH 值第一个数据的倒数减去 a_0, c_0 为 0, 计算得 $a_0 = 0.10395, b_0 = 0.257061, c_0 = 0$.

按这种方法计算得到初值 beta0 以后, 同样选定相应值, 单击 "putmatrix", 在对话框中输入 beta0, 单击确定即可.

(3) 求回归系数及作图.

单击工具栏中的 "evalstring" 选项, 就会出现对话框, 在对话框中输入

```
[beta,r,J]=nlinfit(x', y', 'ph1', beta0)
yyy=ph1(beta,x)
plot(x,yyy, 'r', x, y, 'k+')
```

求回归系数, 单击工具栏中 "getmatrix" 选项就会出现对话框, 在对话框中输入 beta 单击确定, 即可得到参数 a, b, c 的值分别对应 beta 的分量

0.102477 0.535931 0.571229.

可得回归模型为

$$y = \frac{1}{0.102477 + 0.535931e^{-0.571229x}}, \tag{10.16}$$

即

$$y(t) = \frac{1}{0.102477 + 0.535931e^{-0.571229t}}.$$ (10.17)

图形如图 10.3 所示.

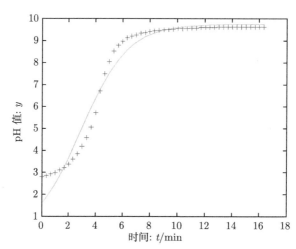

图 10.3　pH 值 (pH8) 随时间 t 变化 ("+" 表示实验数据; "—" 表示回归曲线)

这样就完成了一组数据的回归分析, 另外采用同样的方法对其他几组数据进行操作, 相应回归分析的具体结果如下.

(1) 不同浓度的盐酸对在 0.5mL 氨气中悬挂液滴的 pH 值的影响.

盐酸浓度为 0.02mol/L 时 (具体数据见表 10.1), 回归分析结果如下.

beta0: 0.10582, 0.256499, 0;

beta: 0.10357, 0.531413, 0.395716.

回归模型为

$$y = \frac{1}{0.10357 + 0.531413e^{-0.395716x}}.$$ (10.18)

(2) 不同盐酸体积在 0.5mL 氨气中悬挂液滴 pH 值的影响.

盐酸体积为 20μL(复查), 回归分析结果为

beta0: 0.102354, 0.257338, 0;

beta: 0.101237, 0.522451, 0.393867.

回归模型为

$$y = \frac{1}{0.101237 + 0.522451e^{-0.393867x}},$$ (10.19)

即

$$y\left(t\right) = \frac{1}{0.101237 + 0.522451e^{-0.393867t}}.$$ (10.20)

图形如图 10.4.

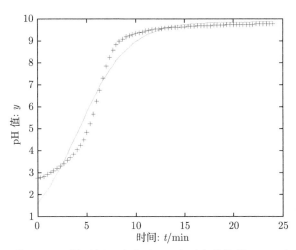

图 10.4 pH 值 (pH10) 随时间 t 变化 ("+" 表示实验数据; "—" 表示回归曲线)

10.5 模型的评价与改进

从以上回归分析结果可知, 模型准确度还是比较高的, 但是对有些数据点 (尤其是最开始一段数据) 的回归效果还不理想, 主要的原因是有一些不确定性的影响因素没有加以考虑.

为了提高回归模型的准确性, 引进综合影响因子, 考虑如下形式的回归模型

$$y\left(t\right) = \frac{1}{a + be^{-ct}} + d.$$ (10.21)

对照前述分析, 对表中部分数据进行回归分析结果如下:

(1) 选择 pH8 那一栏数据进行分析, 可得 pH 值 (pH8) 随时间 t 变化 (15μL HCL 与 0.5mL 氨气) 的回归分析的结果是 $a = 0.1496, b = 31.8337, c = 1.2971$ 且 $d = 2.8689$, 所得回归模型可写为

$$y = \frac{1}{0.1496 + 31.8337e^{-1.2971t}} + 2.8689.$$ (10.22)

(2) 选择 pH10 那一栏数据分析, 可得 pH 值 (pH10) 随时间 t 变化 (20μL(复查) HCL 与 0.5mL 氨气) 的回归分析模型是

$$y = \frac{1}{0.1474 + 25.2336e^{-0.8616t}} + 2.9015.$$ (10.23)

公式 (10.22) 和 (10.23) 相应回归曲线与实验数据的比较结果如图 10.5 和图 10.6.

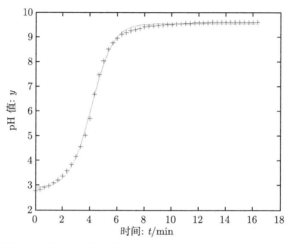

图 10.5　数据 pH8 与回归分析曲线 ("+" 表示实验数据; "—" 表示回归曲线)

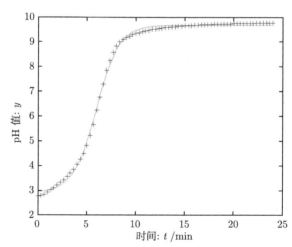

图 10.6　数据 pH10 与回归分析曲线 ("+" 表示实验数据; "—" 表示回归曲线)

10.6　案例小结与展望

本章探讨了不同情况下 pH 值的变化规律, 一般来说, 在其他条件不变的情况下, 从反应开始, pH 值变化达到稳定的时间越长, 氨气浓度就越大. 在此基础上, 结合更多的实验数据, 可以探讨氨气浓度与 pH 值变化的量化关系. 该问题留待有兴趣的读者后续进一步探讨.

参 考 文 献

[1] Liu T W, Zhang M Y, Zhou Y M, Xu H H. The logistic model in the data analysis of a novel electrochemical on-line ammonia monitoring[C]. Proceedings of the 2nd International Conference on Modelling and Simulation, ICMS2009, Manchester, England, UK, 2009: 272-277.

[2] 程毛林. 逻辑斯蒂曲线的几个推广模型与应用 [J]. 运筹与管理, 2003(3): 85-88.

[3] 姜启源. 数学模型 [M]. 2 版. 北京: 高等教育出版社, 1993.

[4] Friedman J, Hastie T, Tibshirani R. Additive Logistic regression: A statistical view of boosting[J]. The Annals of Statistics, 2000, 28(2): 337-407.

[5] 赵静, 但琦. 数学建模与数学实验 [M]. 北京: 高等教育出版社, 2000.

[6] 陈丽安. MATLAB 与 Excel 间的数据交换 [J]. 电脑学习, 2001(2): 34-35.

第 11 章 音乐流派分类案例

沈 益 樊思含 [①②③]

(浙江理工大学理学院, 浙江省杭州市, 310018)

依托浙江理工大学数学学科及相关优势学科平台, 基于数学与信息科学的深度交叉融合, 本案例从音频特征提取、数据处理、分类模型选择、结果分析四个方面介绍了音乐流派分类机制, 并对分类模型的数学原理进行了详细解释. 该案例适用于应用理科数学类专业 (新工科专业)、信息专业相关领域本科生、研究生的课程教学, 如机器学习, 也适用于数学和交叉学科研究生开展科研训练.

11.1 背 景 介 绍

音乐作为一种能够反映人类情感的艺术形式, 在人们的日常生活中有着重要的地位. 随着网络与多媒体技术的发展, 音乐的传播媒介从过去的磁带、CD 逐渐转向了在线播放. 我们可以很方便地收听数字音乐. 比如网易云音乐、QQ 音乐等软件均可以向大众提供海量的音乐曲库. 现在较为流行的短视频也涉及各种流派的背景音乐, 比如流行乐、爵士乐、摇滚乐等. 面对网络上海量的音乐, 不同的人喜好差异较大, 如何从种类繁多的音乐中选择收听者所需要的音乐是既有商业价值, 也有学术价值.

音乐流派分类是音乐信息检索 (Music Information Retrieval, MIR) 的重要组成部分, 涉及信息学、计算机科学、数学等多个学科 [1-6]. 音乐的流派是人们为区分音乐作品而创造的分类标签, 例如摇滚乐、乡村音乐等. 同一类别下的音乐往往具有相似的特征. 这些特征通常与音乐的乐器、节奏结构以及和声内容有关. 图 11.1 展示了音乐流派分类的主要过程.

音乐流派分类作为音乐信息检索的重要分支, 近年来引起了众多专家学者广泛的研究与讨论 [1-4]. 主要原因有三点: 一是音乐流派分类方法能够优化音乐的储存空间, 方便对音乐资源的组织管理. 二是对音乐流派进行正确分类可以在提

① 本案例的知识产权归属作者及所在单位.

② 本案例源自国家基金科研项目 (No.12022112; 12371101) 的部分研究成果, 不涉及保密内容.

③ 作者简介: 沈益, 教授, 从事应用调和分析、逼近论相关领域的研究, 主要包括信号处理、数据分析中的数学问题与方法; 电子邮箱: yshen@zstu.edu.cn. 樊思含: 杭州市富阳区职业教育中心, 从事机器学习、数据分析等相关领域的研究; 电子邮箱: 1603923623@qq.com.

高音乐检索效率的同时, 推动音乐推荐系统的发展, 根据音乐的相似度, 将与用户喜好相近的音乐推送给用户, 从而提升用户对产品的好感度, 增加产品的使用频率. 三是有助于推动音乐创作, 如在一些研究中提到了音乐流派转换, 这无疑增加了音乐的丰富性, 进而提升人们的精神享受.

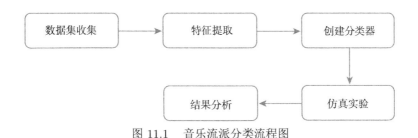

图 11.1　音乐流派分类流程图

受数据科学发展的驱动, 机器学习被越来越广泛地应用于科研和生活的各个方面. 众多机器学习模型的背后也蕴含了深刻的数学理论. 本案例简要介绍了机器学习中几个常见的模型及其背后的数学理论, 并通过这些模型实现音乐数据的流派分类.

11.2　音乐特征与数据预处理

11.2.1　音乐特征介绍

特征提取是音乐流派分类中非常重要的一步, 结合相关文献 [1-4,7,8], 本文提取了过零率, 均方根能量等特征. 音乐作为一种语音信号, 具有短时平稳性, 即从整体来看, 它的特征以及表征其本质特征的参数是随着时间的变化而改变的, 但是在一个短时间范围 (10—30 ms) 内, 其特性基本保持不变. 因此, 对于语音信号的分析都是建立在 "短时" 的基础上. 首先使用窗函数对信号进行分帧, 形成加窗信号 $x_w = x * w$, 常用的窗函数有矩形窗和汉明窗:

- 矩形窗:

$$w(n) = \begin{cases} 1, & 0 \leqslant n \leqslant N - 1, \\ 0, & \text{其他}; \end{cases}$$

- 汉明窗:

$$w(n) = \begin{cases} 0.54 - 0.46 \cos\left[2\pi n/(N-1)\right], & 0 \leqslant n \leqslant N - 1, \\ 0, & \text{其他}. \end{cases}$$

以下特征的描述均是基于一个语音帧, 由于特征提取函数的返回值是每一帧上的结果, 对于一个音乐文件, 本案例中选取每个特征在所有帧上的平均值和方差作为该文件的特征, 特征维度见表 11.1. 最终从每一个音频文件提取了 46 个特征组成一个 46 的向量, 作为该音频的特征向量.

表 11.1　音乐数据集中选取的特征及其维度

特征编号	特征名称	特征的维度
1	过零率	1
2	均方根能量	1
3	频谱质心	1
4	滚降截止频率	1
5	频谱对比度	7
6	梅尔频率倒谱系数 (MFCC)	12

(1) 过零率 (Zero Crossings Rate) 是信号在一个语音帧内相邻两个采样点取值为异号的次数, 它可以对敲打的声音进行区分, 计算公式:

$$Z_i = \frac{1}{2} \sum_{n=1}^{N} |\mathrm{sgn}(x_i[n] - x_i[n-1])|,$$

其中, $x_i[n]$ 表示一个语音帧, sgn 表示符号函数,

$$\mathrm{sgn}(x) = \begin{cases} 1, & x \geqslant 0, \\ -1, & x < 0. \end{cases}$$

(2) 均方根 (Root Mean Square) 能量是每一帧信号能量的均方根值, 可以用来区分有声和无声、轻音和浊音, 计算公式:

$$E_i = \sqrt{\sum_{n=0}^{N} x_i^2[n]}.$$

(3) 频谱质心 (Spectral Centroid) 是短时 Fourier 变换幅度谱的质心, 是用来表征频谱的度量, 与声音的亮度有关, 值越小, 说明越多的能量集中在低频的范围内. 计算公式:

$$C_i = \frac{\sum_{n=1}^{N} M_i[n] * n}{\sum_{n=1}^{N} M_i[n]},$$

其中 $M_i[n]$ 表示语音信号在 i 帧第 n 个采样点处经过 Fourier 变换的幅度, 该特征通常用来刻画音色. 图 11.2 分别展示了 blues 和 metal 两种不同流派的音乐频谱质心的位置. 可以看到, 相比于 metal 的音频, blues 的频谱质心 "更低", 且能量主要在低频范围.

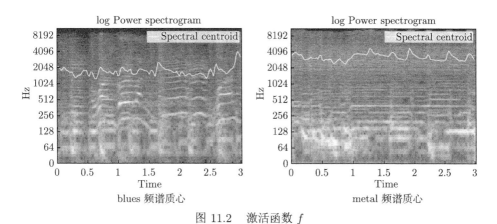

图 11.2　激活函数 f

(4) 滚降截止频率 (Spectral Roll-off Frequency) 定义为每一帧中频谱单元的中心频率, 记为 R_i, 通常情况下设置滚降百分比为 85%, 则 85% 的幅度分布低于 R_i, 是谱形状的重要测度, 计算公式:

$$\sum_{n=1}^{R_i} M_i[n] = 85\% \times \sum_{n=1}^{N} M_i[n].$$

(5) 频谱对比度是信号在每一个子波段上幅度峰值与峰谷平均能量的差, 对比度的值越高, 对应的语音信号越清晰. 图 11.3 是 blues 音乐的频谱对比度可视化后的结果, 相比于高频部分, 在低频部分的对比度值较小, 这与从功率谱中看到的结果是一致的.

(6) 梅尔频率倒谱系数 (Mel Frequency Cepstrum Coefficient) 是语音信号的短时功率谱表示, 简称 MFCC. 由于人耳听到声音的高低与声音的频率之间的关系并不是线性关系, 在声音的频率低于 1000 Hz 时, 人耳对声音的感知过程是线性分布的, 然而当声音的频率高于 1000 Hz 时, 人耳对它的感知则是以对数分布的, 也就是说人耳对低频的声音更为敏感, 而 MFCC 使用 Mel 频率尺度更符合人耳的听觉特性, 在音乐分类、疲劳检测、说话人识别、语音情感识别等方面发挥着出色的应用效果. Mel 频率与实际频率之间的关系可以表示为

$$\mathrm{Mel}(f) = 1125 \ln\left(1 + \frac{f}{700}\right).$$

MFCC 的提取步骤可参考 [8].

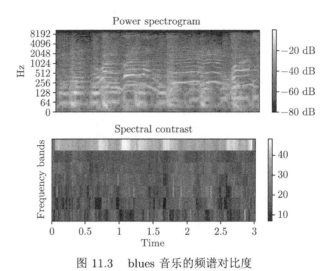

图 11.3　blues 音乐的频谱对比度

11.2.2　实验数据来源及数据处理

1. 数据来源

本案例中使用的音乐数据集是公开的 GTZAN 数据集 ①, 该数据集是 G. Tzanetakis 在研究中收集的, 完整的数据集包含布鲁斯 (blues)、古典 (classical)、乡村 (country)、金属 (metal)、迪斯科 (disco)、流行 (pop)、爵士 (jazz)、摇滚 (rock)、reggae、hiphop 共 10 个不同的音乐流派, 每种流派各有 100 段时长为 30 s, 采样频率为 22.05 kHz 的 wav 格式音频, 整个数据集共包含 1000 个样本.

2. 数据预处理

一般来说, 对于多特征分类问题, 特征不同, 对应的量纲与数量级也是不同的, 不同数量级的数据在训练过程中由于权值不同可能会影响分类器的训练过程, 因此, 在数据输入分类器之前应当先对数据进行去量纲化处理, 即特征归一化, 数据归一化之后可以减少极大极小边缘值对数据的影响, 提高模型的准确率. 下面介绍两种数据归一化的方法:

(1) 零均值标准化: 原始数据转化成以 0 为均值, 1 为方差的正态分布, 计算公式:

$$x_{\text{new}} = \frac{x - \mu}{\sigma},$$

① https://tensorflow.google.cn/datasets/catalog/gtzan.

其中 x 是原始数据, x_{new} 是归一化后的数据, μ 是原始数据的平均值, σ 是原始数据的标准差.

(2) 最大最小标准化, 也称为离差标准化, 用原特征对原始的数据作线性变换, 将数值映射到 $[0, 1]$ 内, 计算公式:

$$x_{\text{new}} = \frac{x - \min(x)}{\max(x) - \min(x)},$$

其中 x 表示原始数据, x_{new} 是归一化后的数据, $\min(x)$ 是原始数据的最小值, $\max(x)$ 是原始数据的最大值.

3. 数据降维和可视化分析

线性降维算法因其实现简单快速的特点应用广泛. 为了直观地说明文中特征选取的有效性, 本案例分别使用线性降维中的两种经典算法——主成分分析 (Principal Component Analysis, PCA) 和线性判别分析 (Linear Discriminant Analysis, LDA) 对前文提取的特征数据进行可视化分析 [8-10].

PCA 算法是在数据分析中运用最广泛的方法之一, 其主要思想是通过线性投影将高维数据点映射到低维空间, 使得投影后数据点的方差最大, 为了使降维后的数据尽可能地表示原始的数据, 不希望它们之间存在相关性. 相关性在数学上可以用协方差 Cov 来刻画, 如果两个特征是完全独立的, 那么它们的协方差为 0. 假设数据已经进行了去中心化

$$\text{Cov}(\boldsymbol{a}, \boldsymbol{b}) = \frac{1}{n} \sum_{i=1}^{N} a_i b_i.$$

对于 m 个 n 维数据, 称 $\boldsymbol{C} = \dfrac{1}{m} \boldsymbol{X} \boldsymbol{X}^{\mathrm{T}}$ 为数据的协方差矩阵, 例如, 当 $n = 2$ 时,

$$\boldsymbol{X} = \begin{pmatrix} a_1 & a_2 & \cdots & a_m \\ b_1 & b_2 & \cdots & b_m \end{pmatrix}.$$

对应的协方差矩阵为

$$\boldsymbol{C} = \frac{1}{m} \boldsymbol{X} \boldsymbol{X}^{\mathrm{T}} = \begin{pmatrix} \dfrac{1}{m} \sum_{i=1}^{m} a_i^2 & \dfrac{1}{m} \sum_{i=1}^{m} a_i b_i \\ \dfrac{1}{m} \sum_{i=1}^{m} a_i b_i & \dfrac{1}{m} \sum_{i=1}^{m} b_i^2 \end{pmatrix}.$$

协方差矩阵 $\boldsymbol{C}$ 对角线上的元素是数据的方差, 其他位置的元素是不同特征的协方差, 因此, 原降维问题就可以转化为协方差矩阵对角化问题, 即寻找矩阵 $\boldsymbol{P}$, 满足

PCP^{T} 是对角矩阵, 且对角线上的元素按照从大到小的顺序排列. 由线性代数的知识可知, P 是协方差矩阵 C 的特征值按照从大到小的顺序对应的单位特征向量按行组成的矩阵.

在未给定主成分个数时, 一般使用贡献率来判断主成分的个数. 贡献率指的是选取的 n' 个特征值总和占全部特征值总和的比率, 通常取 85%. 输入 n 维样本集

$$(\boldsymbol{x}^{(1)}, \boldsymbol{x}^{(2)}, \cdots, \boldsymbol{x}^{(m)}),$$

目标是数据降到 n' 维. PCA 算法的计算步骤可以总结如下:

(1) 去中心化: $\boldsymbol{x}^{(i)} = \boldsymbol{x}^{(i)} - \dfrac{1}{m}\sum\limits_{j=1}^{m}\boldsymbol{x}^{(j)}$, $i = 1, \cdots, m$.

(2) 计算协方差矩阵 $C = \dfrac{1}{m}\boldsymbol{X}\boldsymbol{X}^{\mathrm{T}}$, 其中, $\boldsymbol{X} = (\boldsymbol{x}^{(1)}, \boldsymbol{x}^{(2)}, \cdots, \boldsymbol{x}^{(m)})$.

(3) 对协方差矩阵进行特征值分解.

(4) 取出前 n' 个最大的特征值, 并计算其对应的特征向量, 将特征向量标准化, 记为 $\boldsymbol{\alpha}_1, \boldsymbol{\alpha}_2, \cdots, \boldsymbol{\alpha}_{n'}$, 则投影矩阵 $\boldsymbol{P}_{n' \times n} = (\boldsymbol{\alpha}_1^{\mathrm{T}}, \boldsymbol{\alpha}_2^{\mathrm{T}}, \cdots, \boldsymbol{\alpha}_{n'}^{\mathrm{T}})^{\mathrm{T}}$.

(5) 对于每一个 $\boldsymbol{x}^{(i)}$, 计算 $\boldsymbol{z}^{(i)} = \boldsymbol{P}\boldsymbol{x}^{(i)}$, 得到降维后的样本集 $\boldsymbol{D}' = (\boldsymbol{z}^{(1)}, \boldsymbol{z}^{(2)}, \cdots, \boldsymbol{z}^{(m)})$.

LDA 也称为 Fisher 线性判别, 其主要思想是将高维数据点投影到低维空间, 使得投影后的数据在新的子空间不同类别间的距离最大, 同类别数据点之间的距离最小, 使数据在该空间中有最佳的分离特性. LDA 在降维时考虑到了数据点的类别信息, 对于给定的两个类别 C_1, C_2, 设投影函数为 $\boldsymbol{z} = \boldsymbol{w}^{\mathrm{T}}\boldsymbol{x}$, $\boldsymbol{x}$ 是原始数据, $\boldsymbol{z}$ 是经过投影之后的数据, 利用不同类别数据点的均值代表该类样本的位置, 记 $\boldsymbol{\mu}_i, \boldsymbol{\mu}'_i$, $i = 1, 2$ 分别为数据点投影前与投影后的均值, 即有

$$\boldsymbol{\mu} = \frac{1}{N}\sum_{x \in C_i}\boldsymbol{x}, \quad \boldsymbol{\mu}'_i = \boldsymbol{w}^{\mathrm{T}}\boldsymbol{\mu}_i.$$

投影后两个类别之间的距离 (即样本中心点的距离) 可以表示为

$$d_1 = |\boldsymbol{\mu}'_1 - \boldsymbol{\mu}'_2| = \left|\boldsymbol{w}^{\mathrm{T}}(\boldsymbol{\mu}_1 - \boldsymbol{\mu}_2)\right|.$$

投影后每个类别内部的方差为

$$s_i^2 = \sum_{\boldsymbol{z} \in C_i}(\boldsymbol{z} - \boldsymbol{\mu}'_i)^2 = \sum_{\boldsymbol{x} \in C_i}(\boldsymbol{w}^{\mathrm{T}}\boldsymbol{x} - \boldsymbol{w}^{\mathrm{T}}\boldsymbol{\mu}_i)^2.$$

总的类内方差定义为 $s_1^2 + s_2^2$. 由 Fisher 准则转化成求 $J(\boldsymbol{w})$ 取最大值时的 $\boldsymbol{w}$:

$$J(\boldsymbol{w}) = \frac{|\boldsymbol{\mu}'_1 - \boldsymbol{\mu}'_2|^2}{s_1^2 + s_2^2}$$

$$= \frac{\left(\boldsymbol{w}^{\mathrm{T}}\boldsymbol{\mu}_1 - \boldsymbol{w}^{\mathrm{T}}\boldsymbol{\mu}_2\right)^2}{\displaystyle\sum_{\boldsymbol{x}\in C_1}\left(\boldsymbol{w}^{\mathrm{T}}\boldsymbol{x} - \boldsymbol{w}^{\mathrm{T}}\boldsymbol{\mu}_1\right)^2 + \sum_{\boldsymbol{x}\in C_2}\left(\boldsymbol{w}^{\mathrm{T}}\boldsymbol{x} - \boldsymbol{w}^{\mathrm{T}}\boldsymbol{\mu}_2\right)^2}$$

$$= \frac{\boldsymbol{w}^{\mathrm{T}}\left(\boldsymbol{\mu}_1 - \boldsymbol{\mu}_2\right)\left(\boldsymbol{\mu}_1 - \boldsymbol{\mu}_2\right)^{\mathrm{T}}\boldsymbol{w}}{\displaystyle\sum_{\boldsymbol{x}\in C_1}\boldsymbol{w}^{\mathrm{T}}\left(\boldsymbol{x} - \boldsymbol{\mu}_1\right)\left(\boldsymbol{x} - \boldsymbol{\mu}_1\right)^{\mathrm{T}}\boldsymbol{w} + \sum_{\boldsymbol{x}\in C_2}\boldsymbol{w}^{\mathrm{T}}\left(\boldsymbol{x} - \boldsymbol{\mu}_2\right)\left(\boldsymbol{x} - \boldsymbol{\mu}_2\right)^{\mathrm{T}}\boldsymbol{w}}$$

$$= \frac{\boldsymbol{w}^{\mathrm{T}}\boldsymbol{S}_B\boldsymbol{w}}{\boldsymbol{w}^{\mathrm{T}}\boldsymbol{S}_W\boldsymbol{w}}.$$

$\boldsymbol{S}_B = \left(\boldsymbol{\mu}_1 - \boldsymbol{\mu}_2\right)\left(\boldsymbol{\mu}_1 - \boldsymbol{\mu}_2\right)^{\mathrm{T}}$ 称为类间散度矩阵, 类内散度矩阵定义为

$$\boldsymbol{S}_W = \boldsymbol{S}_1 + \boldsymbol{S}_2 = \sum_{\boldsymbol{x}\in C_1}\left(\boldsymbol{x} - \boldsymbol{\mu}_1\right)\left(\boldsymbol{x} - \boldsymbol{\mu}_1\right)^{\mathrm{T}} + \sum_{\boldsymbol{x}\in C_2}\left(\boldsymbol{x} - \boldsymbol{\mu}_2\right)\left(\boldsymbol{x} - \boldsymbol{\mu}_2\right)^{\mathrm{T}}.$$

令 $\left|\boldsymbol{w}^{\mathrm{T}}\boldsymbol{S}_W\boldsymbol{w}\right| = 1$, 引入拉格朗日数乘因子 λ, 得到拉格朗日函数

$$L(\boldsymbol{w}) = \boldsymbol{w}^{\mathrm{T}}\boldsymbol{S}_B\boldsymbol{w} - \lambda\left(\boldsymbol{w}^{\mathrm{T}}\boldsymbol{S}_W\boldsymbol{w} - 1\right),$$

对 $\boldsymbol{w}$ 求偏导数, 并令偏导数为 0.

$$\frac{\partial L(\boldsymbol{w})}{\partial \boldsymbol{w}} = 2\boldsymbol{S}_B\boldsymbol{w} - 2\lambda\boldsymbol{S}_W\boldsymbol{w} = 0,$$

得到 $\boldsymbol{S}_W^{-1}\boldsymbol{S}_B\boldsymbol{w} = \lambda\boldsymbol{w}$, 即 $\boldsymbol{w}$ 是矩阵 $\boldsymbol{S}_W^{-1}\boldsymbol{S}_B$ 最大特征值对应的特征向量.

对于 n 维样本集 $\left(\boldsymbol{x}^{(1)}, \boldsymbol{x}^{(2)}, \cdots, \boldsymbol{x}^{(m)}\right)$, 设目标维数为 n', $y_i \in \{C_1, C_2, \cdots, C_k\}$, C_k 是样本所属的类别. LDA 算法的计算步骤可以总结如下:

(1) 计算类内散度矩阵 $\boldsymbol{S}_W$、类间散度矩阵 $\boldsymbol{S}_B$;

(2) 计算矩阵 $\boldsymbol{S}_W^{-1}\boldsymbol{S}_B$;

(3) 求出矩阵 $\boldsymbol{S}_W^{-1}\boldsymbol{S}_B$ 的前 n' 个最大的特征值, 并计算其对应的特征向量, 将特征向量标准化, 记为 $\boldsymbol{\alpha}_1, \boldsymbol{\alpha}_2, \cdots, \boldsymbol{\alpha}_{n'}$, 则投影矩阵 $\boldsymbol{P}_{n'\times n} = (\boldsymbol{\alpha}_1^{\mathrm{T}}, \boldsymbol{\alpha}_2^{\mathrm{T}}, \cdots, \boldsymbol{\alpha}_{n'}^{\mathrm{T}})^{\mathrm{T}}$;

(4) 对于每一个 $\boldsymbol{x}^{(i)}$, 计算 $\boldsymbol{z}^{(i)} = \boldsymbol{P}\boldsymbol{x}^{(i)}$, 得到降维后的样本集 $\boldsymbol{D}' = (\boldsymbol{z}^{(1)}, \boldsymbol{z}^{(2)}, \cdots, \boldsymbol{z}^{(m)})$.

图 11.4 分别是使用 PCA 算法和 LDA 算法将特征数据降维后的结果. 可以看出, 无论使用哪种算法得到的音乐流派的二维分布均有一定程度的区分. metal、pop、classical 这三种流派能明显区分于其他流派. LDA 算法也可以称为分类算法, 原因是在进行数据降维的时候用到了类别的标签, 从图 11.4 也可以看到, classical、metal 这两个类别有非常明显的区分.

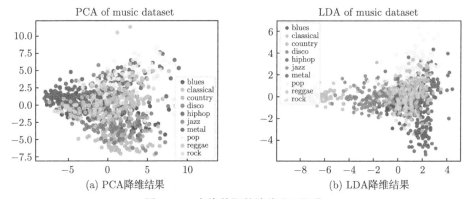

(a) PCA降维结果   (b) LDA降维结果

图 11.4   高维数据的降维和可视化

11.3   分类模型的数学原理

针对监督学习, 本节主要介绍了一些机器学习中常用模型的基本数学原理[8,9].

11.3.1   K 近邻

K 近邻 (K-Nearest Neighbor, KNN) 模型是解决分类问题常用的监督分类模型, 通过欧氏距离衡量样本之间的相似性. 该模型算法的具体流程如下:

(1) 对于带有标签的数据集 $\{a_i, y_i\}_{i=1}^{n}$, 设待预测样本为 a, 设置 K 值;

(2) 分别计算 a 与每一个样本点 a_i 之间的欧氏距离 $\|a - a_i\|$;

(3) 将计算出的所有结果进行排序, 选取跟待预测样本距离最近的 K 个点组成决策集合;

(4) 在决策集合中选取个数最多的数据点的类别作为待预测样本的类别.

图 11.5 解释了 KNN 算法的基本思想. 圆形与正方形分别代表两种不同类别的样本数据, 菱形代表我们需要判断类别的对象. 当 $K = 3$ 时, 计算距离矩形最近的 3 个数据点 (图中小圆圈内所示), 其中有两个正方形、一个圆形, 即正方形的数量占优, 此时, 菱形数据便会分到正方形这一类. 当 $K = 7$ 时, 计算距离矩形最近的 7 个数据点 (图中大圆圈内所示), 其中有三个正方形、四个圆形, 即圆形的数量占优, 菱形数据便会分到圆形数据这一类.

11.3.2   逻辑回归

逻辑回归 (Logit Regression) 通过函数

$$h_{\boldsymbol{x}}(\boldsymbol{\beta}) = \frac{1}{1 + e^{-\boldsymbol{x}^{\mathrm{T}}\boldsymbol{\beta}}}$$

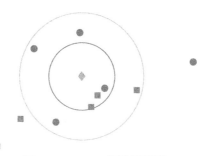

图 11.5　KNN 算法模型图

将线性回归的值 $\boldsymbol{x}^{\mathrm{T}}\boldsymbol{\beta}$ 映射到 $(0,1)$ 上, 如图 11.6, 其中函数

$$h(z) = \frac{1}{1+e^{-z}}$$

被称为 Sigmoid 函数 (或 Logistic 函数). 之所以叫 Sigmoid, 是函数的图像很像一个字母 S, 函数最早是皮埃尔·弗朗索瓦·韦吕勒在 1844 年或 1845 年在研究种群增长时命名的. 他用全微分方程描述了这个理想的种群增长模型. Sigmoid 函数满足下式关系:

$$
\begin{aligned}
h'(z) &= [(1+e^{-z})^{-1}]' \\
&= -[(1+e^{-z})^{-2}](e^{-z})' \\
&= \frac{e^{-z}}{1+e^{-z}}\frac{1}{1+e^{-z}} \\
&= (1-h(z))h(z).
\end{aligned}
$$

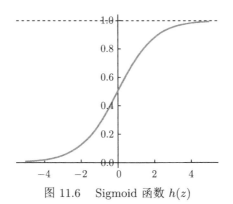

图 11.6　Sigmoid 函数 $h(z)$

直接计算可验证

$$\frac{\partial h_{\boldsymbol{x}}(\boldsymbol{\beta})}{\partial \beta_j} = x_j(1-h_{\boldsymbol{x}}(\boldsymbol{\beta}))h_{\boldsymbol{x}}(\boldsymbol{\beta}), \quad j=1,\cdots,n,$$

以及

$$\nabla h_{\boldsymbol{x}}(\boldsymbol{\beta}) = (1 - h_{\boldsymbol{x}}(\boldsymbol{\beta}))h_{\boldsymbol{x}}(\boldsymbol{\beta}) \cdot \boldsymbol{x}.$$

逻辑回归是由统计学家 David Cox 于 1958 年提出的一种回归模型, 实际上, 逻辑回归算法是一种分类算法, 可以用来处理二分类及多分类问题, 且在二分类问题中更为常用. 对于数据, 如图 11.7,

$$\{\boldsymbol{x}_i, y_i\}_{i=1}^m, \quad \boldsymbol{x}_i \in \mathbb{R}^n, \quad y_i \in \{1, 0\}.$$

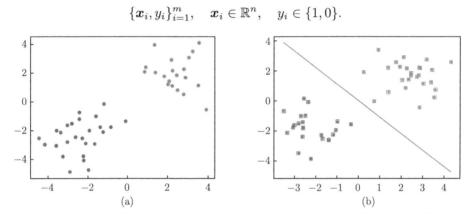

图 11.7　(a) 训练数据. (b) 圆点为测试数据. 方框为分类标签, 绿色为分界线: $\boldsymbol{x}^{\mathrm{T}}\boldsymbol{\beta} = 0$

我们规定分类的标准为

$$\begin{cases} h_{\boldsymbol{x}}(\boldsymbol{\beta}) < 0.5, & \boldsymbol{x} \in A, \\ h_{\boldsymbol{x}}(\boldsymbol{\beta}) \geqslant 0.5, & \boldsymbol{x} \in B, \end{cases}$$

且对于某个样本数据来说它只能属于两种类别中的某一类 (红色或者蓝色). 我们的目标是寻找一个合适的 $\boldsymbol{\beta}$. 定义概率密度函数为

$$P(y = 1 | \boldsymbol{x}, \boldsymbol{\beta}) = h_{\boldsymbol{x}}(\boldsymbol{\beta}),$$
$$P(y = 0 | \boldsymbol{x}, \boldsymbol{\beta}) = 1 - h_{\boldsymbol{x}}(\boldsymbol{\beta}),$$

上式等价于

$$P(y | \boldsymbol{x}, \boldsymbol{\beta}) = (h_{\boldsymbol{x}}(\boldsymbol{\beta}))^y (1 - h_{\boldsymbol{x}}(\boldsymbol{\beta}))^{1-y}.$$

如果假设样本数据独立, 似然函数为

$$L(\boldsymbol{\beta}) = \prod_{i=1}^m P(y_i | \boldsymbol{x}_i, \boldsymbol{\beta})$$
$$= \prod_{i=1}^m (h_{\boldsymbol{x}_i}(\boldsymbol{\beta}))^{y_i} (1 - h_{\boldsymbol{x}_i}(\boldsymbol{\beta}))^{1-y_i}.$$

取对数可得求解最大化对数似然函数问题等价于

$$\arg\max_{\boldsymbol{\beta}} L(\boldsymbol{\beta}) \Leftrightarrow \arg\min_{\boldsymbol{\beta}} \left\{ -\sum_{i=1}^{m} [y_i \ln h_{\boldsymbol{x}_i}(\boldsymbol{\beta}) + (1 - y_i) \ln(1 - h_{\boldsymbol{x}_i}(\boldsymbol{\beta}))] \right\}.$$

记

$$J_{\boldsymbol{x}_i}(\boldsymbol{\beta}) = y_i \ln h_{\boldsymbol{x}_i}(\boldsymbol{\beta}) + (1 - y_i) \ln(1 - h_{\boldsymbol{x}_i}(\boldsymbol{\beta})).$$

对函数 $J_{\boldsymbol{x}_i}(\boldsymbol{\beta})$ 关于 β_j 求偏导可得

$$\begin{aligned}
\frac{\partial J_{\boldsymbol{x}_i}(\boldsymbol{\beta})}{\partial \beta_j} &= \left[y_i \frac{1}{h_{\boldsymbol{x}_i}(\boldsymbol{\beta})} \frac{\partial h_{\boldsymbol{x}_i}(\boldsymbol{\beta})}{\partial \beta_j} - (1 - y_i) \frac{1}{1 - h_{\boldsymbol{x}_i}(\boldsymbol{\beta})} \frac{\partial h_{\boldsymbol{x}_i}(\boldsymbol{\beta})}{\partial \beta_j} \right] \\
&= \left[y_i \frac{1}{h_{\boldsymbol{x}_i}(\boldsymbol{\beta})} - (1 - y_i) \frac{1}{1 - h_{\boldsymbol{x}_i}(\boldsymbol{\beta})} \right] x_{ij} (1 - h_{\boldsymbol{x}_i}(\boldsymbol{\beta})) h_{\boldsymbol{x}_i}(\boldsymbol{\beta}) \\
&= (y_i - h_{\boldsymbol{x}_i}(\boldsymbol{\beta})) x_{ij}.
\end{aligned}$$

由于 MATLAB, Python 等软件可以处理向量化的数据, 我们记

$$\boldsymbol{X} = \begin{pmatrix} x_{11} & \cdots & x_{1n} \\ \vdots & \ddots & \vdots \\ x_{m1} & \cdots & x_{mn} \end{pmatrix}, \quad \boldsymbol{y} = \begin{pmatrix} y_1 \\ \vdots \\ y_m \end{pmatrix}, \quad \boldsymbol{h}(\boldsymbol{X}\boldsymbol{\beta}) = \begin{pmatrix} h_{\boldsymbol{x}_1}(\boldsymbol{\beta}) \\ \vdots \\ h_{\boldsymbol{x}_m}(\boldsymbol{\beta}) \end{pmatrix}.$$

对于极小值模型:

$$\min_{\boldsymbol{\beta}} \left\{ -\sum_{i=1}^{m} [y_i \ln h_{\boldsymbol{x}_i}(\boldsymbol{\beta}) + (1 - y_i) \ln(1 - h_{\boldsymbol{x}_i}(\boldsymbol{\beta}))] \right\},$$

采用梯度下降算法求解 $\boldsymbol{\beta}$:

$$\boldsymbol{\beta}^{k+1} = \boldsymbol{\beta}^k - \alpha \boldsymbol{X}^{\mathrm{T}} (\boldsymbol{h}(\boldsymbol{X}\boldsymbol{\beta}^k) - \boldsymbol{y}), \quad k = 1, 2, \cdots.$$

参数 α 被称为学习速率.

11.3.3 支持向量机

支持向量机 (Support Vector Machine, SVM) 是在 20 世纪 90 年代后得到快速发展的一类机器学习方法, 关于它的模型和算法有着非常丰富的数学内涵. 支持向量机的基本思想是在特征空间中寻找间隔最大的线性分类器, 对于 m 个含有

标签的二分类数据点, 记为 $\{\boldsymbol{x}_i, y_i\}_{i=1}^m$. 向量 $\boldsymbol{x}_i \in \mathbb{R}^n$ 是特征向量, 对应的标签记为 $y_i \in \{+1, -1\}$. 给定 n 维空间的向量 $\boldsymbol{x} = (x_1, \cdots, x_n)^{\mathrm{T}}$, 它的模长定义为

$$\|\boldsymbol{x}\| = \sqrt{\sum_{i=1}^n x_i^2}.$$

我们希望在可分数据集上为两类数据建立一个缓冲带, 如图 11.8. 其中一类数据 $(y_i = 1)$ 在

$$b + \boldsymbol{w}^{\mathrm{T}} \boldsymbol{x}_i = 1$$

以上, 另一类数据 $(y_i = -1)$ 在平面

$$b + \boldsymbol{w}^{\mathrm{T}} \boldsymbol{x}_i = -1$$

以下. 样本中距离超平面最近的一些点称为支持向量. 如图 11.8 所示. 图 11.8 中的红色实线表示决策超平面, 两条虚线所代表的超平面方程为 $b + \boldsymbol{w}^{\mathrm{T}} \boldsymbol{x} = 1$, $b + \boldsymbol{w}^{\mathrm{T}} \boldsymbol{x} = -1$. 中间的区域被称为间隔区. 类似地, 两类数据可以统一为

$$y_i(b + \boldsymbol{w}^{\mathrm{T}} \boldsymbol{x}_i) \geqslant 1.$$

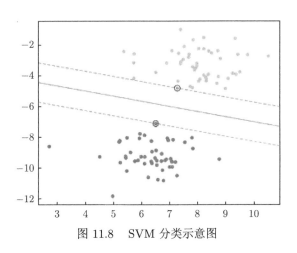

图 11.8　SVM 分类示意图

当获得分割的平面 $b + \boldsymbol{w}^{\mathrm{T}} \boldsymbol{x} = 1$ 和 $b + \boldsymbol{w}^{\mathrm{T}} \boldsymbol{x} = -1$ 后. 我们考虑缓冲区域的宽度. 取平面 $b + \boldsymbol{w}^{\mathrm{T}} \boldsymbol{x} = 1$ 上的点 $\boldsymbol{x}_1$ 和 $b + \boldsymbol{w}^{\mathrm{T}} \boldsymbol{x}_i = -1$ 上的点 $\boldsymbol{x}_2$. 我们有

$$(b + \boldsymbol{w}^{\mathrm{T}} \boldsymbol{x}_1) - (b + \boldsymbol{w}^{\mathrm{T}} \boldsymbol{x}_2) = \boldsymbol{w}^{\mathrm{T}}(\boldsymbol{x}_1 - \boldsymbol{x}_2) = 2.$$

利用内积的性质, 当向量 $\boldsymbol{x}_1 - \boldsymbol{x}_2$ 和向量 $\boldsymbol{w}$ 平行时, 我们有

$$\boldsymbol{w}^{\mathrm{T}}(\boldsymbol{x}_1 - \boldsymbol{x}_2) = \langle \boldsymbol{w}, \boldsymbol{x}_1 - \boldsymbol{x}_2 \rangle = \|\boldsymbol{w}\|\|\boldsymbol{x}_1 - \boldsymbol{x}_2\| = 2.$$

因此, 两个平面之间的距离为

$$\|\boldsymbol{x}_1 - \boldsymbol{x}_2\| = \frac{2}{\|\boldsymbol{w}\|}.$$

当这两个超平面之间的距离越大, 即 $\|\boldsymbol{w}\|$ 越小时, 分类的效果越好. 所以, SVM 的基本形可以表示为下式:

$$\min_{\boldsymbol{w},b} \|\boldsymbol{w}\|^2, \quad \text{subject to} \quad y_i(\boldsymbol{w}^{\mathrm{T}}\boldsymbol{x}_i + b) \geqslant 1, \quad i = 1, \cdots, m.$$

对于上面的凸二次规划问题, 可以通过优化计算方法实现求解.

11.3.4 神经网络模型

神经网络 (Neural Network, NN) 是人工神经网络的简称, 它是一种模仿生物神经网络的结构, 基本的组成单位是神经元. 神经元的数学模型见图 11.9, 每个信号 x_i 都通过一个带有权重 w_i 的连接传递, 神经元把这些信号加起来得到一个总的输入值:

$$\sum_{i=1}^{n} w_i x_i.$$

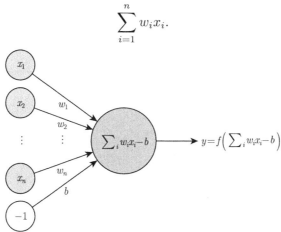

图 11.9 神经元数学模型

将总输入值与神经元的阈值 b (模拟电位) 进行对比, 然后通过激活函数 f 处理得到最终的输出 (模拟细胞的激活):

$$y = f\left(\sum_{i=1}^{n} w_i x_i - b\right).$$

常用的激活函数 (Activation Function) 包括
- 阈值函数

$$\mathrm{sgn}(x) = \begin{cases} 1, & x > 0, \\ 0, & x \leqslant 0. \end{cases}$$

- Relu 函数

$$\mathrm{Re}(x) = \begin{cases} x, & x > 0, \\ 0, & x \leqslant 0. \end{cases}$$

- Sigmoid 函数

$$\sigma(x) = \frac{1}{1 + e^{-x}}.$$

- 双曲正切函数 (tanh)

$$\tanh(x) = \frac{e^x - e^{-x}}{e^x + e^{-x}}.$$

对于不同的问题可以选择不同的激活函数, 激活函数之间也可以组合使用 (图 11.10).

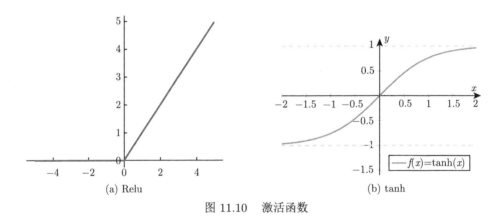

(a) Relu　　　　　　　　　　　　(b) tanh

图 11.10　激活函数

1986 年由科学家 Rumelhart 和 McClelland 提出的 BP (Back Propagation) 神经网络是目前应用最广泛的神经网络. 图 11.11 展示了具有一个隐藏层的神经网络结构. 在数学上前向传播可以表示为

$$y = h_{\boldsymbol{W}}(\boldsymbol{x}) = f(W^{(2)} f(W^{(1)} \boldsymbol{x})).$$

上面这个结构可以很自然地推广到多层的神经网络. 训练该网络使用的算法是反向传播算法, 它的主要思想是: 从第一层开始, 计算每一层的状态以及激活值, 直到最后一层, 在这个过程中信号是前向传播的; 然后从最后一层开始, 计算每一层的误差, 这个过程中误差是反向传播的; 最后, 使用梯度下降算法更新参数. 重复以上步骤, 直到满足停止的条件, 比如相邻两次迭代产生的误差小于给定的数, 或者达到事先给定的迭代次数.

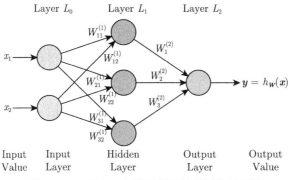

图 11.11　具有一个隐藏层的神经网络结构图

11.4　实 验 结 果

在分类问题中, 通常使用混淆矩阵对分类的结果进行可视化分析, 通过混淆矩阵可以非常清楚地了解分类模型对每种音乐流派的识别程度. 混淆矩阵的每一行代表音乐样本的真实类别, 矩阵的每一列代表音乐样本的预测类别. 图 11.12 是本案例中所使用的分类器在测试集上的混淆矩阵.

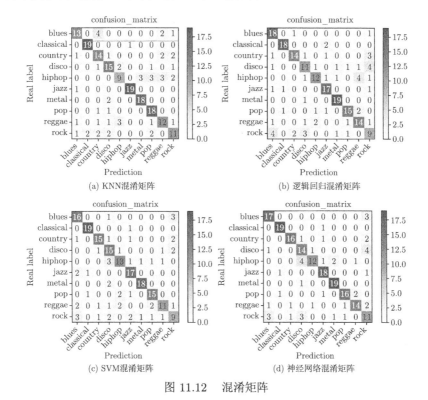

图 11.12　混淆矩阵

从图 11.12, KNN 模型对 classical, jazz, metal, pop 四种流派的音乐识别效果最好, 均为 95%, 对 hiphop 的识别效果最差, 20 个样本仅识别对了 9 个, 准确率未能达到 50%; 逻辑回归模型对 metal, blues, classical 的识别效果较好, 准确率分别为 95%, 90%, 90%, 对 rock 的识别效果最差, 为 45%; SVM 模型对 classical、metal 的识别效果较好, 准确率分别为 95%, 90%, 相比于逻辑回归, SVM 对 disco 的识别率从 55% 提高到了 75%, 而对 reggae 的识别率则从 70% 降至 55%, 对 rock 的识别效果也是最差的, 仅为 45%; BP 神经网络模型对 classical, mental 的识别率最高, 为 95%, 对 hiphop 和 rock 的识别效果最差, 分别为 60% 和 55%. 从整体而言, 神经网络对 10 种音乐流派的分类准确率均达到 50% 以上. 比较发现无论是哪一种模型, 对 hiphop, reggae, rock 的识别效果均不太理想. 因此, 在后续的研究中, 建议寻找更能区分这三种音乐流派的特征, 从而实现有效的分类.

11.5   集成学习分类器

集成学习是一种十分强大的机器学习方法, 主要思想是将一些基学习器按照一定的规则结合起来, 使用集成策略将这些基学习器的预测结果结合起来, 得到最终的预测结果. 常用的集成策略有 Voting、Bagging、Boosting, 考虑到前面不同分类器对不同流派音乐的区分程度不同, 比如 KNN 对 jazz, metal, pop 三种类别的识别效果较好, 而 SVM 和 LogisticRegression 对 blues, hiphop, reggae 三种类别的识别效果较好, 使用 Voting 思想, 将 KNN、SVM、LogisticRegression 三种分类器按照 4 : 3 : 12 的权重结合在一起, 得到一个集成学习分类器, 从混淆矩阵图 11.13 可以看到, 集成学习分类器弥补了 KNN 对 blues, hiphop 识别率不高

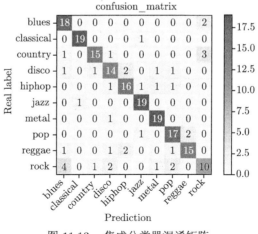

图 11.13   集成分类器混淆矩阵

的缺点, 但是将 KNN 对 jazz 和 pop 识别率高的优点应用到分类器中. 最终在测试集上得到了 81% 的准确率, 交叉验证的结果也有了提升, 为 71%.

11.6 案例创新点及下一步发展

11.6.1 创新点

(1) 在特征提取方面进行了改进, 借助 Python 的 Librosa 库, 提取了多维特征.

(2) 在模型的选择方面, 使用逻辑回归、支持向量机等传统的机器模型, 并通过集成分类模型提高了分类的准确率.

11.6.2 改进与发展

由于音频信号的频谱图中包含信号的诸多信息, 下一步可以考虑使用频谱图作为音频的特征, 然后训练卷积神经网络进行分类实验. 案例中的数据集也可以用于检验无监督学习算法的有效性, 如聚类算法等.

本案例的教学目的是让研究生在培养数学思维, 掌握数学思想的同时, 多用数学, 活用数学, 建立数学与应用学科之间的桥梁; 让研究生学习交叉学科的知识, 用数学方法解决实际应用中的问题, 增强学生的动手能力; 让研究生在学习与研究中, 拓展视野, 提高专业素养, 积累成果和信心, 成为全面发展的人才.

参 考 文 献

[1] 雷文康. 基于深度神经网络的音乐流派分类研究 [D]. 广州: 华南理工大学, 2017.

[2] 王冰聪. 基于内容的音乐流派自动分类系统的研究与实现 [D]. 北京: 北京化工大学, 2018.

[3] 黄琦星. 基于卷积神经网络的音乐流派分类模型研究 [D]. 吉林: 吉林大学, 2019.

[4] 宋扬, 王海龙, 柳林, 裴冬梅. 音乐信息检索领域下的音乐流派分类研究综述 [J]. 内蒙古师范大学学报: 自然科学版, 2022, 51(4): 418-425.

[5] 樊思含. 基于改进 BP 神经网络的音乐流派分类 [J]. 软件工程, 2021, 24(9): 17-20.

[6] 樊思含. 分类模型的求解与应用 [D]. 杭州: 浙江理工大学, 2021.

[7] 赵力. 语音信号处理 [M]. 北京: 机械工业出版社, 2016.

[8] 李航. 统计学习方法 [M]. 北京: 清华大学出版社, 2012.

[9] 周志华. 机器学习 [M]. 北京: 清华大学出版社, 2016.

[10] 李克清, 时田允. 机器学习及应用 [M]. 北京: 人民邮电出版社, 2019: 103-171.

[11] Rajdeep D, Manpreet S. Keras 深度学习实战 [M]. 罗娜, 祁佳康, 译. 北京: 机械工业出版社, 2019: 36-66.

第 12 章　基于 MRMR 算法和代价敏感分类的财务预警模型与实证分析

罗康洋　　王国强 [①②③]

(上海工程技术大学数理与统计学院, 上海, 201620)

　　伴随全球经济一体化和市场经济的快速发展, 我国企业尤其是上市公司的经营面临巨大的风险和不确定性, 财务预警研究是企业防范财务危机和化解经营风险的重要举措. 本案例针对上市公司财务预警数据呈现出的高维和不平衡的双重特性, 构建基于 MRMR 算法和代价敏感分类的财务预警模型. 实证分析结果显示, SMOTE+ENN 的引入有效提升了 ST 公司样本及其对应特征的重要性. 在不影响财务预警模型总体分类性能的前提下, MRMR 算法及其改进算法可以得到更为简洁的预测特征集, 且组合模型 MRMR_FDAQ+CSSVM 的预测结果最优.

　　本案例适用于应用理科数学类专业 (新工科专业)、统计学、数据科学与大数据技术、人工智能及相关领域本科生、研究生的课程教学, 如 "机器学习"、"数据挖掘" 和 "Python 高级编程" 等, 也适用于数学和交叉学科研究生开展科研训练.

12.1　背景介绍

　　财务困境 (Financial Distress) 又称为财务危机, 其最为严重的情况就是破产. 随着资本市场的不断发展, 我国上市公司中陷入财务困境的企业也不断增多. 伴随着经济全球化的日益发展和市场竞争的愈演愈烈, 企业面临着前所未有的冲击和挑战, 建立合理有效的财务预警模型既能帮助企业及时规避风险以实现企业的可持续发展, 又能为信息的需求者提供有用的财务信息. 上市公司财务困境的发

---

　　① 本案例的知识产权归属作者及所在单位所有.

　　② 本案例源自国家基金科研项目 (No. 11971302) 和浦东新区科技发展基金产学研专项资金 (人工智能) 项目 (No. PKX2020-R02) 的部分研究成果, 不涉及企业保密.

　　③ 作者简介: 罗康洋, 华东师范大学数据科学与工程学院在读博士研究生, 从事高维数据统计分析、深度学习和联邦学习研究; 电子邮箱: 52205901003@stu.ecnu.edu.cn. 王国强, 教授, 从事最优化理论与算法、高维数据统计推断、统计优化、金融统计、金融科技与数据建模等研究; 电子邮箱: guoqwang@sues.edu.cn.

生不仅使企业承受巨大的经济损失, 还严重影响其发展甚至导致破产. 与此同时, 企业的经营者和供应商、顾客、信用机构、债权人、投资者等利益相关者的经济利益也受到严重威胁. 因此, 企业的经营者总是希望能够提前预知企业潜在的财务风险, 并及时采取相应的防范措施来避免财务危机的发生. 财务预警研究是企业防范财务危机和化解经营风险的重要举措, 受到众多国内外学者和实业者的高度重视.

从统计分类学习的观点来说, 公司财务预警属于二分类问题, 一类是股票交易受到特殊处理 (Special Treatment, ST) 的上市公司; 另一类是股票正常交易的上市公司, 即非 ST 公司. 财务预警数据呈现出的高维和不平衡的双重特性为研究带来了诸多的困难, 主要表现在两个方面: 第一, 研究所涉及的财务指标众多、指标之间相关性较大且含有较多冗余指标, 这些都会对预测模型的精度造成严重的负面影响; 第二, 在股票市场中, 被 ST 的上市公司在数量上远远小于非 ST 的公司, 这使得财务预警数据分布严重不平衡, 以至于导致逻辑回归、支持向量机和决策树等传统的分类模型失效.

近年来, 国内外学者对公司财务预警模型和存在近似问题的众筹与违约预警模型等进行了系统地研究, 并取得了诸多突破. 具体研究方法大体可分为三类:

一是根据经验、直观判断或者以定性的方式在备选指标中选取重要指标, 然后在不平衡数据集上利用随机抽样方法或人工合成少数类样本过采样方法 (Synthetic Minority Over-sampling Technique, SMOTE) 等构建预测模型.

二是采用 t 检验、逐步判别法和逐步逻辑回归等传统特征选择方法对财务指标进行筛选, 并在平衡数据集上构建预测模型.

三是直接使用分类模型处理不平衡数据集, 将在平衡数据样本条件下对指标进行筛选或者对不平衡数据样本进行指标筛选后的数据集直接作为分类模型的输入.

第一种研究方法选择的指标集通常不能满足实际应用的需求, 这主要是受主观因素的影响使得构建的预警模型泛化能力较弱. 第二种研究方法采用的单变量特征选择法, 尽管能有效保留相关特征, 但不能去除冗余特征. 不难看出, 前两类研究方法并没有对数据的高维和不平衡性同时进行研究, 而是各有侧重. 第三种研究方法直接使用分类算法应对数据集存在的高维和不平衡的双重特性. 该类方法没有改善数据的不平衡性, 使得预警模型的鲁棒性较弱. 因而, 针对财务预警数据的双重特性, 构建有效的财务预警模型并进行实证分析无疑具有重要的理论和实践价值. 本案例旨在基于高维不平衡数据对上市公司财务预警进行系统性研究, 主要包括采样、特征选择和分类三个过程. 在采样过程中, 如果直接对数据特征进行选择, 数据的不平衡特性会使得特征选择算法偏向选择多数类样本对应的特征 (即高估其特征重要性), 而忽略少数类样本对应特征的重要性, 进而影响少数类样本的预测精度. 因此, 利用组合采样方法 SMOTE+ENN(SMOTE+Edited

Nearest Neighbor) 进行数据平衡化处理, 以提高少数类样本对应特征的重要性. 在特征选择过程中, 引入最大相关最小冗余 (Minimal Redundancy Maximal Relevance, MRMR) 算法对特征进行选择, 并给出两种新的基于绝对值余弦的冗余性度量. 该算法同时考虑了特征之间的相关性与冗余性, 在多个特征选择领域表现优异. 在分类过程中, 使用支持向量机、L2-逻辑回归和 CART 决策树在特征选择后的嵌套特征集中搜索分类性能最优的特征子集. 同时, 为克服数据不平衡对分类模型的影响, 从采样技术与代价敏感分类学习两方面进行研究.

本案例适用于应用理科数学类专业 (新工科专业)、统计学、数据科学与大数据技术、人工智能及相关领域本科生、研究生的课程教学, 如 "机器学习"、"数据挖掘" 和 "Python 高级编程" 等, 也适用于数学和交叉学科研究生开展科研训练. 本案例的研究是对财务预警问题的一种新探索, 相关结论可为上市公司经营者和利益相关者提供科学决策参考和咨询.

12.2　符号说明

本案例考虑具有 n 个样本向量 $\boldsymbol{x}_1, \boldsymbol{x}_2, \cdots, \boldsymbol{x}_n$, 每个向量有 m 个特征 $\boldsymbol{F} = \{f_1, f_2, \cdots, f_m\}$ 的财务预警数据集 $\boldsymbol{X}$. 为了方便描述, 将第 k 个特征中第 i 个样本的值表示为 f_{ki}. 此外, 设 $\bar{f}_k$ 表示第 k 个特征 f_k 对应的样本均值, $\bar{f}_{kl}$ 表示类别 l 中第 k 个特征 f_k 对应的样本均值, n_l 表示类别 l 对应样本数. 设 $y_i \in \{-1, 1\}$ 为第 i 个样本的预测目标, 其中 $y_i = -1$ 表示多数类样本, $y_i = 1$ 表示少数类样本.

12.3　采样方法

不平衡数据集是指某些类别的样本数显著多于其他类别样本数的集合. 一般将样本量少的数据样本称为少数类样本, 样本量多的数据样本称为多数类样本. 在实际应用中人们主要关注的是少数类样本, 比如垃圾邮件检测数据中异常邮件、银行交易中非法交易、医疗诊断数据中错误诊断. 如何有效识别类不平衡数据集中的正类样本是具有难度的, 因为它违反了传统分类算法各类别样本数均衡的假设.

采样方法 (Sampling Method) 是针对不平衡数据集的预处理方法, 通常可分为欠采样方法 (Under Sampling Method) 和过采样方法 (Over Sampling Method). 前者按某种方式删除多数类样本, 而后者按某种方式增加少数类样本. 研究表明, 采样方法可以防止分类器过多地关注负类样本而忽略在分类任务中更重要的正类样本.

12.3.1 欠采样方法

欠采样方法的主要思想是减少多数类样本的数量直到与少数类样本成一定比例从而实现数据的平衡. 欠采样方法能够有效提高分类器的性能, 但也存在删减多数类样本的能力有限以及损失部分有效信息等不足之处. 欠采样方法代表方法包括随机欠采样方法、NearMiss 方法和 Tomek Links 方法.

1. 随机欠采样方法

随机欠采样方法是经典的欠采样方法, 它通过对多数类样本进行有放回或无放回地随机采样来删除适量的多数类样本从而达到平衡类间数据的效果. 随机欠采样方法可以事先设置多数类与少数类样本的目标数量比例 ratio, 在保留少数类样本不变的情况下, 根据 ratio 值随机选择多数类样本.

2. NearMiss 方法

NearMiss 方法利用距离远近剔除部分多数类样本, 选取最具代表性的多数类样本, 可有效缓解随机欠采样方法中的信息丢失问题.

NearMiss 方法主要基于以下 3 种启发式的规则来选择多数类样本:

(1) NearMiss-1: 在多数类样本中, 选择与最近的 K 个少数类样本的平均距离最小的样本;

(2) NearMiss-2: 在多数类样本中, 选择与最远的 K 个少数类样本的平均距离最小的样本;

(3) NearMiss-3: 对于每个少数类样本, 选择 K 个最近的多数类样本, 目的是保证每个少数类样本都被多数类样本包围.

已有研究显示, NearMiss-1 和 NearMiss-2 的计算开销很大, 因为需要计算每个多数类样本的 K 近邻点, 且 NearMiss-1 易受离群点的影响; 相比之下 NearMiss-2 和 NearMiss-3 不易产生这方面的问题.

3. Tomek Links 方法

Tomek Links 方法通过清洗重叠数据来达到欠采样的目的. 主要思路是: 假设样本 $\boldsymbol{x}_i$ 与 $\boldsymbol{x}_j$ 分别为不同的类别, 两样本之间的欧氏距离为 $d(\boldsymbol{x}_i, \boldsymbol{x}_j)$. 如果不存在第三个样本 $\boldsymbol{x}_m$ 使得 $d(\boldsymbol{x}_m, \boldsymbol{x}_i) < d(\boldsymbol{x}_m, \boldsymbol{x}_j)$ 或 $d(\boldsymbol{x}_m, \boldsymbol{x}_j) < d(\boldsymbol{x}_i, \boldsymbol{x}_j)$ 成立, 则称 $(\boldsymbol{x}_i, \boldsymbol{x}_j)$ 为一个 Tomek Links 对, 即两样本互为最近邻但分属不同类别. 显然, 若两个样本点可以形成 Tomek Links 连接, 可能其中一个样本点远离正常分布, 也可能两个样本点都落在边界附近. 删除 Tomek Links 对可以把类间重叠的样本清洗掉, 从而使互为最近邻的样本成为一类.

12.3.2　过采样方法

过采样方法的主要思想是通过某些技巧生成新的少数类样本, 使少数类样本的数量与多数类样本的数量相近, 从而达到类别平衡的目的. 过采样方法中最为经典的方法是随机过采样方法. 该方法通过随机的复制少数类样本, 使其与多数类样本仅仅在样本数量上达到平衡, 而没有生成新的少数类样本. 但这会使得在这类数据上的学习器的训练过于具体, 不利于学习器的泛化性能, 导致过拟合问题. 为了克服随机过采样方法的不足, SMOTE 方法、BorderlineSMOTE 方法和ADASYN 方法等启发式过采样方法得到广泛应用.

1. SMOTE 方法

SMOTE 方法是经典的启发式过采样方法, 基本思想是利用线性组合在少数类样本与其临近的同类样本间插入新样本, 以缓解数据集的不平衡性. SMOTE方法的基本步骤: 首先, 计算少数类样本 $x \in X$ 与 X 中每个样本的欧氏距离, 并找出 x 的 k 个同类最近邻. 其次, 在这 k 个同类样本中随机选取一个样本 x' 并按下式

$$x^{\mathrm{new}} = x + \mathrm{rand} \cdot (x' - x).$$

对 x 与 x' 进行线性插值构造新样本 x^{new}, 其中 rand 为 0 到 1 的随机数. 但SMOTE 没有差别的对少类样本进行采样, 容易造成类间重叠.

2. BorderlineSMOTE 方法

BorderlineSMOTE 方法是基于 SMOTE 改进的过采样方法, 基本思想是利用 K 近邻算法将少数类样本划分为 "Safe"、"Danger" 以及 "Noise" 三种, 再按照 SMOTE 方法的线性插值原理, 对分布在少数类样本边界附近 ("Danger" 类)的样本点过采样, 从而改善样本的类间分布.

3. ADASYN 方法

ADASYN 方法也是基于 SMOTE 改进的过采样方法, 基本思想是利用密度分布自适应确定需要生成的少数类样本的数量, 根据少数类样本的学习难度分别对其进行加权分配. ADASYN 方法可有效缩小由类不平衡问题而带来的误差并且分类决策边界会自适应地转移到更难学习的样本上, 迫使后续的分类算法更加关注学习困难的样本.

12.3.3　混合采样方法

为了更有效地克服数据的类不平衡问题, 一些采样方法将过采样方法和欠采样方法的采样思路进行结合, 即所谓的混合采样方法. 下面介绍两种经典的混合采样方法.

1. SMOTE+Tomek Link 混合采样方法

SMOTE+Tomek Link 是将 SMOTE 与 Tomek Link 结合在一起的混合采样方法. 基本思想是通过 SMOTE 算法对少数类样本进行扩充后, 再利用 Tomek Link 技术剔除噪声点和边界点, 对数据进行平衡化处理.

2. SMOTE+ENN 混合采样方法

为克服随机欠采样的不足, 剪辑最近邻 (Edited Nearest Neighbor, ENN) 欠采样方法得到应用, 基本思想是搜寻多数类样本的 3-最近邻样本, 将这 3 个最近邻样本中有 2 个及以上少数类样本的多数类样本予以删除. 由于多数类样本周围更多的还是同类样本, 导致该方法的数据平衡化能力较弱. 基于此, Gustavo 等提出将 SMOTE 与 ENN 进行结合的混合采样方法 SMOTE+ENN, 对数据进行平衡化处理. 已有研究结果显示该方法在多个数据集上取得了优良效果.

12.4 特征选择算法

特征选择算法通过某种评价标准和搜索策略滤除数据集中的冗余特征, 以达到优化预测模型的目的. 特征选择算法通常可分为封装式 (Wrappers) 与过滤式 (Filters) 两类. 与封装式算法相比, 过滤式算法的复杂度较低, 在大规模数据集上也能表现良好, 具有较强的通用性. 因此, 本案例将利用 Relief 和 MRMR 两种过滤式算法进行特征选择.

12.4.1　Relief 算法

Relief 是一种过滤式特征选择算法, 基本思想是根据特征和类别之间的相关关系赋予该特征相应的权重, 特征辨别近邻的同类和不同类样本间距离的能力决定权重的大小.

Relief 算法首先从训练数据中随机取出一个样本 $\boldsymbol{x}_i$, 然后在 $\boldsymbol{x}_i$ 的不同类样本中寻找最近邻的样本 $\boldsymbol{m}_i$, 记为 NearMiss; 在 $\boldsymbol{x}_i$ 的同类样本中寻找最近邻的样本 $\boldsymbol{h}_i$, 记为 NearHit. 按照以下标准更新特征的权重值:

$$\begin{cases} D(\boldsymbol{x}_i, \text{NearHit}) < D(\boldsymbol{x}_i, \text{NearMiss}), & \text{增加 } \boldsymbol{x}_i \text{ 的权重}, \\ D(\boldsymbol{x}_i, \text{NearHit}) > D(\boldsymbol{x}_i, \text{NearMiss}), & \text{减少 } \boldsymbol{x}_i \text{ 的权重}, \end{cases} \quad (12.1)$$

其中, $D(\boldsymbol{x}, \boldsymbol{y})$ 表示在某个特征上样本 $\boldsymbol{x}$ 与样本 $\boldsymbol{y}$ 的欧氏距离. 重复上述过程以计算各特征的平均权重.

12.4.2　MRMR 算法

MRMR 算法是一种启发式的特征选择方法, 基本思想是根据评价函数对原始特征进行排序, 得到一组嵌套特征集 $\boldsymbol{S}_1 \subset \cdots \subset \boldsymbol{S}_k \subset \cdots \subset \boldsymbol{S}_m$, 其中 $\boldsymbol{S}_k$ 表示

含有 k 个特征, 与目标分类相关性最大且自身冗余信息最少的特征子集. 分类模型只需在上述 m 个特征集中寻找预测精度最大的特征集, 以达到降维目的. 对于连续型自变量, 假设已选择了 $k-1$ 个特征并得到特征子集 $\boldsymbol{S}_{k-1}$. 在剩余特征集 $\boldsymbol{F}-\boldsymbol{S}_{k-1}$ 中选入第 k 个特征的最大相关最小冗余的评价函数有以下两种:

$$\max_{f_k \in \boldsymbol{F}-\boldsymbol{S}_{k-1}} \quad \psi_1 = V(f_k, y) - W(f_k, \boldsymbol{S}_{k-1}), \tag{12.2}$$

$$\max_{f_k \in \boldsymbol{F}-\boldsymbol{S}_{k-1}} \quad \psi_2 = V(f_k, y)/W(f_k, \boldsymbol{S}_{k-1}), \tag{12.3}$$

其中 $V(f_k, y)$ 为相关性度量, $W(f_k, \boldsymbol{S}_{k-1})$ 为冗余性度量. 研究表明式 (12.3) 的特征排序效果优于式 (12.2), 因此本案例采用式 (12.3) 进行特征选择. 根据式 (12.3), 选入第 k 个特征的评价函数有以下两种:

FCQ (F-test COR quotient):

$$\max_{f_k \in \boldsymbol{F}-\boldsymbol{S}_{k-1}} \left\{ F(f_k, y) \Big/ \frac{1}{|\boldsymbol{S}_{k-1}|} \sum_{f_j \in \boldsymbol{S}_{k-1}} |\mathrm{COR}(f_k, f_j)| \right\}, \tag{12.4}$$

FD1Q (F-test L1-distance quotient):

$$\max_{f_k \in \boldsymbol{F}-\boldsymbol{S}_{k-1}} \left\{ F(f_k, y) \Big/ \frac{1}{|\boldsymbol{S}_{k-1}|} \sum_{f_j \in \boldsymbol{S}_{k-1}} 1/D_{L_1}(f_k, f_j) \right\}, \tag{12.5}$$

其中

$$F(f_k, y) = \frac{\sum_{l=1}^{2} n_l (\bar{f}_{kl} - \bar{f}_k)^2}{\sum_{l=1}^{2} \sum_{j=1}^{n_l} (f_{kj} - \bar{f}_{kl})^2}, \tag{12.6}$$

$$\mathrm{COR}(f_k, f_j) = \frac{\sum_{l=1}^{n} (f_{kl} - \bar{f}_k)(f_{jl} - \bar{f}_j)}{\sqrt{\sum_{l=1}^{n} (f_{kl} - \bar{f}_k)^2 \sum_{l=1}^{n} (f_{jl} - \bar{f}_j)^2}} \tag{12.7}$$

和

$$D_{L_1}(f_k, f_j) = \sum_{l=1}^{n} |f_{kl} - f_{jl}| \tag{12.8}$$

分别为 F-score、Pearson 相关系数和 L1-范数距离.

12.4.3 改进的 MRMR 算法

本案例针对 MRMR 算法中的冗余性度量函数 $W\left(f_k, \boldsymbol{S}_{k-1}\right)$, 构造两个新的选入第 k 个特征的评价函数, 具体如下: FACQ (F-test AC quotient):

$$\max_{f_k \in \boldsymbol{F} - \boldsymbol{S}_{k-1}} \left\{ F(f_k, y) \Big/ \frac{1}{|\boldsymbol{S}_{k-1}|} \sum_{f_j \in \boldsymbol{S}_{k-1}} AC(f_k, f_j) \right\}, \qquad (12.9)$$

FDAQ (F-test DAC quotient):

$$\max_{f_k \in \boldsymbol{F} - \boldsymbol{S}_{k-1}} \left\{ F(f_k, y) \Big/ \frac{1}{|\boldsymbol{S}_{k-1}|} \sum_{f_j \in \boldsymbol{S}_{k-1}} 1/(1 - AC(f_k, f_j)) \right\}, \qquad (12.10)$$

其中

$$\mathrm{AC}(f_k, f_j) = \frac{\left| \sum\limits_{l=1}^{n} f_{kl} f_{jl} \right|}{\sqrt{\sum\limits_{l=1}^{n} f_{kl}^2 \sum\limits_{l=1}^{n} f_{jl}^2}} \qquad (12.11)$$

为绝对值余弦度量. 当 $\bar{f}_k = 0(k = 1, \cdots, m)$ 时, Pearson 相关系数的绝对值等同于绝对值余弦, 即 Pearson 相关系数是向量余弦的一种特殊情况. 为体现这两个相关系数的相异性, 本案例在数据预处理过程中采用极大极小归一化方法对数据进行标准化, 以减少对数据特征之间相关性的改变. 构造的 FACQ 和 FDAQ 评价函数分别与原有评价函数 FCQ 和 FD1Q 形成对比. FDAQ 评价函数将绝对值余弦 ac $\in [0, 1]$ 通过非线性函数 $f(\mathrm{ac}) = 1/(1 - \mathrm{ac})$ 映射到了 $[1, +\infty)$, 使其对两个向量之间的接近于 1 的相关性具有较高的敏感度, 从而使得该评价函数更加容易地识别出变量之间的冗余信息. 具体可参见图 12.1.

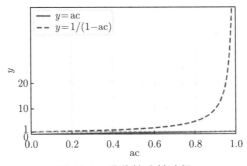

图 12.1 非线性映射过程

12.5 分 类 模 型

在平衡数据集的分类问题中, 传统分类模型能较好地对数据进行分类, 但在不平衡数据集上的分类效果却不尽如人意. 这主要是因为在不平衡分类问题中, 多数类样本在数量上远大于少数类样本, 但在实际应用中人们却更关注少数类样本, 使得少数类样本错分代价远大于多数类样本错分代价. 当传统分类模型以相同错分代价对不平衡数据进行分类时, 往往以牺牲少数类样本的正确分类为代价换取整体正确率. 基于此, 本案例将支持向量机、L2-逻辑回归和 CART 决策树及其相应的代价敏感模型作为财务预警的比较分类模型.

12.5.1 支持向量机

支持向量机 (Support Vector Machine, SVM) 以统计学习理论的结构风险最小化原理和 VC 维理论为基础, 在有限样本空间中采用满足 Mercer 定理的核函数将训练样本映射到更高维数的样本空间寻找最优分类超平面. 为了克服传统 SVM 处理不平衡数据的不足, 现对少数类样本和多数类样本赋予不同的错分代价, 得到代价敏感 SVM (Cost Sensitive SVM, CSSVM) 分类模型.

12.5.2 L2-逻辑回归

标准逻辑回归是传统的二分类模型, 该模型采用对数几率函数将线性回归结果映射到 $[0, 1]$, 并以近似概率来预测样本类别. 为了减少标准逻辑回归模型的过拟合风险, 在基于极大似然估计的优化模型中加入 L2 正则项, 得到 L2-逻辑回归 (L2-Logistic Regression, L2_LR) 模型. 为了适应不平衡数据分类问题, 对少数类样本和多数类样本赋予不同的错分代价, 得到代价敏感 L2_LR(Cost Sensitive L2_LR, CSL2LR) 分类模型.

12.5.3 CART 决策树

决策树是一种自顶向下的非参数化分类模型, 它从根节点开始, 采用类间差异度量对特征值进行划分, 不断得到不同分支节点, 直至产生确定分类结果的叶节点, 停止划分. 由于类间差异度量的不同, 形成的决策树也不同. 经典的决策树模型包括 ID3、C4.5 和 CART 等, 其中 CART 采用基尼系数衡量类间差异并构建二叉决策树, 具有较高的运算效率. 因此, 本案例选择 CART 决策树作为分类模型之一. 在不平衡数据分类过程中, 为防止 CART 偏向多数类样本, 对少数类样本和多数类样本赋予不同的错分代价, 得到代价敏感 CART (Cost Sensitive CART, CSCART) 分类模型.

12.6 实证研究与结果分析

12.6.1 数据来源与预处理

本案例通过 tushare 金融接口获取了纺织、化工机械和化学制药等行业 2014—2017 年所有 A 股上市公司的财务数据, 共计 8023 个备选样本, 每个样本有 143 个财务指标. 对缺失值超过三分之一的财务指标予以剔除, 最终从盈利能力、发展能力、偿债能力、现金流量和资本结构五个方面选取 130 个财务指标来构建预警模型. 财务指标的具体说明如下:

盈利能力方面包括 47 个财务指标, 具体为净资产收益率 (x101)、净利润 (x102)、加权平均净资产收益率 (x103)、净资产收益率 (扣除非经常损益)(x104)、年化净资产收益率 (x105)、平均净资产收益率 (增发条件)(x106)、总资产报酬率 (x107)、总资产净利润 (x108)、年化总资产报酬率 (x109)、净利率 (x110)、年化总资产净利率 (x111)、总资产净利率 (杜邦分析)(x112)、毛利率 (x113)、毛利润 (x114)、营业收入 (x115)、息税前利润 (x116)、息税折旧摊销前利润 (x117)、每股营业总收入 (x118)、每股息税前利润 (x119)、投入资本回报率 (x120)、年化投入资本回报率 (x121)、销售毛利率 (x122)、销售净利率 (x123)、销售成本率 (x124)、销售期间费用率 (x125)、经营活动净收益 (x126)、营业利润/营业总收入 (x127)、营业总成本/营业总收入 (x128)、财务费用/营业总收入 (x129)、管理费用/营业总收入 (x130)、资产减值损失/营业总收入 (x131)、净利润/营业总收入 (x132)、销售费用/营业总收入 (x133)、扣除财务费用前营业利润 (x134)、非营业利润 (x135)、利润总额/营业收入 (x136)、息税前利润/营业总收入 (x137)、折旧与摊销 (x138)、期末摊薄每股收益 (x139)、每股盈余公积 (x140)、每股营业收入 (x141)、每股主营业务收入 (x142)、每股未分配利润 (x143)、每股资本公积 (x144)、稀释每股收益 (x145)、基本每股收益 (x146) 和每股净资产 (x147).

发展能力方面包括 33 个财务指标, 具体为总资产增长率 (x201)、主营业务收入增长率 (x202)、净资产增长率 (x203)、每股收益增长率 (x204)、资产总计相对年初增长率 (x205)、股东权益增长率 (x206)、每股净资产相对年初增长率 (x207)、归属母公司股东权益相对年初增长率 (x208)、净利润同比 (x209)、营业收入同比 (x210)、利润总额同比 (x211)、营业总收入同比 (x212)、基本每股收益同比 (x213)、营业周期 (x214)、稀释每股收益同比 (x215)、净资产收益率 (摊薄) 同比 (x216)、营业利润同比 (x217)、净资产同比 (x218)、归属母公司股东净利润同比 (x219)、经营现金流量净额同比 (x220)、每股经营现金流量净额同比 (x221)、营运资金 (x222)、营运流动资本 (x223)、每股留存收益 (x224)、留存收益 (x225)、存货周转率 (x226)、存货周转天数 (x227)、应收账款周转率 (x228)、应收账款周

转天数 (x229)、流动资产周转率 (x230)、流动资产周转天数 (x231)、总资产周转率 (x232) 和固定资产周转率 (x233).

偿债能力方面包括 21 个财务指标, 具体为流动比率 (x301)、速动比率 (x302)、保守速动比率 (x303)、现金比率 (x304)、无息流动负债 (x305)、无息非流动负债 (x306)、营业利润/流动负债 (x307)、货币资金/流动负债 (x308)、货币资金/带息流动负债 (x309)、股东权益比率 (x310)、利息费用 (x311)、产权比率 (x312)、带息债务 (x313)、有形资产/负债合计 (x314)、有形资产/带息债务 (x315)、息税折旧摊销前利润/负债合计 (x316)、营业利润/负债合计 (x317)、归属于母公司股东权益/负债合计 (x318)、归属于母公司股东权益/带息债务 (x319)、利息支付倍数 (x320) 和净债务 (x321).

现金流量方面包括 16 个财务指标, 具体为现金流量比率 (x401)、每股经营现金流量净额 (x402)、每股现金流量净额 (x403)、每股企业自由现金流量 (x404)、每股股东自由现金流量 (x405)、企业自由现金流量 (x406)、股权自由现金流量 (x407)、经营现金净流量对负债比率 (x408)、资产经营现金流量回报率 (x409)、经营现金流量净额/流动负债 (x410)、经营现金流量净额/负债合计 (x411)、经营现金流量净额/带息债务 (x412)、经营现金流量净额/营业收入 (x413)、销售商品提供劳务现金收入/营业收入 (x414)、经营现金净流量/销售收入 (x415) 和资本支出/折旧和摊销 (x416).

资本结构方面包括 13 个财务指标, 具体为权益乘数 (x501)、权益乘数 (杜邦分析)(x502)、有形资产 (x503)、全部投入资本 (x504)、固定资产合计 (x505)、资产负债率 (x506)、归属于母公司股东权益/全部投入资本 (x507)、流动负债/负债合计 (x508)、非流动负债/负债合计 (x509)、有形资产/总资产 (x510)、流动资产/总资产 (x511)、非流动资产/总资产 (x512) 和带息债务/全部投入资本 (x513).

在数据样本的处理中, 针对 ST 上市公司备选样本, 剔除缺失值超过 5 个样本, 剩余样本中对缺失的年度财务指标值利用第三季度的财务指标值近似替代. 针对非 ST 上市公司备选样本, 将含有缺失值的样本全部剔除. 经过上述处理共获得 2567 个样本, 其中 ST 上市公司样本 129 个, 非 ST 上市公司样本 2438 个. 显然, 数据的样本类别分布极度不平衡. 为了消除指标量纲的影响, 文本采用极大极小归一化方法对数据进行标准化. 完成标准化后, 将 2014—2016 年的样本作为训练样本, 其中少数类样本 94 个, 多数类样本 1815 个. 将 2017 年的样本作为预测样本, 其中少数类样本 35 个, 多数类样本 623 个. 为克服财务预警数据的类不平衡性对特征选择算法和传统分类模型产生的不利影响, 利用组合采样技术 SMOTE+ENN 对数据进行平衡化处理. 在采样过程中, 参照已有文献将 SMOTE 中的 k 值设为 5. 本案例使用 Python-imblearn 包完成 SMOTE+ENN 采样, 实现数据的平衡化.

12.6.2 模型和参数设置

1. 研究模型与对照模型

针对财务预警数据的高维不平衡特性, 构建两组研究模型.

第一组: MRMR+SVM 模型、MRMR+L2_LR 模型和 MRMR+CART 模型.

第二组: MRMR+CSSVM 模型、MRMR+CSL2_LR 模型和 MRMR+ CSCART 模型.

本案例提出了两种不同的 MRMR 算法评价函数, 分别记为 MRMR_FACQ 和 MRMR_ FDAQ, 并将采样技术 SMOTE+ENN 引入上述两组模型中的 MRMR 算法和第一组模型的分类过程. 另外, 本案例分别设计不采样和 MRMR _FCQ(MRMR_FD1Q、F-score) 传统特征选择算法对照模型, 与两组研究模型形成对比.

2. 参数设置

代价敏感分类算法中少数类样本和多数类样本的错分代价分别定义如下:

$$\text{Cost}P = \frac{n}{n_+}, \quad \text{Cost}N = \frac{n}{n_-},$$

其中, n_+ 和 n_- 分别表示少数类样本和多数类样本的数量. 对于支持向量机分类模型, 采用径向基核函数

$$K(x, y) = \exp\left(-2\|x - y\|^2/\delta^2\right).$$

除了错分代价以外, 传统分类模型与代价敏感分类模型所需设置的参数相同. 具体如下:

支持向量机: 惩罚参数 $C = \{0.1, 0.5, 1, 2, 5, 10, 20, 30, 40, 50\}$,

径向基核参数: $\delta = \{0.01, 0.05, 0.1, 0.5, 1, 2, 5, 10\}$.

L2-逻辑回归: 惩罚参数 $C = \{0.1, 0.5, 1, 2, 5, 10, 20, 30, 40, 50\}$.

CART 决策树: 最大树深度 $= \{1, 2, 3, 4, 5, 6, 7, 8, 9, 10, 15, 20, 25, 30, 35, 40, 45, 50, 55, 60, 65, 70, 75, 80, 85, 90, 95, 100\}$.

为充分挖掘特征选择后各嵌套特征子集的分类性能, 根据设置的候选参数对每个特征子集 S_k 对应训练数据进行 3 折交叉验证的网格搜索, 并利用最优参数训练的分类模型完成样本预测. 由于采样过程存在一定随机性, 为充分验证研究模型的降维和预测效果, 以下所有数值结果均为循环 10 次求得的平均值.

12.6.3 模型降维与预测结果的分析

两组研究模型及其对照组模型的降维和预测结果分别见表 12.1 和表 12.2. 模型降维效果是使用降维后的特征数进行衡量的. 在上市公司财务预警研究中, 一

般来说, 上市公司利益相关者更加关注少数类样本 (ST 公司样本) 的预测准确率, 以便采取应对措施, 减少损失. 但从模型分类性能的角度来说, 模型整体分类精度是衡量模型优劣的重要标准. 因此, 模型预测结果的衡量指标有: 多数类样本预测准确率 (rrTN)、少数类样本预测准确率 (rrTP)、F1 值和 AUC 值.

表 12.1   第一组模型及其对照组模型的降维和预测效果

方法	特征选择和分类 (SMOTE+ENN)					分类 (SMOTE+ENN)				
	特征数	rrTN	rrTP	F1	AUC	特征数	rrTN	rrTP	F1	AUC
MRMR_FCQ+SVM	29.900	0.768	0.849	0.285	0.809	98.600	0.823	0.834	0.336	0.829
MRMR_FCQ+L2_LR	7.600	0.745	0.831	0.262	0.788	79.000	0.788	0.829	0.297	0.808
MRMR_FCQ+CART	26.000	0.878	0.876	0.351	0.877	74.700	0.837	0.820	0.358	0.829
MRMR_FD1Q+SVM	24.700	0.799	0.851	0.314	0.825	28.000	0.773	0.851	0.290	0.812
MRMR_FD1Q+L2_LR	8.300	0.787	0.834	0.299	0.811	43.800	0.780	0.834	0.292	0.807
MRMR_FD1Q+CART	24.800	0.835	0.826	0.353	0.830	26.600	0.872	0.803	0.398	0.838
F+SVM	50.000	0.791	0.851	0.310	0.821	57.800	0.819	0.834	0.332	0.827
F+L2-LR	56.300	0.790	0.829	0.298	0.809	64.500	0.792	0.829	0.300	0.810
F+CART	6.400	0.858	0.811	0.376	0.835	1.200	0.831	0.806	0.345	0.819
MRMR_FACQ+SVM	22.400	0.817	0.851	0.335	0.834	62.600	0.832	0.831	0.346	0.832
MRMR_FACQ+L2_LR	12.500	0.784	0.834	0.295	0.809	83.900	0.790	0.829	0.299	0.809
MRMR_FACQ+CART	13.900	0.818	0.826	0.336	0.822	26.000	0.858	0.817	0.385	0.838
MRMR_FDAQ+SVM	20.600	0.779	0.874	0.302	0.827	20.200	0.830	0.854	0.355	0.842
MRMR_FDAQ+L2_LR	13.400	0.821	0.854	0.339	0.837	12.000	0.782	0.854	0.299	0.818
MRMR_FDAQ+CART	12.800	0.849	0.851	0.378	0.850	35.000	0.864	0.846	0.409	0.855

注: ∗ 表示本表的 Python 程序代码见附录 4.2.1

表 12.1 和表 12.2 从是否采样的角度看, 与在特征选择过程中未引入 SMOTE +ENN 的对照组模型相比, 两组研究模型降维后的平均特征数下降了 38.26%, rrTP 和 AUC 总体分别提高了 5.47% 和 0.87%. 这表明将 SMOTE+ENN 引入特征选择过程有效提升了研究模型的降维效果, 并加强了少数类样本对应特征的重要性, 即 rrTP 明显得到了提高. 但两组研究模型 rrTP 的提高是以牺牲多数类样本的正确预测为代价的, 导致 AUC 提升较小.

表 12.1 和表 12.2 从特征选择算法的角度看, 考虑在特征选择过程中引入 SMOTE+ENN 的系列结果. MRMR_FACQ、MRMR_FDAQ、MRMR_FCQ、 MRMR_FD1Q 和 F-score 对应模型降维后的平均特征数分别为 19.1, 17.7, 24.6, 22.8 和 37.5; 平均 rrTP 分别为 0.843, 0.870, 0.847, 0.849 和 0.865; 平均 AUC 分别为 0.833, 0.829, 0.812, 0.8270 和 0.768. 可得 MRMR_FACQ 和 MRMR_FDAQ 算法对应研究模型的降维效果优于传统 MRMR 算法 MRMR_FCQ、MRMR_ FD1Q 以及不考虑特征冗余度的 F-score 的对照组模型, 其中 MRMR_FDAQ 对应模型降维效果最优, MRMR_FACQ 对应模型次之. 综合考虑平均 rrTP 和平

均 AUC, MRMR 类算法对应模型的预测结果均优于 F-score 对照组模型, 其中 MRMR_FDAQ 对应模型的预测效果最优, MRMR_FACQ 和 MRMR_FD1Q 对应模型次之.

表 12.2 第二组模型及其对照组模型的降维和预测效果

方法	特征选择 (SMOTE+ENN)					无 SMOTE+ENN				
	特征数	rrTN	rrTP	F1	AUC	特征数	rrTN	rrTP	F1	AUC
MRMR_FCQ+CSSVM	39.600	0.808	0.860	0.330	0.834	59.000	0.834	0.829	0.347	0.832
MRMR_FCQ+CSL2_LR	8.600	0.710	0.857	0.245	0.784	55.000	0.761	0.829	0.272	0.795
MRMR_FCQ+CSCART	36.100	0.801	0.860	0.336	0.830	70.000	0.868	0.857	0.408	0.863
MRMR_FD1Q+CSSVM	24.700	0.825	0.866	0.348	0.845	39.000	0.875	0.829	0.409	0.852
MRMR_FD1Q+CSL2_LR	11.100	0.731	0.857	0.260	0.794	33.000	0.749	0.800	0.256	0.775
MRMR_FD1Q+CSCART	43.400	0.855	0.858	0.395	0.856	42.000	0.868	0.857	0.408	0.863
F+CSSVM	22.300	0.409	0.929	0.201	0.669	17.000	0.794	0.857	0.311	0.826
F+CSL2_LR	35.300	0.751	0.857	0.273	0.804	52.000	0.725	0.857	0.254	0.791
F+CSCART	54.600	0.490	0.914	0.146	0.669	80.000	0.490	0.914	0.146	0.669
MRMR_FACQ+CSSVM	19.000	0.842	0.851	0.370	0.847	62.000	0.871	0.829	0.403	0.850
MRMR_FACQ+CSL2_LR	7.600	0.837	0.831	0.356	0.834	6.000	0.846	0.800	0.352	0.823
MRMR_FACQ+CSCART	39.400	0.838	0.863	0.376	0.851	37.000	0.799	0.829	0.307	0.814
MRMR_FDAQ+CSSVM	27.400	0.810	0.894	0.337	0.848	44.000	0.838	0.829	0.352	0.833
MRMR_FDAQ+CSL2_LR	9.800	0.751	0.857	0.273	0.804	38.000	0.769	0.800	0.271	0.784
MRMR_FDAQ+CSCART	22.200	0.721	0.886	0.265	0.808	64.000	0.814	0.829	0.322	0.821

表 12.1 和表 12.2 从分类模型的角度看, SVM、L2_LR 和 CART 对应的第一组研究模型降维后的平均特征数分别为 21.5, 12.95 和 13.35; 平均 rrTP 分别为 0.863、0.844 和 0.839; 平均 AUC 分别为 0.831, 0.823 和 0.836. CSSVM、CSL2_LR 和 CSCART 对应第二组研究模型降维后的平均特征数分别为 23.2, 8.7 和 30.8; 平均 rrTP 分别为 0.873, 0.844 和 0.874; 平均 AUC 分别为 0.847, 0.819 和 0.829. 综合比较上述统计结果, L2-逻辑回归对应研究模型的总体降维效果最优, 支持向量机对应研究模型次之. 支持向量机对应研究模型取得了最优的预测效果, CART 决策树对应研究模型次之. 可以看出, L2-逻辑回归虽能起到很好的降维效果, 但过少的预测指标限制了模型的预测精度. 此外, 在研究模型中, 为克服数据不平衡性, 组合采样技术与代价敏感分类学习相比, 降维后平均特征数下降了 35.27%, rrTP 总体下降了 4.57%, AUC 总体上升了 0.58%.

综合考虑降维和预测的效果, 研究模型 MRMR_FDAQ+CSSVM 最优, 而 MRMR _FACQ+CSCART 次之. 特别地, 第二组对照模型中 F+CSSVM 模型和 F+CSCART 模型得到了较高的 rrTP, 最高达到了 0.929, 但这是以牺牲大量多数类样本的预测准确率为代价, 从而导致模型整体分类性能显著下降, AUC 仅为 0.669.

12.6.4　特征选择算法分析与重要财务指标

为进一步比较不同 MRMR 算法的财务指标选择过程的差异以及 SMOTE+ENN 对特征选择的影响力, 下面采用 KTRC (Kendall's τ Rank Correlation) 准则从 MRMR 算法相似性的角度来进行分析. 该准则的基本思想如下:

假设 r_1 和 r_2 分别为两个特征选择算法对原始特征的排序结果. 任取两个特征 (f_k, f_i), 若它们在 r_1 和 r_2 中的排名为 $(r_1(f_k), r_1(f_i))$ 和 $(r_2(f_k), r_2(f_i))$, 则一致性判断准则为

$$\begin{cases} s_{ki} = 1, & r_1(f_k) > (<)r_1(f_i), \quad r_2(f_k) > (<)r_2(f_i), \\ s_{ki} = 0, & \text{其他}, \end{cases} \tag{12.12}$$

其中 $s_{ki} = 1$ 表示 (f_k, f_i) 在 r_1 和 r_2 中的排序一致, $s_{ki} = 0$ 表示排序不一致. 在具有 m 个特征的原始样本集中, 上述比较过程共需进行 C_m^2 次. 现将比较结果进行求和得到 S, 则 $\tau = S/\mathrm{C}_m^2$ 为 KTRC 准则度量, 其中 $\tau \in [0,1]$, τ 值越大, 表明特征选择算法之间相似度越高. 根据 KTRC 准则两两计算 MRMR 算法循环 10 次后的平均 τ 值, 可得如表 12.3 所示的 KTRC 相似矩阵, 其中 FCQ, FD1Q, FACQ 和 FDAQ 分别表示四种不同的 MRMR 算法, * 表示上述各特征选择算法在采样后的数据集上进行特征选择.

表 12.3　第二组模型及其对照组模型降维和预测效果

平均 τ 值	FCQ	FD1Q	FACQ	FDAQ	FCQ*	FD1Q*	FACQ*	FDAQ*
FCQ	1.000	0.815	0.912	0.662	0.751	0.711	0.765	0.595
FD1Q	0.815	1.000	0.823	0.707	0.772	0.843	0.780	0.670
FACQ	0.912	0.823	1.000	0.691	0.774	0.734	0.810	0.630
FDAQ	0.662	0.707	0.691	1.000	0.639	0.678	0.672	0.827
FCQ*	0.751	0.771	0.774	0.639	1.000	0.852	0.911	0.673
FD1Q*	0.711	0.843	0.734	0.678	0.852	1.000	0.841	0.719
FACQ*	0.765	0.780	0.810	0.911	0.911	0.841	1.000	0.705
FDAQ*	0.595	0.670	0.630	0.673	0.673	0.719	0.705	1.000

注: * 表示本表中各种模型的 Python 程序见代码 4.2.4

从表 12.3 二至五列来看, 引入混合采样技术显著的降低了特征选择算法之间的相关性. 例如 FCQ 与 FD1Q 的 τ 值为 0.815, 但采样技术引入后, τ 值下降为 0.711, 即 FCQ 与 FD1Q* 的相关度为 0.711. 这说明混合采样技术显著改变了 MRMR 算法的特征选择过程, 结合上一节的预测结果, 更加证实了组合采样技术的引入能有效提高少数类样本对应特征的重要性. 此外, 在同一数据集上,

FCQ(FCQ*) 与 FACQ(FACQ*) 的相关度最大为 0.912 (0.911), FCQ(FCQ*) 与 FDAQ(FDAQ*) 的相关度最小为 0.662 (0.673).

根据上述 MRMR 算法采样前后 KTRC 相似度的变化结果, 选取每次循环各 MRMR 算法排序后的前 30 个财务指标 (选取前 30 个财务指标的依据是本案例给出的研究模型的特征选择数均在 30 左右浮动). 10 次循环完成后, 再根据特征出现次数进行排序. 取前 30 个财务指标作为各 MRMR 算法对应财务预警模型的重要财务危机预测指标. 现考虑采样后的 MRMR 算法特征选择结果, 如下

FCQ* 选择的前 30 个财务指标: 盈利能力指标包括 x103、x106、x107、x108、x109、x111、x112、x118、x119、x128、x139、x140、x141、x142、x143、x145、x146 和 x147; 发展能力指标包括 x224、x230 和 x231; 偿债能力指标包括 x315; 现金流量指标包括 x401、x402、x408、x409、x410、x411 和 x413; 资本结构指标包括 x501.

FD1Q* 选择的前 30 个财务指标: 盈利能力指标包括 x103、x106、x107、x108、x109、x111、x118、x119、x120、x121、x122、x124、x128、x139、x140、x142、x143、x146 和 x147; 发展能力指标包括 x216、x224 和 x231; 现金流量指标包括 x401、x402、x408、x409 和 x413; 资本结构指标包括 x501、x506 和 x510.

FACQ* 选择的前 30 个财务指标: 盈利能力指标包括 x103、x107、x108、x109、x111、x112、x118、x119、x120、x122、x124、x128、x139、x141、x142、x143、x145、x146 和 x147; 发展能力指标包括 x224、x230 和 x231; 现金流量指标包括 x401、x402、x408、x409、x410 和 x411; 资本结构指标包括 x501 和 x502.

FDAQ* 选择的前 30 个财务指标: 盈利能力指标包括 x107、x109、x114、x115、x118、x122、x124、x125、x128、x129、x130、x140、x143、x146 和 x147; 发展能力指标包括 x214、x224、x227、x229、x230、x231 和 x232; 现金流量指标包括 x408 和 x416; 资本结构指标包括 x501、x502、x503、x506、x510 和 x513.

从上述采样后的四种 MRMR 算法的重要财务指标选取结果可知, 不论是否引入采样技术, 上市公司盈利能力、发展能力、偿债能力、现金流量和资本结构的财务指标在所有 MRMR 算法排名前 30 的财务指标中出现次数的排名为: 盈利能力、发展能力、现金流量、资本结构和偿债能力, 其中盈利能力下的指标对上市公司财务危机的有效预测尤为重要. 比较发现, FCQ*、FACQ* 和 FD1Q* 的排名前 30 的财务指标的重复率很高, 其中 FCQ* 和 FACQ* 最为突出, 这与理论部分的分析结论以及表 12.3 中的算法相似性结果相吻合. 由偿债能力下的指标选择结果可知, 除了 FCQ* 选择了有形资产/带息债务 (x315), 其他三种算法均没有选择该类中的财务指标, 这表明偿债能力下的财务指标对上市公司的财务危机的预测能力较弱. 此外, FDAQ* 选择在盈利能力、发展能力、现金流量和资本结构下选择的财务指标与 FCQ*、FACQ* 和 FD1Q* 差异较大. 结合表 12.1 和表 12.2 的

预测结果可知, FDAQ* 选择出的不同于其他三种算法的财务指标在较小影响整体分类精度 (AUC) 的前提下, 能有效提升对 ST 公司的预测结果. 具体来说, 忽略 FDAQ* 与其他三种算法选择出的相同财务指标, 该算法在利益能力下选择出了毛利润 (x114)、营业收入 (x115)、销售期间费用率 (x125)、财务费用/营业总收入 (x129) 和管理费用/营业总收入 (x130), 这 5 个指标均能直接有效地反映公司财务状况, 符合指标选择的预期. 在发展能力下选择出了营业周期 (x214)、存货周转天数 (x227)、应收账款周转天数 (x229) 和总资产周转率 (x232), 这 4 个指标均是公司运转能力的重要衡量标准, 也是公司财务状况的外在表现. 在现金流量和资本结构下选择出了资本支出/折旧和摊销 (x416)、有形资产 (x503) 和带息债务/全部投入资本 (x513), 这 3 个指标衡量了公司内部各类资产的分布, 对财务状况有很好的反映作用.

12.7　创新点及模型改进

1. 创新点

本案例针对上市公司财务预警数据呈现出的高维和不平衡的双重特性进行了深入研究, 并构建了一系列适合处理该类数据的基于 MRMR 算法和代价敏感分类的组合财务预警模型. 主要创新点如下:

第一, 与不考虑冗余性的特征选择算法相比, MRMR 算法在不影响模型分类精度的前提下能得到更为简洁的预测指标集, 且本案例提出的 MRMR_FDAQ 算法对应财务预警模型取得了最优的特征降维和预测结果.

第二, 在特征选择过程中, 混合采用方法 SMOTE+ENN 的引入有效提高了少数类样本及其对应特征的重要性, 进而使得财务预警模型的 rrTP 得到显著提升.

第三, 在分类过程中, 利用采样技术对应研究模型取得的降维效果优于代价敏感分类学习, 但对 ST 公司样本的预测效果弱于代价敏感分类学习. 此外, 支持向量机对应研究模型取得了最优的预测效果和次优的降维效果.

综合考虑特征降维和预测效果, 建议上市公司经营者和其他利益相关者选择研究模型 MRMR_FDAQ+ CSSVM 对公司财务危机进行预测.

2. 改进与发展

本案例的改进工作包括但不限于:

一是在财务指标的选择过程中, 考虑基于 F-score 的 MRMR 算法以外的其他更有效的特征选择算法.

二是将集成分类模型及其对应的代价敏感模型引入上市公司财务预警研究的分类过程, 并且如何有效缩短集成分类模型最优参数的搜索时间是未来工作的一个重要方向.

12.8　案 例 小 结

本案例的教学目的是让学生通过金融领域的实际问题学习掌握数据采样、特征工程和分类模型等基本思想和方法, 激发学生学数学、用数学以及培养学生初步的科研素养. 具体说来, 就是让学生掌握数据分析思想, 培养数据分析思维, 学会数据建模, 建立统计学与金融学等应用学科之桥梁; 让学生学习交叉学科知识, 学会算法设计与数据分析, 以解决金融科技领域中的数学问题; 让学生在学习与研究中, 学有所获、学有所思、学有所成、学有所为、学有所用, 成长为具有扎实的数理基础以及统计学、金融学和计算机科学与技术等多学科交叉背景的高素质复合型人才.

参 考 文 献

[1]　周志华. 机器学习 [M]. 北京: 清华大学出版社, 2016.

[2]　李航. 统计学习方法 [M]. 2 版. 北京: 清华大学出版社, 2019.

[3]　罗康洋, 王国强. 基于改进的 MRMR 算法和代价敏感分类的财务预警研究 [J]. 统计与信息论坛, 2020(3): 77-85.

[4]　罗康洋, 王国强. L-SMOTE 与 SVM 结合的不平衡数据集分类研究 [J]. 计算机工程与应用, 2019, 55(17): 55-62.

[5]　夏秀芳, 迟健心. 企业财务困境预警研究综述 [J]. 会计之友, 2018(13): 2-6.

[6]　聂瑞华, 石洪波. 基于贝叶斯网络的上市证券公司风险预警模型研究 [J]. 财经理论与实践, 2018, 39(6): 53-59.

[7]　肖振红, 杨华松. 基于 L1/2 正则化 Logistic 回归的上市公司财务危机预警模型 [J]. 数学的实践与认识, 2018, 48(21): 80-89.

[8]　Ding C, Peng H. Minimum redundancy feature selection from microarray gene expression data[J]. Journal of Bioinformatics and Computational Biology, 2005, 3(2): 185-205.

[9]　Chawla N V, Bowyer K W, Hall L O, et al. SMOTE: synthetic minority over-sampling technique[J]. Journal of Artificial Intelligence Research, 2002, 16(1): 321-357.

[10]　Qiao G, Du L H. Enterprise financial risk early warning method based on hybrid PSO-SVM model[J]. Journal of Applied Science and Engineering, 2019, 22(1): 171-178.

第 13 章　融合数据推断和热传递机理的热防护服装参数优化

徐定华 a　　李婷月 b [①②③]

(a. 浙江理工大学理学院, 浙江省杭州市, 310018;

b. 复旦大学数学科学学院, 上海市, 200433)

　　依托浙江理工大学数学学科及相关优势学科平台, 基于数学、数据科学与纺织服装学科的深度交叉融合, 本案例给出了人体-服装-环境系统中的热传递机制, 并瞄准热安全性开展热防护服装 (Thermal Protective Clothing, TPC) 的参数优化决定, 包括材质、厚度和孔隙率等参数. 与传统的实验数据推断相比较, 机理建模与计算在智能制造、服装智能设计快速发展的进程中, 能为功能服装设计 (Functional Clothing Design) 缩短研发周期、节约研发成本、提升技术水平提供数理解释, 构筑科学奠基.

　　该案例适用于数学类专业、数据科学与工程类专业和纺织科学与服装工程领域本科生、研究生的课程教学与专题研究, 也适用于新工科专业和交叉学科研究生开展科研训练.

13.1　背景介绍

　　当前, 我们步入了一个科技飞速发展的时代, 呈现出大数据深度应用、人工智能快速发展的崭新特征. 数学是高科技发展的本质, 是科技发展的核心竞争力和源动力, 因此, 这也是数学深度发展和应用融合的新时代. 应用数学是一门应用数学理论和方法, 与其他科学、工程技术和经济金融等领域交叉融合的学科, 主要研究交叉学科领域中的关键数学问题, 包括建立有效的数学模型、研制高效快速的数值算法、仿真模拟等过程.

---

　　① 本案例的知识产权归属作者及所在单位所有.

　　② 本案例源自国家基金科研项目 (No.12371428; 11871435; 11471287) 的部分研究成果, 不涉及企业保密.

　　③ 作者简介: 徐定华, 教授, 从事可计算建模与反问题数值算法、数据建模与统计计算研究; 电子邮箱: dhxu6708@zstu.edu.cn. 李婷月, 在读博士生, 从事数学物理方程反问题研究; 电子邮箱: tingyueli21@m.fudan.edu.cn.

该案例依托浙江理工大学数学学科及相关优势学科平台, 基于数学与纺织服装学科的深度交叉融合, 给出一人体-服装-环境系统中的传递机制, 并瞄准热安全性开展热防护服是保障消防员等高温作业人员生命安全的有效手段之一. 但是, 如果长时间地暴露在高温环境中, 若防护服装隔热和透气性能差, 服装内侧和人体皮肤间 (即微气候区, 或称空气层) 会积累大量热量, 并导致皮肤表面发生不同程度的烧伤或蒸汽烫伤. 因此, 热防护服装的热湿传递机制、参数设计以及性能评估的研究尤为重要.

工程中, 热防护服研发过程中采用的实验方法, 具有实验设备要求高、实验成本高、研发周期长等特点. 图 13.1 是热防护服装性能测试的实验装置.

图 13.1 热防护服装性能测试的实验装置

数据建模与参数优化方法研究方面的科研人员则是通过建立统计生成性模型和物理机理模型并进行数值计算, 获得热防护服的最优参数选取, 将实验数据与所建立的模型数值结果相比对, 验证数据模型的合理性和算法的有效性.

该案例先基于实验数据运用统计分析方法, 提出最优参数决定的推断算法; 然后利用偏微分方程知识建立热防护服热传导模型, 充分利用实验数据, 获知热防护服关键参数的最优选取. 通过实验数据与数值模拟结果比对, 验证模型的合理性与算法的有效性, 为热防护服的研发提供科学理论和参数优化依据.

13.2 实验数据及统计推断

13.2.1 数据获取

该案例中的实验数据由中南大学的王发明教授提供, 其团队采用 Nomex、Bigbill、Milliken7、Milliken9、Milliken EPIC、Bulwalk42、FRSC2010、FRWC1010、Bulwalk40、Bulwalk44 十种纺织材料, 在不同的空气层厚度下通过实验的方式测试了实验室假人的烧伤面积, 探索了不同材质不同空气层厚度对烧伤程度的影响. 表 13.1 列出了实验数据的数据量以及数据范围等信息.

表 13.1　　实验数据信息

材质	空气层数据量	空气层厚度最小值/mm	空气层厚度最大值/mm	烧伤面积数据量	烧伤面积最小值/%	烧伤面积最大值/%
Nomex	206	4.1500	48.6800	206	0.5000	100.0000
Bigbill	210	5.1700	52.3300	210	0.5000	100.0000
Milliken7	206	0.7300	47.4500	206	0.5000	100.0000
Milliken9	207	3.6700	47.3300	207	0.5000	100.0000
Milliken EPIC	209	3.0800	50.0400	205	6.9000	61.6100
Bulwalk42	205	0.5000	100.0000	211	0.5000	100.0000
FRSC2010	213	4.2400	56.9400	207	0.5000	100.0000
FRWC1010	209	8.2000	62.8400	209	0.5000	100.0000
Bulwalk40	209	0.5000	100.0000	211	5.2000	50.5100
Bulwalk44	213	0.5000	100.0000	207	0.4600	54.2900

从表 13.1 中容易看出, 空气层厚度的数据量和烧伤面积数据量不匹配且各种材质的数据量不尽相同, 这是由实验数据缺失导致的, 我们舍去数据缺失的数据.

图 13.2 为十种不同材质纺织材料随着空气层厚度的增大, 烧伤程度的变化情况, 容易看出尽管不同材质下, 随着空气层厚度的增大, 烧伤的变化程度不同, 但总体趋势均为增大, 这是由于当空气层厚度增大时, 空气层内部会发生对流现象, 由此传递大量的热量, 使得烧伤程度迅速增大.

从图 13.2 中还能看出, 对于 Bulwalk42 材质, 空气层厚度与烧伤比例接近正比例函数, 对于 Bulwalk40 和 Bulwalk44 材质, 烧伤度对空气层厚度较之其他材料不敏感, 即当空气层厚度增大时, 烧伤程度的增加程度不高.

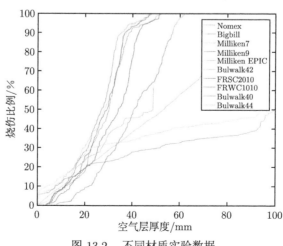

图 13.2　不同材质实验数据

13.2.2 数据统计推断

线性回归模型适合于线性可分的数据, 当处理非线性可分的数据时可以使用多项式回归模型. 在本案例中针对 Bulwalk42 材质应用线性回归模型, 针对其他材质应用二次回归模型.

通过 MATLAB 编程实现, 给出以下各种材质的回归模型及均方根误差. 以 Milliken EPIC 材质为例, 图 13.3 给出了二次回归曲线图和置信区间, 图 13.4 给出了回归曲线的残差图.

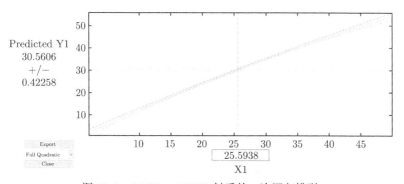

图 13.3   Milliken EPIC 材质的二次回归模型

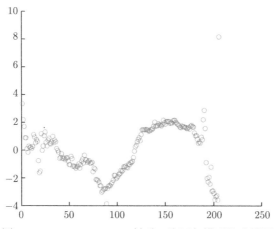

图 13.4   Milliken EPIC 材质二次回归模型的残差图

图 13.5和图 13.6分别给出了 Bulwalk42 材质的一次曲线和残差图, 通过比较发现, 该模型的残差远小于 Milliken EPIC 材质二次回归模型的残差, 说明 Bulwalk42 材质的线性回归模型对实验数据的拟合效果更好.

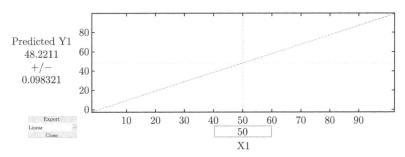

图 13.5　Bulwalk42 材质的线性回归模型

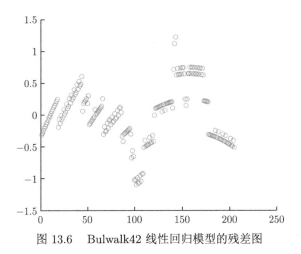

图 13.6　Bulwalk42 线性回归模型的残差图

表 13.2 给出了不同材质的空气层厚度与烧伤面积的回归模型及均方根误差.

表 13.2　不同材质空气层厚度与烧伤面积的回归模型

材质	回归模型	均方根误差
Nomex	$y = 0.0112x^2 + 2.3893x - 18.7627$	6.7337
Bigbill	$y = 0.0250x^2 + 1.4821x - 13.6344$	6.5521
Milliken7	$y = 0.0283x^2 + 1.3306x - 7.7249$	4.7061
Milliken9	$y = 0.0250x^2 + 1.4821x - 13.6344$	1.7202
Milliken EPIC	$y = -0.0047x^2 + 1.3344x - 0.4959$	1.7202
Bulwalk42	$y = 0.9738x - 0.4701$	0.5709
FRSC2010	$y = 0.0413x^2 + 0.1316x + 0.8673$	5.0221
FRWC1010	$y = 0.0219x^2 + 0.4828x - 8.8538$	1.8136
Bulwalk40	$y = -0.0024x^2 + 0.5906x + 6.6127$	1.8494
Bulwalk44	$y = -0.0046x^2 + 0.8286x + 8.4966$	2.1745

从表 13.2 中不难发现, 所有模型的均方根误差均较小. 对于 Bulwalk42 材质,

空气层厚度和烧伤面积之间满足线性关系, 且均方误差最小, 与我们之前的判断一致.

另外, 该案例中应用的是一元非线性回归模型, 在未来可同时改变多种因素, 例如织物的厚度和空气层的厚度同时改变获得烧伤面积的实验数据, 从而可以建立多元非线性回归模型.

13.3 热防护服装参数优化决定问题的数学描述

13.3.1 热防护服装的热传递机制模型 (正问题)

热防护服由多层材料构成, 分别为外壳层、防水层、隔热层, 人体皮肤层由表皮层、真皮层、皮下组织构成, 再加上热防护服与人体皮肤层之间的空气层一起构成了一个含有 7 层不同结构的系统, 如图 13.7 所示.

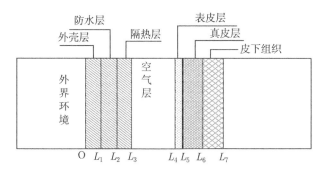

图 13.7 "高温环境-三层热防护服装 (TPC)-空气层- 三层皮肤" 系统的示意图

在对热防护服装 (TPC) 的参数优化决定之前, 必须要找到合适的模型刻画系统内部的热传递机制, 本课题给出了两种模型. 热传递方式分为热传导、热辐射和热对流, 假设不考虑热对流, 模型一是每层内部考虑热传导和热对流, 层与层的交界面上只有热传导, 模型二是每层内部只考虑热传导, 层与层的交界面上考虑热传导和热辐射.

1. 机理模型一

已有研究中, 对 "高温环境-三层热防护服装 (TPC)-空气层-三层皮肤" 系统建立的热传导模型将是由 5 个方程构成的偏微分方程组, 并且实验表明高温环境中, 织物的热传导系数和比热容均随着温度变化而变化, 因此偏微分方程组的主方程是变系数的. 偏微分方程组的边界条件为 Robin 边界条件, 交界面条件由连续性条件给出.

(1) 织物层热传递模型

$$
\begin{cases}
C^A(T)\dfrac{\partial T}{\partial t} = \dfrac{\partial}{\partial t}\left(\kappa_{\text{eff}}(T)\dfrac{\partial T}{\partial x}\right) + \gamma q_{\text{rad}}e^{-\gamma x}, & (x,t) \in (0, L_1) \times (0, t_s), \\[2mm]
T(x,0) = T_I(x), & x \in (0, L_1), \\[2mm]
-\kappa_{\text{eff}}(T)\dfrac{\partial T}{\partial x}\Big|_{x=0^+} = (q''_{\text{conv}} + q''_{\text{rad}})\Big|_{x=0^-}, & t \in [0, t_s], \\[2mm]
-\kappa_{\text{eff}}(T)\dfrac{\partial T}{\partial x}\Big|_{x=L_1^-} = q''_R\Big|_{x=L_1} - \kappa_{\text{air}}(T)\dfrac{\partial T_{\text{air}}}{\partial x}\Big|_{x=L_1^+}, & t \in [0, t_s],
\end{cases}
\tag{13.1}
$$

防水层和隔热层的热传递模型可类似给出.

(2) 空气层热传递模型

$$
\begin{cases}
(pc_p)_{\text{air}}\dfrac{\partial T}{\partial t} = \kappa_{\text{air}}\dfrac{\partial^2 T}{\partial x^2} - \dfrac{\partial q''_R}{\partial x}, & (x,t) \in (L_3, L_4) \times (0, t_s), \\[2mm]
T(x,0) = T_I(x), & x \in (L_3, L_4), \\[2mm]
T\Big|_{x=L_3^-} = T\Big|_{x=L_3^+}, & t \in [0, t_s], \\[2mm]
T\Big|_{x=L_4^-} = T\Big|_{x=L_4^+}, & t \in [0, t_s].
\end{cases}
\tag{13.2}
$$

(3) 皮肤层热传递模型

$$
\begin{cases}
(pc_p)_{\text{skin}}\dfrac{\partial T}{\partial t} = \kappa_{\text{skin}}\dfrac{\partial^2 T}{\partial x^2} + (pc_p)_{\text{blood}}w_b(T_{\text{art}} - T), & (x,t) \in (L_4, L_7) \times (0, t_s), \\[2mm]
T(x,0) = T_I(x), & x \in (L_4, L_7), \\[2mm]
-\kappa_{\text{skin}}\dfrac{\partial T}{\partial x}\Big|_{x=L_4^+} = q''_R\Big|_{x=L_4} - \kappa_{\text{air}}(T)\dfrac{\partial T}{\partial x}\Big|_{x=L_4^-}, & t \in [0, t_s], \\[2mm]
T\Big|_{x=L_7^-} = T_{\text{art}}, & t \in [0, t_s].
\end{cases}
\tag{13.3}
$$

2. 机理模型二

本案例与已有研究不同的是, 系统的交界面条件由 Stefan-Boltzmann 定律给出, 为非线性条件.

首先, 根据显比热容法和 Fourier 定律, 可以给出每层内部的热传导方程:

$$
C_i(T)\frac{\partial T}{\partial t} = \frac{\partial}{\partial x}\left(\kappa_i(T)\frac{\partial T}{\partial x}\right), \quad i = 1, 2, \cdots, 5,
\tag{13.4}
$$

其中, $C_i(T)$ 为第 i 层材质的比热容, $\kappa_i(T)$ 为第 i 层材质的热传导系数.

交界面上, 由 Stefan-Boltzmann 定律给出非线性的交界面条件:

$$-\kappa_1(T)\frac{\partial T}{\partial x}\Big|_{x=L_1^-} = \frac{\sigma\left(T^4\Big|_{x=L_1^-} - T^4\Big|_{x=L_1^+}\right)}{\dfrac{1}{\eta_1} + \dfrac{1}{\eta_2} - 1}, \tag{13.5}$$

其中, σ 为 Stefan-Boltzmann 常数. 其他层的交界面条件可以类似得出. 左右边界均采用 Robin 边界条件, 左边界为

$$-\kappa_1(T)\frac{\partial T}{\partial x}\Big|_{x=0^+} = h_{c,\mathrm{fl}}(T_h - T(0,t)), \tag{13.6}$$

其中 $h_{c,\mathrm{fl}}$ 为外壳层与高温环境之间的热交换系数, T_h 为外界高温环境的温度. 右边界为

$$-\kappa_7(T)\frac{\partial T}{\partial x}\Big|_{x=L_7^-} = \frac{\sigma\left(T^4\Big|_{x=L_7^-} - T_{\mathrm{art}}^4\right)}{\dfrac{1}{\eta_7} + \dfrac{1}{\eta_8} + 1}, \tag{13.7}$$

初始条件为 $T(x, t=0) = T_0(x), \ x \in (0, L_7)$.

13.3.2 热防护服装参数优化决定问题的数学归结 (反问题)

当消防员着热防护服装在高温环境中作业时, 随着作业时间的增长, 消防员的体表温度会越来越高, 皮肤表面的热量不断累积. 在工程领域, 一般认为当人体皮肤表面下 80μm 处的基底面达到 40℃ 以上时, 皮肤开始发生损伤, 其破坏程度随温度上升而不断加深. 目前主要采用 Henriques 皮肤烧伤积分模型和 Stoll 烧伤准则这两种方法来模拟人体皮肤达到二级烧伤所需要的时间. 本文采用了目前应用较为广泛的 Henriques 皮肤烧伤模型方程, 该模型通过皮肤的温度代入 Arrhenius 方程中, 得到皮肤热损伤程度的量化值:

$$\Omega(x,t) = \int_0^t P \exp\left(-\frac{\Delta E}{R(T(x,\tau)) + 273}\right) d\tau, \tag{13.8}$$

其中, Ω 为皮肤烧伤程度的量化值, 无量纲, P 为破坏因子, ΔE 为皮肤活化性能, 取值见表 13.3.

表 13.3　Henriques 烧伤模型中参数取值表

$T/℃$	$P/(1/\mathrm{s})$	$\dfrac{\Delta E}{R}/℃$
$44 \leqslant T \leqslant 50$	2.185×10^{124}	93261.9
$T > 50$	1.823×10^{51}	38836.8

当温度 $T > 44℃$ 且 $0.53 \leqslant \Omega < 1$ 时, 人体皮肤的基底面的烧伤程度达到一级, 并随着时间的积累, 烧伤程度不断加深; 当温度 $T > 50℃$ 且 $1 \leqslant \Omega \leqslant 10^4$ 时, 人体皮肤的基底面达到二级烧伤; 当 $\Omega > 10^4$ 时, 人体皮肤的基底面达到三级烧伤.

设外壳层、防水层和隔热层的厚度分别为 l_1, l_2 和 l_3, 根据不同的优化目标给出反问题的归结. 例如, 若要想使热防护服满足热安全性要求的同时成本尽可能少, 则可以给出如下的反问题归结:

$$\min \quad p_1 l_1 + p_2 l_2 + p_3 l_3, \tag{13.9}$$

$$\text{subject to} \quad \Omega(L, t_s; \ l_1, l_2, l_3) < \Omega_i, \tag{13.10}$$

其中, p_i 为第 i 层织物的单价, $\Omega(L, t_s; \ l_1, l_2, l_3)$ 表示基底面在 t_s 时的烧伤度, Ω_i 为 i 级烧伤的临界值. 若要求不发生一级烧伤, 则 $\Omega_i = 0.53$; 若要求不发生二级烧伤, 则 $\Omega_i = 1.00$.

13.4　数值算法与算例

13.4.1　数值算法

针对正问题, 我们采用显隐式结合的有限差分方法, 对模型一和模型二进行离散并数值求解, 证明了提出的算法是无条件稳定的.

针对反问题我们利用罚函数法将反问题转化为一个无约束的优化问题, 并采用随机优化算法——粒子群算法进行求解.

13.4.2　数值算例

通过 MATLAB 编程实现数值算法, 可以得到系统内部任意位置的温度以及随着时间增长, 烧伤度的变化情况 (图 13.8—图 13.11).

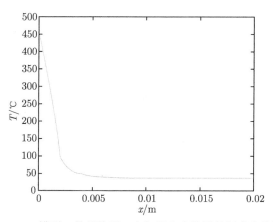

图 13.8　模型一的织物层、空气层和皮肤层的温度变化图

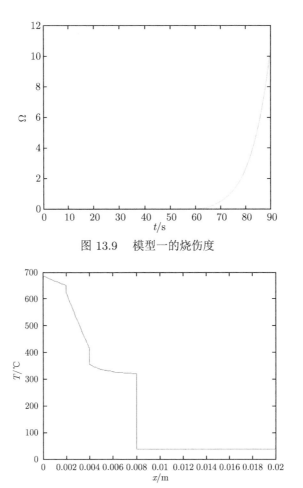

图 13.9　模型一的烧伤度

图 13.10　模型二的织物层、空气层和皮肤层的温度变化图

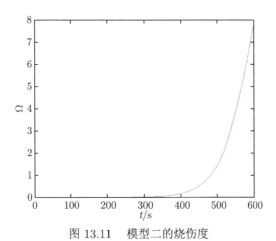

图 13.11　模型二的烧伤度

13.4.3　结论分析

1. 数值结果 (表 13.4)

表 13.4　三层厚度最优决定结果

烧伤度要求	工作时间	l_1	l_2	l_3
不烧伤	5 分钟	0.50mm	1.41mm	0.55mm
不烧伤	10 分钟	1.90mm	3.48mm	2.87mm

2. 与实验数据比对

图 13.12 为真实的实验数据, 由香港理工大学的王发明教授提供, 通过测量实验室假人皮肤的烧伤比例来反映烧伤程度, 图 13.13 为模型二的数值模拟数据. 尽

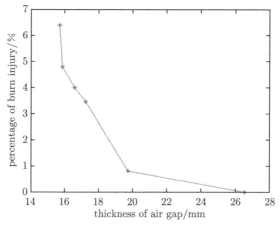

图 13.12　烧伤比例的实验数据

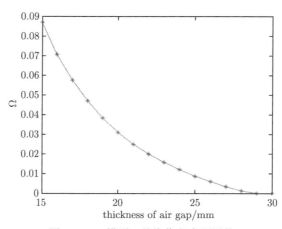

图 13.13　模型二的烧伤程度预测值

管实验数据和数值模拟数据的量纲不同, 但是反映的趋势是大致相同的, 这说明了本案例中建立的模型是有效的.

13.5 创新点及模型改进

13.5.1 创新点

(1) 热传递机制模型 (正问题).

该案例提出变系数的五层抛物方程组模型, 边界条件采用 Robin 边界条件, 与已有研究中连续性交界面条件不同的是, 该案例根据 Stefan-Boltzmann 定律给出非线性的交界面条件.

(2) 热防护服装多参数最优决定反问题.

已有研究中, 大多是热防护服装的热传递机制和性能预测研究, 鲜有研究人员提出并研究最优确定热防护服装参数的问题. 该案例中, 由正问题的计算结果可以获知 "高温环境-三层热防护服装 (TPC)-空气层-三层皮肤" 系统内部的任意位置任意时刻的温度, 根据基底面处某一时刻的温度, 就可以进一步给出此时皮肤的热损伤程度. 以给定的热安全性指标, 例如在 30 分钟的工作时间内, 皮肤不发生烧伤或不发生一级受伤或不发生二级烧伤, 选择有效的优化算法, 给出最优决定的参数组合.

13.5.2 改进与发展

该案例将继续融合机理建模与数据建模, 运用概率论与随机过程、数理统计、机器学习等领域的知识, 用对热防护服装多参数的区间估计代替该案例中参数的唯一确定, 以便能够更实际地将计算结果应用到热防护服装的研发和生产中, 节约时间、材料等成本.

13.6 案 例 小 结

该案例旨在让本科生、研究生了解数据建模与计算, 掌握多模型融合、多算法集成的理论与方法. 具体说来, 就是要掌握数学思想, 培养数学思维, 学会数据建模, 建立数学与工业应用之桥梁; 深入学习交叉学科知识, 学会算法设计与数值模拟, 以解决工程技术中的数学问题; 激励大家多学多用数学与统计, 活学活用数学与统计, 在学习与研究中, 学有所获, 积累成果和信心.

参 考 文 献

[1] 徐定华. 纺织材料热湿传递数学模型及其设计反问题 [M]. 北京: 科学出版社, 2014.

[2]　徐定华. 数学物理方程 [M]. 2 版. 北京: 高等教育出版社, 2022.

[3]　黄建华. 服装舒适性 [M]. 北京: 科学出版社, 2008.

[4]　Yu Y, Xu D H, Steve Xu Y Z, Zhang Q F. Variational formulation for a fractional heat transfer model in firefighter protective clothing[J]. Applied Mathematical Modelling, 2016, 40, 9675-9691.

[5]　Xu D H, He Y, Yu Y, Zhang Q F. Multiple parameter determination in textile material design: A Bayesian inference approach based on simulation[J]. Mathematics and Computers in Simulation, 2018. doi information: 10.1016/j.matcom.2018.04.001.

[6]　Xu D H, Ge M B. Thickness determination in textile material design: dynamic modeling and numerical algorithms[J]. Invesre Problems, 2012, 28: 1-22. doi:10.1088/0266-5611/28/3/035011.

[7]　Xu D H, Cui P. Simultaneous determination of thickness, thermal conductivity and porosity in textile material design[J]. Journal of Inverse and Ill-posed Problems, 2016, 24(1): 59-66.

[8]　Xu D H. Inverse problems of textile material design based on clothing heat-moisture comfort[J]. Applicable Analysis, 2014.916403 2014, 93(11): 2426-2639. doi:10.1080/00036811.

[9]　卢琳珍, 徐定华, 徐映红. 应用三层热防护服热传递改进模型的皮肤烧伤度预测 [J]. 纺织学报, 2018, 39(1): 111-118.

[10]　徐定华, 葛美宝, 徐映红, 张启峰. 微分方程和反问题模型与计算 [M]. 北京: 科学出版社, 2021.

第 14 章 数据驱动下新冠肺炎基本再生数的计算方法

杨俊元 a 李学志 b [①②]

(a. 山西大学数学科学学院, 山西省太原市, 030006;

b. 河南师范大学数学与信息科学学院, 河南省新乡市, 453007)

基本再生数表示一个染病者在其染病期内感染二代病人的平均数, 常被用来衡量突发性传染病疫情发展强度. 2019 年突如其来的新冠肺炎疫情给我国经济社会发展和人民生活带来严重影响. 如何科学合理计算新冠肺炎传播的基本再生数对疫情的控制尤为重要. 目前, 已有的方法大都基于数据辨识模型参数, 进而计算新冠肺炎基本再生数. 本案例提出一种利用数据结合模型直接计算新冠肺炎传播基本再生数的新方法. 利用该方法及峰值数据计算出 SIR 模型、SEIR 模型及 SEIAR 模型全国、湖北及广东新冠肺炎传播的基本再生数. 该方法能反映基本再生数和新冠肺炎传播相关数据的直接关系.

该案例适用于数学类专业、数据科学与工程类专业等领域本科生、研究生的课程教学与专题研究, 也适用于新工科专业和交叉学科研究生开展科研训练.

14.1 背景介绍

自 2019 年 12 月首次报道新冠肺炎 (Corona virus Disease 2019, COVID-19) 感染以来, 全球新冠肺炎确诊病例已超 2.2164 亿例, 死亡 450 多万例; 全国确诊病例超 12 万例, 死亡 5000 多例[1,2]. 新冠肺炎传播速度之快、波及范围之广、对人类健康危害之重是前所未有的. 虽然经过全国人民的不懈努力, 取得了阶段性胜利, 但也付出了极大的代价. 新冠病毒经过不断地演化变异, 零星和小规模的暴发时有发生. 由于各国在价值、文化及民众依从性等方面的巨大差距, 疫情发展趋势变得难以预料. 这些无疑加大境外输入新冠病毒的风险, 据估计在 2020 年 11 月后, 输入病例可能性达 2% – 4%. 另外, 污染的冷冻海鲜食品及货物输入病

---

① 本案例的知识产权归属作者及所在单位所有.

② 作者简介: 杨俊元, 教授, 从事传染病动力学、博弈论和复杂网络等领域的研究; 电子邮箱: yjyang66@sxu.edu.cn. 李学志, 教授, 从事应用泛函分析、生物数学、传染病动力学等领域的研究; 电子邮箱: xzli66@126.com.

毒的可能持续存在. 更可怕的是, 新冠病毒通过演化和变异成低致病性冠状病毒, 如 HcoV-OC43 和 HcoV-NL63, 更适于和人类共存, 且将在晚秋和冬季到达传播高峰. 要想彻底消除该病毒道路依旧漫长. 如何有效控制疫情的传播和蔓延是所有国家共同关心和亟待解决的问题[3].

数学模型能很好地揭示传染病传播的主要因素和规律. 鉴于新冠病毒 (SARS-CoV-2) 的传播机理, 许多学者利用 SIR、SEIR 和 SEIAR 等仓室模型来研究新冠肺炎在中国的传播、预测及控制措施评价[4-7]. 为疫情的控制提供了理论和科学评价依据.

14.2　建模与计算

定义 14.1　基本再生数是指在易感环境内, 一个病人平均患病周期内二次感染的平均数[8].

基本再生数的大小和疾病的流行与灭绝有着必然的联系. 一般来说, 基本再生数大于 1, 疾病暴发; 否则疾病消亡. 新型冠状病毒肺炎是一种突发的急性传染病, 其初期的增长速度和基本再生数有着必然的联系. 如何精确估算新型冠状病毒肺炎的基本再生数是众多学者共同关心的问题. 目前普遍的方法是通过数据拟合模型中的参数, 进而估计基本再生数. 该类方法依赖于数据的数量和初值选取的方法, 得到的基本再生数有很大的差异.

本文利用国家公布有关新冠肺炎疫情数据, 如累计确诊病例、累计治愈人数、潜伏期、平均染病周期、初值及峰值直接计算新冠肺炎的基本再生数, 能克服参数估计带来的误差. 该方法是有效溯源疾病传播及流行的新方法.

定义 14.2　仓室模型是指当疾病在人群中传播时, 将人群分成几个互不相交的子类 (仓室).

14.2.1　SIR 模型

新冠肺炎 (COVID-19) 是一种急性突发传染病, 具有流行时间较短, 通过合理治疗可以康复等特点. 故将总人口 N 分成三种不同的状态: 易感类、染病类和康复类, 分别用 $S(t)$, $I(t)$ 和 $R(t)$ 表示. 一个染病者以速度 $\dfrac{\beta I}{N}$ 感染易感者; 一个染病者经过 $\dfrac{1}{\gamma}$ 天的治疗转化成康复者. 依据仓室建模思想 (参见流程图 14.1), 且上述过程由下述方程表示.

$$\begin{cases} \dfrac{dS}{dt} = -\beta\dfrac{SI}{N}, \\ \dfrac{dI}{dt} = \beta\dfrac{SI}{N} - \gamma I, \\ \dfrac{dR}{dt} = \gamma I. \end{cases} \tag{14.1}$$

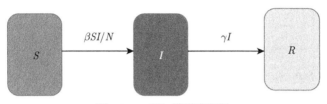

图 14.1　SIR 模型流程图

定义 14.3　*假设自治系统*

$$x' = f(x), \quad x_0 = x(0), \tag{14.2}$$

其中 $x \in \mathbf{R}^n$, x_0 是常数, 则定义 $f(x) = 0$ 的解为系统(14.2) 的平衡点.

第一步: 令系统 (14.1) 右端为零, 则

$$\begin{cases} -\beta\dfrac{SI}{N} = 0, \\ \beta\dfrac{SI}{N} - \gamma I = 0, \\ \gamma I = 0. \end{cases} \tag{14.3}$$

不难发现, 方程(14.3) 总存在一个无病平衡点 $E_0 = (S_0, 0, 0)$, S_0 表示模型(14.1) 易感人群的初始值.

第二步: 计算基本再生数的表达式. 我们将利用文献 [8] 的方法,

(a) 选取模型(14.1)的染病仓室 I.

(b) 在 E_0 处线性化染病仓室 I 得

$$\frac{dI}{dt} = \beta I - \gamma I.$$

(c) 定义 $F_1 = \beta, V_1 = \gamma$.

(d) 计算(14.1)的基本再生数

$$\Re_0 = \rho(F_1 V_1^{-1}) = \frac{\beta}{\gamma}.$$

第三步: 假设新冠肺炎 (COVID-19) 在 T 时刻达到峰值, 则 $\left.\dfrac{dI}{dt}\right|_{t=T} = 0$ 且 $I(T) > 0$. 由模型(14.1) 第二个方程两边消去 $I(T)$ 得

$$S(T) = \frac{N}{\mathfrak{R}_0}. \tag{14.4}$$

对模型(14.1)的第二个方程从 0 到 T 积分得

$$S_0 + I_0 - I(T) - S(T) = \gamma \int_0^T I(t)dt. \tag{14.5}$$

利用常数变易法求解模型(14.1)的第一个方程得

$$\int_0^T I(t)dt = \frac{N}{\beta} \ln \left(\frac{S_0}{S(T)} \right). \tag{14.6}$$

将(14.4)代入(14.5)得

$$S_0 + I_0 - I(T) - S(T) = \frac{N}{\mathfrak{R}_\circ} \ln \left(\frac{S_0}{S(T)} \right). \tag{14.7}$$

将(14.4)代入(14.7)得

$$S_0 + I_0 - \frac{N}{\mathfrak{R}_\circ} - I(T) = \frac{N}{\mathfrak{R}_\circ} \ln \left(\frac{S_0 \mathfrak{R}_\circ}{N} \right) \tag{14.8}$$

第四步: 假设新冠肺炎在中国流行期间, 易感人群的初值近似取为 $S(0) = \alpha N$(α 为高危人群的占比), 则有如下计算基本再生数的方法:

(i) 假设初始时刻 $I_0 = 0$, 且染病峰值为 $I(T)$, 则 $\mathfrak{R}_\circ$ 是如下隐式方程解:

$$N\left(\alpha - \frac{1}{\mathfrak{R}_\circ} \right) - I(T) = \frac{N \ln(\alpha \mathfrak{R}_\circ)}{\mathfrak{R}_\circ}, \tag{14.9}$$

若已知累计出院数, 由方法 (ii) 计算新冠肺炎的基本再生数.

(ii) 假设初始时刻 $R(0) = 0$, 在峰值时刻累计出院人数为 $R(T)$, 则 $\mathfrak{R}_\circ$ 也可用如下公式计算

$$R(T) = \frac{N \ln(\alpha \mathfrak{R}_\circ)}{\mathfrak{R}_\circ}. \tag{14.10}$$

由国家疾病与健康委员会网站公布的数据[9] 和中国人口统计年鉴数据 [10], 我们可以统计得到全国新增新冠肺炎染病数、累计病例数、新增出院数及累计出院数.

进一步算得全国、湖北、广东分别于 2 月 17 日、2 月 18 日和 2 月 10 日达到峰值, 分别为 59884 例、52554 例和 1008 例. 将其代入公式(14.10)算出全国、湖北及广东新冠肺炎传播基本再生数 (表 14.1).

表 14.1　全国、湖北及广东新冠肺炎传播基本再生数

地区	$\alpha=0.2$	$\alpha=0.4$	$\alpha=0.6$	$\alpha=0.8$	$\alpha=1.0$
全国	$\mathfrak{R}_\mathrm{o}=4.8960$	$\mathfrak{R}_\mathrm{o}=2.4630$	$\mathfrak{R}_\mathrm{o}=1.6465$	$\mathfrak{R}_\mathrm{o}=1.2369$	$\mathfrak{R}_\mathrm{o}=0.9906$
湖北	$\mathfrak{R}_\mathrm{o}=4.5632$	$\mathfrak{R}_\mathrm{o}=2.3422$	$\mathfrak{R}_\mathrm{o}=1.5799$	$\mathfrak{R}_\mathrm{o}=1.1933$	$\mathfrak{R}_\mathrm{o}=0.9593$
广东	$\mathfrak{R}_\mathrm{o}=4.9532$	$\mathfrak{R}_\mathrm{o}=2.4834$	$\mathfrak{R}_\mathrm{o}=1.6576$	$\mathfrak{R}_\mathrm{o}=1.2441$	$\mathfrak{R}_\mathrm{o}=0.9959$

14.2.2　SEIR 模型

上一节讨论的模型忽略了疾病的潜伏期. 据报道, 新冠肺炎的潜伏期为 3—14 天, 平均潜伏期为 7 天. 鉴于新冠肺炎潜伏性, 许多学者引入潜伏仓室 E 表示 COVID-19 的潜伏状态. 易感个体被感染后, 先转化成潜伏类, 而后经过 $\frac{1}{q}$ 天潜伏期发病. 上述新冠肺炎传播过程 (参见图 14.2) 可用如下仓室模型表达.

$$\begin{cases} \dfrac{dS}{dt} = -\beta\dfrac{SI}{N}, \\[2mm] \dfrac{dE}{dt} = -\beta\dfrac{SI}{N} - qE, \\[2mm] \dfrac{dI}{dt} = qE - \gamma I, \\[2mm] \dfrac{dR}{dt} = \gamma I. \end{cases} \tag{14.11}$$

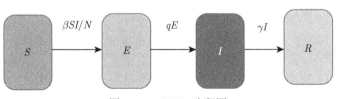

图 14.2　SEIR 流程图

第一步: 模型(14.11)总存在一个无病平衡点 $E_0 = (N, 0, 0, 0)$.

第二步: 计算模型理论基本再生数.

(a) 模型有两个染病仓室 E 和 I 模型;

(b) 在 E_0 处线性化仓室 E 和 I 得

$$\begin{cases} \dfrac{dE}{dt} = -\beta I - qE, \\[2mm] \dfrac{dI}{dt} = qE - \gamma I; \end{cases}$$

(c) 计算新生矩阵和转移矩阵为

$$F_2 = \begin{pmatrix} 0 & \beta \\ 0 & 0 \end{pmatrix}, \quad V = \begin{pmatrix} q & 0 \\ -q & \gamma \end{pmatrix};$$

(d) 基本再生数表达式为

$$\mathfrak{R}_\circ = \rho(F_2 V_2^{-1}) = \frac{\beta}{\gamma}.$$

注意到, 虽然模型(14.9)包含潜伏仓室但基本再生数的表达式与潜伏期 $\dfrac{1}{q}$ 无关. 为了方便, 我们仍用 T 表示染病个体达到峰值的时间. 类似 14.2.1 节的方法, 我们得到

$$S_0 + E_0 + I_0 - I(T) - E(T) - S(T) = \frac{N}{\mathfrak{R}_\circ} \ln\left(\frac{S_0}{S(T)}\right), \tag{14.12}$$

其中 $S(T)$ 和 $E(T)$ 表示在峰值时刻易感者的数量和潜伏者的数量. 同理, 染病者在达到峰值时 $\dfrac{dI}{dt}\Big|_{t=T} = 0$, 则由模型(14.11) 的第三个方程得 $E(T) = \dfrac{\gamma}{q} I(T)$.

第三步: 假设初始时刻 $I_0 = E_0 = 0$, 染病峰值为 $I(T)$ 和累计出院数为 $R(T)$, 则 $\mathfrak{R}_\circ$ 是如下隐式方程的解:

$$N(\alpha - 1) + R(T) = \ln\left(\frac{\alpha N}{N - \dfrac{\gamma}{q} I(T) - I(T) - R(T)}\right) \frac{N}{\mathfrak{R}_\circ}. \tag{14.13}$$

注意到 $\dfrac{1}{q}$ 表示潜伏期, $\dfrac{1}{\gamma}$ 表示病程, 则由文献 [7] 得新冠肺炎的平均潜伏期为 7 天, 平均治疗时间为 10 天. 故 $q = \dfrac{1}{7}, \gamma = \dfrac{1}{10}$. 因此, 利用上面的数据和公式(14.13) 得出全国、湖北及广东新冠肺炎传播基本再生数 (表 14.2).

表 14.2　全国、湖北及广东新冠肺炎传播基本再生数

地区	$\alpha=0.2$	$\alpha=0.4$	$\alpha=0.6$	$\alpha=0.8$	$\alpha=1.0$
全国	$\mathfrak{R}_\circ=2.0117$	$\mathfrak{R}_\circ=1.5270$	$\mathfrak{R}_\circ=1.2769$	$\mathfrak{R}_\circ=1.1153$	$\mathfrak{R}_\circ=9.1109$
湖北	$\mathfrak{R}_\circ=2.0101$	$\mathfrak{R}_\circ=1.5248$	$\mathfrak{R}_\circ=1.2734$	$\mathfrak{R}_\circ=1.1182$	$\mathfrak{R}_\circ=10.7967$
广东	$\mathfrak{R}_\circ=2.0118$	$\mathfrak{R}_\circ=1.5271$	$\mathfrak{R}_\circ=1.2770$	$\mathfrak{R}_\circ=1.1156$	$\mathfrak{R}_\circ=12.9833$

14.2.3　SEIAR 模型

另外, 有报道认为无症状的新冠肺炎 (COVID-19) 病人能传播新冠病毒. 因此, 我们引入一个仓室 A 来表示无症状个体的状态, 且无症状的个体可以传染易感个体. 那么一类含无症状感染状态的新冠病毒演化过程 (参见图 14.3) 表述为

$$
\begin{cases}
\dfrac{dS}{dt} = -\beta \dfrac{SI}{N} - \beta_1 \dfrac{SA}{N}, \\[2mm]
\dfrac{dE}{dt} = \beta \dfrac{SI}{N} + \beta_1 \dfrac{SA}{N} - qE, \\[2mm]
\dfrac{dA}{dt} = (1-p)qE - \gamma_1 A, \\[2mm]
\dfrac{dI}{dt} = pqE - \gamma I, \\[2mm]
\dfrac{dR}{dt} = \gamma I + \gamma_1 A,
\end{cases}
\tag{14.14}
$$

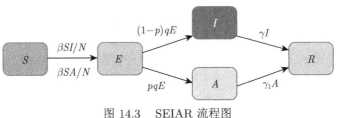

图 14.3　SEIAR 流程图

其中 β_1 表示无症状个体传染易感者的概率, p 表示潜伏个体转化成染病个体的速率, $(1-p)$ 表示潜伏个体转化成无症状个体的速率, γ_1 表示无症状个体康复的概率. 模型(14.7)基本再生数的表达式为

$$
\mathfrak{R}_{\mathrm{o}} = \frac{p\beta}{\gamma} + \frac{(1-p)\beta_1}{\gamma_1}.
\tag{14.15}
$$

假设初始时刻 $I_0 = E_0 = A_0 = 0$, 染病峰值 $I(T)$ 和累计出院数为 $R(T)$, 则 $\mathfrak{R}_{\mathrm{o}}$ 是如下隐式方程的解:

$$
N(\alpha - 1) + I(T) + A(T) + R(T) = \frac{N}{\mathfrak{R}_{\mathrm{o}}} \left(\ln \left(\frac{\alpha N}{S(T)} \right) + \frac{I(T)}{\gamma} + \frac{A(T)}{\gamma_1} \right),
\tag{14.16}
$$

其中

$$S(T) = N - \frac{\gamma}{pq}I(T) - I(T) - A(T) - R(T),$$

$$A(T) = \frac{1-p}{p}I(T) - R(T) + \frac{\gamma}{p}\int_0^T I(t)dt,$$

$S(T), E(T), I(T), A(T)$ 和 $R(T)$ 表示在峰值 T 时刻易感者、潜伏者、染病者、无症状者和康复者的数量. $\int_0^T I(t)dt$ 表示在峰值时刻累计染病者数量. 根据文献 [7], 选取参数 $p = 0.751$ 和 $\gamma_1 = \frac{1}{12}$. 利用(14.16) 算得在 SEIAR 模型框架下全国、湖北和广东新冠肺炎传播的基本再生数 (表 14.3).

表 14.3　全国、湖北及广东新冠肺炎传播基本再生数

地区	$\alpha=0.2$	$\alpha=0.4$	$\alpha=0.6$	$\alpha=0.8$	$\alpha=1.0$
全国	$\mathfrak{R}_\circ=2.3996$	$\mathfrak{R}_\circ=4.7991$	$\mathfrak{R}_\circ=7.1987$	$\mathfrak{R}_\circ=9.5982$	$\mathfrak{R}_\circ=11.998$
湖北	$\mathfrak{R}_\circ=1.0957$	$\mathfrak{R}_\circ=2.1913$	$\mathfrak{R}_\circ=3.2870$	$\mathfrak{R}_\circ=4.3826$	$\mathfrak{R}_\circ=5.4783$
广东	$\mathfrak{R}_\circ=2.1663$	$\mathfrak{R}_\circ=4.3326$	$\mathfrak{R}_\circ=6.4988$	$\mathfrak{R}_\circ=8.6651$	$\mathfrak{R}_\circ=10.831$

14.3　案例小结与展望

基本再生数的大小可以评估新冠肺炎流行的潜在规模, 也可以用估计通过接种疫苗达到群体免疫所需的接种覆盖阈值, 为阻断疾病暴发提供理论依据. 本案例提出了一类完全结合数据和模型结构估计基本再生数的新方法. 无须参数估计, 基本再生数都可以利用确诊病例峰值及相关数据获得. 该方法既可避免参数估计带来的误差, 也可解决由参数辨识不唯一带来的问题. 事实上, 基本再生数与染病初始值无关, 但易感人群的初值规模影响较大 (参见 14.1和 14.2 节). 研究发现, 模型结构越复杂, 估计基本再生数越困难, 误差也越大, 因此基本再生数和模型的结构密切相关. 另外, 表 14.1—表 14.3 表明, 对于仓室建模方法, 如何定义易感高危人群至关重要.

本案例给出基于均匀混合假设新冠肺炎模型计算基本再生数的方法. 该假设考虑个体接触属于随机碰撞, 不考虑个体差异性. 事实上, 受各地方防控策略的影响, 个体异质性已成为影响新冠传播的模式的主要因素, 如聚集性感染[11]、个体年龄异质性[12,13]、个体决策行为等[14]. 这些因素的引入势必能更深入细致地刻画新冠肺炎传播的特点及机理, 需要发展本案例提出的计算方法. 新模型的建立能更准确地预测新冠肺炎的流行趋势, 有利于帮助制定最优控制策略[13-15].

另外, 为了评估疫苗接种效率及隔离效率等其他公共卫生措施, 有效再生数 (控制再生数) 能更好地评价控制措施对疾病控制的效率[16]. 由于疫情防控措施强

度的不同, 疾病传播的接触率、确诊率等参数是关于时间的函数, 这时需定义另一类控制指标——时变再生数 $\mathcal{R}_t$. 时变再生数是指原发病例在时间 t 内产生的继发感染病例平均数, 是衡量在特定时间 t 下疾病在人群中传播的速度[17]. 在实际疫情的防控中, 判断能否将 $\mathcal{R}_t$ 持续小于 1. 拓展本案例提出的方法计算时变再生数对新冠肺炎的防控更具实际意义.

参 考 文 献

[1] 2019-nCov 感染平台 [EB/OL]. [2020-03-05]. http://www.clas.ac.cn/xwzx2016/1634 86/xxfysjpt2020/.

[2] 2019 新型冠状病毒 [EB/OL]. [2020-03-04]. https://baike.baidu.com/item/2019.

[3] China News. Mayor of Wuhan: More than 5 million people left Wuhan[EB/OL]. [2020-01-26]. (http://ent.chinanews.com/sh/2020/01-26/9070484.shtml).

[4] Liu Z, Magal P, Seydi O, et al. Predicting the cumulative number of cases for the COVID-19 epidemic in China from early data[J]. Preprints 2020, 2020020365 (doi: 10.20944/preprints202002.0365.v1).

[5] 王霞, 唐三一, 陈勇, 等. 新型冠状病毒肺炎疫情下武汉及周边地区何时复工? 数据驱动的网络模型分析 [J]. 中国科学, 2020, 50: 969.

[6] Shao P, Shan Y G. Beware of asymptomatic transmission: Study on 2019-nCov preventtion and control measures based on SEIR model[J]. 2020, https://doi.org/10.1101/2020.01.28.923169.

[7] Luo X, Feng S, Yang J, et al. Nonpharmaceutical interventions contribute to the control of COVID-19 in China based on a pairwise model[J]. Infect. Dis. Model., 2021, 6: 643-663.

[8] Yang J, Xu F. The computational approach for the basic reproduction number of epidemic models on complex networks[J]. IEEE Access, 2019, 7: 26474-26479.

[9] 中华人民共和国健康委员会.[2020-03-04]. http://www.nhc.gov.cn/xcs/yqtb/202103/eb7209eda17c4e7aa513a11b34d226ce.shtml

[10] 2020 中国人口统计年鉴. [2020-03-04]. http://www.stats.gov.cn/sj/ndsj/2020/indexch.htm

[11] 春雨童, 韩飞腾, 何明珂. 新冠肺炎疫情背景下聚集性传染风险智能监测模型 [J]. 计算机工程, 2022, 48(8): 45-52, 61.

[12] 王国强, 张烁, 杨俊元, 许小可. 耦合不同年龄层接触模式的新冠肺炎传播模型 [J]. 物理学报, 2021, 70(1): 210-220.

[13] Abernethy G M, Glass D H. Optimal COVID-19 lockdown strategies in an age-structured SEIR model of Northern Ireland[J]. J. R. Soc. Interface 2022, 19: 20210896.

[14] Agusto F B, Erovenko I V, Fulk A, et al. To isolate or not to isolate: the impact of changing behavior on COVID-19 transmission[J]. BMC Public Health., 2022, 22(1): 138.

[15]　Jaouimaa F Z, Dempsey D, Van Osch S, et al. An age-structured SEIR model for COVID-19 incidence in Dublin, Ireland with framework for evaluating health intervention cost[J]. PLoS ONE, 2021, 16(12): e0260632.

[16]　刘天, 侯清波, 姚梦雷, 黄继贵, 陈红缨. 传染病暴发疫情中传播动力学参数计算及疫情规模预测实现-基于 R[J]. 疾病监测, 2022, 37(9): 1211-1215.

[17]　崔玉美, 陈姗姗, 傅新楚. 几类传染病模型中基本再生数的计算 [J]. 复杂系统与复杂性科学, 2017, 14(4): 14-31.

第 15 章　交互融合特征表示与选择性集成的 DNA 结合蛋白质预测

游文杰　张　衡 ①②③

(福建技术师范学院, 福建省福清市, 350300)

　　DNA 结合蛋白质在各种细胞过程中发挥着极其重要的作用, 在理解和解释蛋白质功能中, 识别 DNA 结合蛋白质是一个非常重要的任务. 针对 DNA 结合蛋白的识别问题, 本案例给出基于蛋白质序列数据的特征表示与选择性集成. 首先给出具有交互效应的多信息融合的特征表示模型, 它同时考虑了物化属性与进化信息之间的交互效应, 以及非相邻残基的位置信息, 能够充分挖掘隐藏在蛋白质序列背后的潜在的生物信息, 生成具有强判别能力的特征. 其次给出基于跳空距离的选择性集成算法, 通过对特征表示算法的参数进行扰动, 生成不同的输入特征空间. 选择性集成算法通过选择 (或修剪) 得到具有差异性的基分类器, 提升整体分类器的泛化能力.

　　最后, 本案例设计不同验证实验, 在多个数据集, 从不同层面进行评价分析, 计算实验结果表明, 具有交互效应的多信息融合的特征表示, 在众多评价指标上均表现优异. 再和相关文献的多个经典预测方法进行比较, 本案例方法能够进一步提升识别性能. 同时, 本案例的交互融合特征表示有利于从交互作用的视角去理解 DNA 结合蛋白在细胞中的功能与作用.

15.1　背景介绍

　　在生物体的细胞中, 与 DNA 相关的生命活动是在特定蛋白质的协助下发生的, 它们又受到蛋白质-DNA 相互作用的调控[1], 这种调控是通过蛋白质与 DNA 链的特异性或者不太特异性的结合而实现的. 这类与 DNA 结合进而调控 DNA 相关生命活动的蛋白质称为 DNA 结合蛋白 (DNA-binding Proteins). DNA 结合蛋

---

　　① 本案例的知识产权归属作者及所在单位所有.

　　② 本案例源自国家自然科学基金和福建省自然科学基金项目 (No.61473329; 2021J011235) 的部分研究成果, 数据和程序请访问 https://github.com/wenjieyou/IFFR.git.

　　③ 作者简介: 游文杰, 教授, 从事统计计算和机器学习研究; 电子邮箱: wenjie.you@fpnu.edu.cn. 张衡, 教授, 从事计算数学和数据建模的研究; 电子邮箱: zhheng01@163.com.

白在生物细胞中属于功能蛋白, 在各种重要的生命活动中起到至关重要的作用[2]. 蛋白质-DNA 相互作用在生物体的遗传和进化机制中起着关键的作用, 对蛋白质-DNA 相互作用的研究也是人类探索和理解生物的生长、发育、进化与疾病等生命活动机理的基础, 它对蛋白质组的功能诠释和发现遗传病的潜在治疗都至关重要.

利用传统生物实验技术, 能够准确识别 DNA 结合蛋白, 这些技术包括过滤绑定位点测定 (Filter Binding Assays)[3]、基因芯片上的染色质免疫沉淀 (ChIP-chip)[4] 和 X 射线衍射晶体分析法 (X-ray Crystallography)[5]. 然而基于生物学方法的蛋白质结构与功能的测定, 需要花费大量的物力和财力, 费时又费力. 随着蛋白质测序技术的飞速发展, 蛋白质序列数据呈爆炸性增长, 急需一个有效且可靠的基于生物序列的计算方法, 这也是蛋白质组研究领域中重要的课题之一.

基于机器学习的 DNA 结合蛋白的预测方法, 通常有两大类: 基于蛋白质结构的预测[6,7]; 基于蛋白质序列的预测[8-11]. 基于蛋白质结构预测 DNA 结合蛋白能得到较高的识别率, 事实上, 由于没有足够的蛋白质结构信息, 这类方法无法被广泛应用在高通量序列的诠释中. 相比较, 目前更多的方法是基于氨基酸序列的蛋白质功能预测. 大量实验已经表明, 多肽或蛋白质一级结构 (氨基酸残基排列顺序) 相似, 其折叠后的空间构象与其功能也很相似[12]. 这类基于序列的蛋白质功能 (DNA 结合蛋白) 预测方法, 包含两个主要过程: ① 提取蛋白质序列中包含的生物信息, 把蛋白质序列转化为相应的数值特征向量; ② 利用得到的数值特征向量, 使用机器学习中的算法, 进行模型训练并对待测序列做预测.

特征向量表示, 简称特征表示, 就是从蛋白质序列中生成出数值型特征向量, 也即将原始的序列数据转换成为能够用于分类的数值特征向量. 在过去的几十年间, 基于蛋白质序列的有效特征表示方法, 主要包括有: ① 基于氨基酸组成的方法[13,14], 这类方法考虑了相邻的且连续的氨基酸残基间的信息; ② 基于伪氨基酸组成的方法[15,16], 这类方法考虑了非相邻 (不连续) 氨基酸残基间的信息; ③ 基于蛋白质频率谱的方法[17], 这类方法考虑了蛋白质的进化信息. 基于氨基酸组成方法 (AAC), 使用序列的统计信息[18], 如常用的 K 近邻方法, 这类方法简单, 但所生成特征维数较高 (20^k), 存在维灾和过拟合问题. 基于伪氨基酸组成方法, 由 Kuo-Chen Chou 提出并命名为 PseAAC[16], 它考虑了序列的局部顺序和全局顺序, 能够较好地表达序列中的顺序与位置信息, 该方法能将序列的位置信息映射到所生成特征向量中. 基于蛋白质频率谱的方法, 使用携带有进化信息的位置特异性得分矩阵 (Position Specific Scoring Matrix, PSSM), 该矩阵表达了与其比对序列相关的同源物信息. 大量关于 PSSM 的应用[19-22] 表明使用携带进化信息的 PSSM 比序列自身所包含的信息更多也更重要. 频率谱的方法通常具有更好的预测效果[22], 被广泛应用于蛋白质预测中.

研究表明进化信息、物化属性以及序列的结构与位置等信息, 对 DNA 结合蛋白的识别均具有一定的作用[13,14,17]. 如果仅仅采用氨基酸组成信息或者蛋白质频率谱等单个方法, 所生成数值特征则都显得过于单一. 目前在相关文献中主流的做法是, 同时考虑不同的属性 (如不同的蛋白质物化属性) 和信息 (如进化信息与结构信息等), 并对这些方法生成的特征向量进行组合[23,24], 所生成的高维特征向量作为后继分类器的输入. 本案例把这类显式的特征表示方法称为组合式融合特征表示 (Combined Fusion Feature Representation, CFFR). 它们将氨基酸的物化属性、进化信息的频率谱以及序列信息 (相邻和不相邻残基信息) 进行融合, 能够取得较好的预测性能[23,25].

所谓集成学习[26], 是指通过对训练样本的学习, 构建多个具有差异性的学习模型 (称为基分类器), 然后对这些基分类器使用某种方式进行组合, 实现共同解决同一个学习任务. 选择性集成[27], 是指在集成学习的第一阶段 (基分类器构建) 和第二阶段 (分类器组合) 之间, 增加一个对基分类器的修剪或选择的阶段, 其目的是从众多基分类器中选取部分差异大且效果好的基分类器子集, 并进行集成. 目前, 比较直观的选择性集成学习方法, 是对基分类器进行排序来达到修剪集成分类器的目的[28-31].

针对 DNA 结合蛋白的识别问题, 研究高效的特征表示方法, 从序列中生成具有判别信息的特征, 并对 DNA 结合蛋白进行准确的判别分类, 其具有重要的信息学与生物学意义. 针对不同蛋白质物化属性、进化信息和非相邻残基相互作用信息, 本案例给出一种具有交互效应的多信息融合特征表示方法, 算法能够生成携带有较强判别能力的特征, 可以提高 DNA 结合蛋白的预测性能, 并且这些特征也有助于从交互作用的视角去理解 DNA 结合蛋白. 随后本案例对特征表示算法的参数进行扰动, 生成多个基分类器, 通过选择 (或修剪) 得到具有差异性的基分类器, 进一步提升整体分类器的识别性能. 计算实验表明, 基于交互融合的特征表示, 相比较于传统的组合式融合的特征表示, 其识别效果有显著提高. 同时, 基于参数扰动的选择性集成, 相比较于其他经典预测方法, 在识别 DNA 结合蛋白的性能上也有显著提升.

本案例其后各节内容安排如下: 15.2 节给出 DNA 结合蛋白质的预测方法, 包括交互融合的特征表示和选择性集成算法; 在多个蛋白质序列数据集上识别 DNA 结合蛋白, 与多个经典预测方法的比较与分析放在了 15.3 节; 最后在 15.4 节给出总结及未来可能的改进.

15.2 案例内容

在机器学习实际应用中, 通常认为 "数据和特征决定了机器学习的上限, 而模型和算法能够逼近这个上限". 因此, 本案例同时从这两方面着手: ①对多种信息进行有效融合, 生成具有强判别能力的特征; ②对多个分类器进行选择集成, 生成具有强泛化能力的分类模型. 图 15.1 给出本案例的预测模型框架, 包括有交互式融合的特征表示和选择性集成的分类学习.

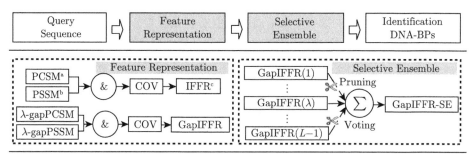

a. PCSM＝physicochemical scoring matrix,　　b. PSSM＝position-specific scoring matrix,
c. IFFR＝interaction fusion feature representation.

图 15.1　　DNA 结合蛋白预测模型的框架图

左边 (虚线框) 是交互式融合器 (特征表示), 右边 (虚线框) 是选择性集成器 (分类学习)

15.2.1　假设

考虑蛋白质不同物理化学属性和进化信息, 是从蛋白质序列识别 DNA 结合蛋白的关键. 常见的组合式融合特征表示 (CFFR), 在一定程度上, 同时考虑蛋白质的物化属性、进化信息以及序列局部位置等信息, 它能够提升识别 DNA 结合蛋白的能力. 然而, CFFR 方法把物化属性与进化信息等均视为彼此独立的特征向量进行组合, 忽略了它们之间还应该存在着交互效应. 因此, 本案例专注于具有交互效应的多信息融合的特征表示, 考察不同的属性 (蛋白质物化属性等) 和信息 (蛋白质进化信息等) 之间是否存在交互效应, 以及这种交互效应能否提升 DNA 结合蛋白的识别能力. 因此, 本案例假设:

假设 1　不同的物化属性和进化信息之间存在交互效应.

在本案例, 把考虑不同物化属性和进化信息之间的交互效应的特征表示, 记为交互式融合 (Interaction Fusion Feature Representation, IFFR). 另外, 由于在蛋白质序列家族中, 氨基酸的替换模式是高度特异的, 并且同一蛋白质序列中不同距离的氨基酸残基之间存在的相互作用, 本案例给出基于不同跳空距离的交互式融合特征表示, 也即在二重信息 (物化属性和进化信息) 交互式融合基础上, 实现不同距离的跳空操作 (λ-gap), 给出三重信息融合特征表示算法 λ-gapIFFR. 本案例假设

假设 2　在交互式融合特征表示分析框架下, 三信息融合 λ-gapIFFR 优于二信息融合 λ-gapPSSM.

多信息交互式融合特征表示 λ-gapIFFR, 其实质是对蛋白质序列的不同物化属性和进化信息进行具有交互效应的特征融合, 并引入序列的跳空片段信息, 因此, 该算法同时考虑了蛋白质序列的不同物化属性、进化信息和序列局部顺序等信息.

15.2.2 模型

特征表示, 是根据序列中的数学关系以及生物化学属性等指标, 将由字符组成的序列, 数值化成一个固定维数的特征向量, 包含显性的特征和隐性的特征. 针对蛋白质序列的特征表示, 本节给出新的交互融合特征表示模型, 该模型能够同时考虑不同信息自身内部的相关性 (显性特征), 以及信息与信息之间的交互效应 (隐性特征). 首先给出相关的概念描述, 然后引出具有交互效应的多信息融合特征表示模型.

定义 1(得分矩阵, Scoring Matrix) 给定任一 (蛋白质) 序列 $S = R_1 R_2 \cdots R_L$, 定义得分矩阵

$$P = (p_i^{(j)})_{L \times M} = \left(p^{(1)}, p^{(2)}, \cdots, p^{(M)} \right), \tag{15.1}$$

其中 $p_i^{(j)}(i = 1, 2, \cdots, L)$ 是序列中第 i 个氨基酸残基 R_i 在第 j 种指标上的得分, L 为 (蛋白质) 序列 S 的长度, 列数 M 为事先给定的指标个数.

因为氨基酸序列在蛋白质多肽链折叠后, 序列距离远的两个氨基酸在空间距离上有可能相距较近, 甚至残基间存在接触 (Contact). 从三维空间看, 每个残基都有其特定的空间坐标, 因此存在两个残基的欧氏距离, 也即空间距离. 当两残基的 ($C_\mathcal{B}$ 原子之间) 欧氏距离小于 8Å 时, 在生物学上则认为两残基间存在 Contact, 这种残基间的相互作用 (Contact) 对蛋白质结构与功能有着巨大的影响. 因此, 考虑到不同距离的氨基酸残基之间存在着互作信息, 借鉴伪氨基酸组成 (非相邻残基) 分析思想[16], 给出 λ-gap 得分矩阵定义.

定义 2(λ-gap 得分矩阵, λ-gap Score Matrix) 给定得分矩阵 $P = (p_{ij})_{L \times M}$ 和参数 λ, 定义矩阵

$$G_\lambda = A_\lambda P = A_\lambda \begin{pmatrix} p_1 \\ p_2 \\ \vdots \\ p_L \end{pmatrix} = \begin{pmatrix} p_1 + p_{\lambda+1} \\ p_2 + p_{\lambda+2} \\ \vdots \\ p_{L-\lambda} + p_L \end{pmatrix} \tag{15.2}$$

为 λ-gap 得分矩阵, 其中 $A_\lambda = (a_{ij})_{(L-\lambda) \times L}$ 为 (0-1) 矩阵, $a_{ij} \in \{0, 1\}$, 即

$$A_\lambda = \begin{pmatrix} a_1 \\ a_2 \\ \vdots \\ a_{L-\lambda} \end{pmatrix} = \begin{pmatrix} \underbrace{1, 0, \cdots, 1}_{\lambda}, 0 & \cdots & 0, 0, \cdots, 0, 0 \\ 0, \underbrace{1, \cdots, 0, 1}_{\lambda} & \cdots & 0, 0, \cdots, 0, 0 \\ \vdots & & \vdots \\ 0, 0, \cdots, 0, 0 & \cdots & 0, \underbrace{1, \cdots, 0, 1}_{\lambda} \end{pmatrix}, \tag{15.3}$$

其中参数 $\lambda(1 \leqslant \lambda \leqslant L-1)$ 表示矩阵 A_λ 中任一行向量 a_i 中两个非零元 1 之间的距离 (λ-gap). 特别地, 当 $\lambda = 0$ 时, A_0 退化为单位矩阵 I_L, 也即 0-gap 得分矩阵

$$G_0 = A_0 P = IP = P. \tag{15.4}$$

λ-gapSM 间接刻画了序列中不相邻残基之间 (跳空距离为 λ) 的位置信息. 参数 λ 的物理意义是其表达了两残基间的序列距离, 特别地, 当 λ 等于 0 时, 等式 (15.2) 不考虑残基间的信息; 当 λ 等于 1 时, 相邻残基间的信息被考虑; 当 λ 大于 1 时, 不相邻残基间的信息被考虑.

定义 3 (得分协方差矩阵, Score Covariance Matrix)　给定 λ-gap 得分矩阵 $G_\lambda = (g_{ij})_{(L-\lambda) \times M}$, 定义协方差矩阵

$$\Sigma = \text{Cov}(G_\lambda) = G_\lambda^{\text{T}} G_\lambda = (\sigma_{ij})_{M \times M} \tag{15.5}$$

为 λ-gap 得分协差阵; 显然, 矩阵 Σ 为对称方阵.

定理 1 (矩阵向量化, Matrix Vectorization)　设对称方阵 $\Sigma = (\sigma_{ij})_{M \times M}$ 的上三角矩阵为 U, 即

$$U = \begin{pmatrix} \sigma_{11} & \sigma_{12} & \cdots & \sigma_{1,M} \\ & \sigma_{22} & \cdots & \sigma_{2,M} \\ & & & \vdots \\ & & & \sigma_{M,M} \end{pmatrix}. \tag{15.6}$$

对 U 按列拉直运算 (Matrix Vec Operator), 并保留元素 σ_{ij} 满足 $i \leqslant j$, 可得

$$v = \text{vec}(U) = (\sigma_{1,1}, \sigma_{1,2}, \sigma_{2,2}, \cdots, \sigma_{1,M}, \sigma_{2,M}, \cdots, \sigma_{M,M}), \tag{15.7}$$

则所得向量 v 的维数仅与 M 有关, 而与 L(序列长度) 和 λ(跳空距离) 无关.

证明　由于 v 中任一元素 σ_{ij} 必须满足 $i \leqslant j$, 也就是, 矩阵 (15.6) 的上三角元素构成向量 v, 所以向量 v 的维数等于 $1 + 2 + \cdots + M$. 也即, 向量 v 的维数 $M(M+1)/2$, 仅与 M 有关, 而与 L(序列长度) 和参数 λ 均无关.

在蛋白质序列分析中常用的得分矩阵, 如位置特异性得分矩阵 (Position-Specific Score Matrix, PSSM), 它是一个行数为 L (L 为序列长度) 列数为 20 (20 类标准氨基酸) 的矩阵. 蛋白质数据搜索程序 PSI-BLAST, 能够通过多次迭代寻找最优结果[32,33], 对于寻找蛋白家族的新成员或者发现远亲物种的相似蛋白非常有效, 使用它能够生成一个**位置特异得分矩阵 PSSM**:

$$P = \begin{pmatrix} p_1^{(1)} & p_1^{(2)} & \cdots & p_1^{(20)} \\ p_2^{(1)} & p_2^{(2)} & \cdots & p_2^{(20)} \\ \vdots & \vdots & & \vdots \\ p_L^{(1)} & p_L^{(2)} & \cdots & p_L^{(20)} \end{pmatrix}_{L \times 20}, \tag{15.8}$$

元素 $p_i^{(j)}$ 表示蛋白质进化过程中蛋白质序列第 i 个位置 $(1 \leqslant i \leqslant L)$ 的氨基酸残基 R_i 突变为第 j 类 $(1 \leqslant j \leqslant 20)$ 氨基酸的概率 (对数似然得分), 取值越大说明替换的可能性越大. 该矩阵表达了序列的进化信息[22]. 关于 PSSM 的详细计算步骤见附录.

同时, 本案例还给出氨基酸物化属性得分矩阵 (PCSM). 在对 DNA 结合蛋白的识别过程中, 本案例假设不同氨基酸物化属性对预测结果将产生不同的贡献, 因此, 在蛋白质的特征表示过程中, 应该考虑合适的氨基酸物化属性. AAindex[34] 是一个包含多个氨基酸物理化学属性的氨基酸指数表, 其中 AAindex1 部分的每一项表示氨基酸的某种物理化学属性量化后的数据, 含有 20 个数值. 对于第 j 种物化属性 $q^{(j)}$, 任一条蛋白质序列 S 可表示为 $q_1^{(j)}, q_2^{(j)}, \cdots, q_L^{(j)}$, 其中 L 是序列长度, $q_i^{(j)}(1 \leqslant i \leqslant L)$ 是序列中第 i 个氨基酸残基 R_i 的第 j 种物化属性指数. 假设考虑有 M 种物化属性, 则有氨基酸**物化属性得分矩阵 PCSM**

$$
Q = \begin{pmatrix} q_1^{(1)} & q_1^{(2)} & \cdots & q_1^{(M)} \\ q_2^{(1)} & q_2^{(2)} & \cdots & q_2^{(M)} \\ \vdots & \vdots & & \vdots \\ q_L^{(1)} & q_L^{(2)} & \cdots & q_L^{(M)} \end{pmatrix}_{L \times M} . \tag{15.9}
$$

在本案例的实验部分, 本案例仅使用文献 [35] 的 6 个物化属性进行分析, 它们分别是:

(1) Hydrophobicity; (2) Hydrophilicity; (3) Mass;

(4) pK1(a-CO2H); (5) pK2 (NH3);

(6) pI(25℃). 详细的氨基酸物化指数见附录.

显然, 对于得分矩阵 PSSM 和 PCSM, 由定义 2 可分别得到对应的得分矩阵 λ-gapPSSM 和 λ-gapPCSM. 给定长度为 L 的蛋白质序列, 有 PSSM 矩阵 P 和 PCSM 矩阵 Q, 水平拼接得到矩阵 $W = (P, Q) = (w_{ij})_{L \times (M+20)}$, 由定义 2, 可得 λ-gap 得分矩阵 (λ-gapSM), 即

$$
G_\lambda = A_\lambda W = A_\lambda (P, Q) = (A_\lambda P, A_\lambda Q) . \tag{15.10}
$$

由定义 3 和分块矩阵运算, 容易得到

$$
\begin{aligned}
\Sigma = \mathrm{Cov}\,(G_\lambda) &= (A_\lambda P, A_\lambda Q)^\mathrm{T} (A_\lambda P, A_\lambda Q) \\
&= \begin{pmatrix} P^\mathrm{T} & A_\lambda^\mathrm{T} \\ Q^\mathrm{T} & A_\lambda^\mathrm{T} \end{pmatrix} (A_\lambda P, A_\lambda Q) = \begin{pmatrix} P^\mathrm{T} A_\lambda^\mathrm{T} A_\lambda P & P^\mathrm{T} A_\lambda^\mathrm{T} A_\lambda Q \\ Q^\mathrm{T} A_\lambda^\mathrm{T} A_\lambda P & Q^\mathrm{T} A_\lambda^\mathrm{T} A_\lambda Q \end{pmatrix}_{(M+20) \times (M+20)}
\end{aligned} .
$$
$$\tag{15.11}$$

由定理 1, 上式所对应的特征向量的维数也仅与 M 有关, 与序列长度 L 和参数 λ 均无关.

上面所给特征表示模型中, 本案例分别利用了物化属性 Q 和进化信息 P 各自本身所蕴含的相关性信息 $Q^{\mathrm{T}} A_{\lambda}^{\mathrm{T}} A_{\lambda} Q$ 和 $P^{\mathrm{T}} A_{\lambda}^{\mathrm{T}} A_{\lambda} P$, 生成显性特征. 同时, 还考虑了物化属性和进化信息之间的交互效应项 $Q^{\mathrm{T}} A_{\lambda}^{\mathrm{T}} A_{\lambda} P$ (或 $P^{\mathrm{T}} A_{\lambda}^{\mathrm{T}} A_{\lambda} Q$), 生成隐性特征. 其中 $A_{\lambda}^{\mathrm{T}} A_{\lambda}$ 刻画了非相邻残基 (距离为 λ) 的位置信息. 特别地, 当跳空距离 $\lambda = 0 (A_0 = I)$ 时, (15.11) 式退化为

$$\Sigma = (P, Q)^{\mathrm{T}}(P, Q) = \begin{pmatrix} P^{\mathrm{T}} \\ Q^{\mathrm{T}} \end{pmatrix} \begin{pmatrix} P & Q \end{pmatrix} = \begin{pmatrix} P^{\mathrm{T}} P & P^{\mathrm{T}} Q \\ Q^{\mathrm{T}} P & Q^{\mathrm{T}} Q \end{pmatrix}_{(M+20) \times (M+20)}$$
$$(15.12)$$

表 15.1 汇总了在所提特征表示模型框架下, 不同的特征表示方法的相关信息, 包括得分矩阵的维数、所生成的特征向量的维数, 以及特征表示方法的简称与缩略词等.

表 15.1　不同特征表示方法的有关信息

Scoring Matrix	Matrix Dimension	Cov (Def.3)	Vector Dimension (Theorem1)	Feature Representation
SM(Def.1)	$L \times M$	$M \times M$	$M(1 + M)/2$	
PCSM	$L \times 6$	6×6	21	CovPCSM
PSSM	$L \times 20$	20×20	210	CovPSSM
			231	CFFR[a]
	$L \times 26$	26×26	351	IFFR[b]
λ-gapSM(Def.2)	$(L-\lambda) \times M$	$M \times M$	$M(1 + M)/2$	
λ-gapPCSM	$(L-\lambda) \times 6$	6×6	21	GapPCSM
λ-gapPSSM	$(L-\lambda) \times 20$	20×20	210	GapPSSM
			231	GapCFFR
	$(L-\lambda) \times 26$	26×26	351	GapIFFR

a. CFFR = Combined Fusion Feature Representation with PCSM and PSSM.

b. IFFR = Interaction Fusion Feature Representation with PCSM and PSSM.

其中, CovPCSM 考虑了 6 个不同物化属性及其这些物化属性自身内部的相关性, 生成的特征维数 dimension=21. CovPSSM 考虑了序列在 20 个氨基酸上的进化信息及其自身内部的相关性, 生成的特征维数 dimension = 210. 而 CFFR 方法是对它们二者进行简单串联组合, 生成的特征维数为两者之和 dimension = 231. IFFR 不仅考虑了 6 个物化属性自身内部和进化信息自身内部的相关性, 并且更进一步考虑了物化属性和进化信息之间的交互效应项, 生成的特征维数 dimension = 351. 在本案例中还考虑了序列中不相邻残基的相互作用信息,

给出考虑跳空距离为 λ 的多信息融合特征表示方法: GapPSSM, GapCFFR 和 GapIFFR.

15.2.3 算法

针对 DNA 结合蛋白预测问题, 本节分别给出交互式融合特征表示算法 (算法 1) 和选择性集成学习算法 (算法 2).

1) 交互式融合特征表示算法

基于所提特征表示模型, 给出新的特征表示算法, 即多重信息交互式融合的特征表示算法 GapIFFR. 该算法考虑了不同物化属性和进化信息的交互效应, 同时还考虑了序列中不相邻氨基酸残基间的作用信息. 详细算法如下:

Algorithm 1 Gap-based Interaction Fusion Feature Representation (**GapIFFR**)

Input: **seq_FASTA** // Query protein sequence
          λ // Distance of gaps
Output: v // Numeric vector
1: **Initialization:** $L=$ length of sequence **seq_FASTA**, $\lambda \leqslant L-1$
2: Obtain PSSM matrix P by calling **PSI-BLAST**(Set evalue=0.001, num_iterations=**3**): $P = \left(p_i^{(j)}\right)_{L \times 20}$
3: Obtain PCSM matrix Q from **AAindex** dataset: $Q = \left(q_i^{(j)}\right)_{L \times M}$
4: Horizontally concatenate P and Q: $W = [P\&Q] = (w_{ij})_{L \times (20+M)}$
5: Computing matrix G_λ in term of **Definition2**:
6:              $G_\lambda = A_\lambda W = (g_{ij})_{(L-\lambda) \times (20+M)}$
7: Compuing matrix C in term of **Definition3**:
8:            $C = \mathrm{cov}\,(G_\lambda) = G_\lambda^{\mathrm{T}} G_\lambda = (c_{ij})_{(20+M) \times (20+M)}$
9: **Return** a row vector v in term of **Theorem1**:
10: $v = (c_{1,1}, c_{2,1}, \cdots, c_{20+M,1}, c_{1,2}, c_{2,2}, \cdots, c_{20+M,2}, \cdots, c_{1,20+M}, c_{2,20+M}, \cdots, c_{20+M,20+M})$

算法 1 的输入参数 λ, 也即序列残基之间的跳空距离, 当 $\lambda = 0$ 时, 以上特征表示算法仅考虑了序列的不同物化属性和进化信息, 算法 1 实现的是二信息交互式融合 IFFR. 特别地, 算法 1 的第 4 行 $W = P$ 时 (即忽略 Q), 实现 GapPSSM 算法; 算法 1 的第 4 行 $W = Q$ 时 (即忽略 P), 实现 GapPCSM 算法; 而 GapCFFR 算法返回的特征向量也就是这两算法所生成特征向量的合并 (详见表 15.1).

2) 选择性集成学习算法

给定蛋白质序列集, 随机划分训练集 S_{trn}, 验证集 S_{val} 和测试集 S_{tst}. 假设 $D_{\mathrm{trn}}^{(\lambda)} = \{(x_i^{(\lambda)}, y_i)\}$ 为对应于 S_{trn} 的训练集, 其中任一训练样本 $(x_i^{(\lambda)}, y_i)$ 的输入变量 $x_i^{(\lambda)} = (x_{i1}^{(\lambda)}, x_{i2}^{(\lambda)}, \cdots, x_{ip}^{(\lambda)}) \in \mathbb{R}^p$ 是由算法 1 得到的跳空距离为 λ 的 p 维特征向量, 输出变量为 $y_i \in Y = \{+1, -1\}$. 同理可得验证集 $D_{\mathrm{val}}^{(\lambda)}$ 和测试集 $D_{\mathrm{tst}}^{(\lambda)}$. 在 $D_{\mathrm{trn}}^{(\lambda)}(1 \leqslant \lambda \leqslant L-1)$ 上训练基分类器 C_λ, 构成集合 $T = \{C_1, C_2, \cdots, C_{L-1}\}$,

$\tilde{T}$ 为 T 的任一子集, 计算子集 $\tilde{T}$ 对应的集成基分类器在相应的验证集 $D_{\mathrm{val}}^{(\lambda)}$ 上的泛化误差 $\varepsilon(\tilde{T})$, 选取泛化误差最小的子集 $T^* = \arg\min_{\tilde{T} \subset T} \varepsilon(\tilde{T})$.

理论上, 最优基分类器子集 T^* 可通过穷举法得到. 然而, 当 L 较大时, 穷举法的计算量太大. 一种简单直观的选择策略是: 对基分类器 C_i 按性能指标 M 进行排序, 选取前 k(奇数) 个基分类器构成的子集 T^* 作为对集成分类器 T 的修剪, 并对子集 $T^* \subset T$ 采用投票 (Max-Wins Voting, MWV) 策略[36] 进行表决. 以下给出基于 GapIFFR 的选择性集成算法.

算法 2 选择性集成 GapIFFR-SE, 其实质是对参数 λ 进行扰动, 生成不同的输入特征空间, 并通过选择 (或修剪) 得到具有差异性的基分类器子集, 达到提升集成分类器的性能.

Algorithm 2 GapIFFR-based Selective Ensemble (**GapIFFR-SE**)

Input:　$S_{\mathrm{trn}}, S_{\mathrm{val}}, S_{\mathrm{tst}}, C, M, k // C$ is a base classifier algorithm,

　　　　$// M$ is the evaluation criteria (such as Accuracy, MCC, etc.)

Output: $Y //$　class label of the test dataset S_{tst}.

(1) **Initialization process:**

　— Set $T = \Phi, L$=minimum sequence length of $S_{\mathrm{trn}}, S_{\mathrm{val}}$ and S_{tst}, calculate

　　$D_{\mathrm{trn}}(\lambda), D_{\mathrm{val}}(\lambda)$ and $D_{\mathrm{tst}}(\lambda)$ by calling **GapIFFR** with $\lambda = \{1, 2, \cdots, L-1\}$.

(2) **Training base classifiers process:**

　— **For** $i = 1$ to $L - 1$ **do**

　—— Update $T = T \cup C_i$, where the base classifier C_i is trained on the training

　　dataset $D_{\mathrm{trn}}(i)$ using the given classifier C.

　— **EndFor**

(3) **Selection (Pruning) process:**

　— **For** $j = 1$ to $L - 1$ **do**

　—— Calculate M_j for each base classifier $C_j \in T$ on the validation dataset

　　$D_{\mathrm{val}}(j)$ using the evaluation criteria M.

　— **EndFor**

　— Sort M_j in descending order, and select $T^* = \{C_{\lambda_1}, C_{\lambda_2}, \cdots, C_{\lambda_k}\} \subset T$,

　　where $C_{\lambda_1}, C_{\lambda_2}, \cdots, C_{\lambda_k}$ correspond to the top k of the M_j values.

(4) **Ensemble (Voting) process:**

　— Predict the class label of the test dataset S_{tst},

$$Y = \mathrm{sgn}\left\{\sum_{t=1}^{k} C_{\lambda_t}(X)\right\},$$

　　where C_{λ_t} is the λ_t-th base predictor on the dataset $X \in D_{\mathrm{tst}}(\lambda_t)$,

　　$\{\lambda_1, \lambda_2, \cdots, \lambda_k\} \subset \{1, 2, \cdots, L-1\}$.

Return Y

15.3　实　　验

15.3.1　实验数据与评价指标

为了验证所提方法的有效性, 选取 6 个 DNA 结合蛋白序列数据 (包含 1 组独立测试集) 进行分析, 它们的样本容量相对较充足 ($\geqslant 300$), 同时它们又都是序列同源性小于 40% 的数据集, 这些能保证实验结果的相对可信性. 表 15.2 给出数据的汇总信息与数据来源①.

表 15.2　6 个 DNA 结合蛋白数据集的有关信息

Dataset	蛋白质数			Min Length	Similarity
	DNA-BP	non-DNA-BP	Total		
Alternate Dataset	1153	1153	2306	51	$\leqslant 25\%$
PDB1075 Dataset [37]	525	550	1075	50	$\leqslant 25\%$
Independent1 Dataset [38]	823	823	1646	35	$\leqslant 40\%$
Independent2 Dataset [38]	88	233	321	30	$\leqslant 40\%$
Training Dataset [21]	146	250	396	26	$\leqslant 25\%$
Testing Dataset [39]	92	100	192	45	$\leqslant 25\%$

为了客观系统评估所提方法的预测性能, 本案例分别采用 Jackknife 校验法、K-fold 交叉校验法 (K-foldCV) 和独立校验法 (HoldOut) 对算法进行比较和评估. 其中 K-foldCV 能够有效降低由于数据不充分而造成的过学习和欠学习状态的发生, 在实践中, 10-foldCV 被认为是标准方法; Jackknife 校验法被认为是较客观的统计校验方法, 它能够避免由于训练和测试数据的随机划分而造成的随机性, 保证实验结果的可复制性; 而独立校验法 (HoldOut) 则能够反映算法对新鲜样本 (独立测试数据集) 的预测能力.

对算法性能的评估指标有: 预测准确率 (ACC: Accuracy)、灵敏度 (SE: Sensitivity)、特异性 (SP: Specificity) 和综合评价预测结果的相关性系数 Mathews 相关系数 (Mathews Correlation Coefficient, MCC), 详细定义如下:

$$\text{ACC} = \frac{\text{TP} + \text{TN}}{\text{TP} + \text{TN} + \text{FN} + \text{FP}} \times 100\%, \tag{15.13}$$

$$\text{SE} = \frac{\text{TP}}{\text{TP} + \text{FN}} \times 100\%, \tag{15.14}$$

---

① http://www.imtech.res.in/raghava/dnabinder/download.html
http://server.malab.cn/Local-DPP/Datasets.html
http://www3.ntu.edu.sg/home/EPNSugan/index_files/dnaprot.htm

$$SP = \frac{TN}{TN + FP} \times 100\%, \tag{15.15}$$

$$MCC = \frac{TP \times TN - FP \times FN}{\sqrt{(FP + TP)(TP + FN)(TN + FP)(TN + FN)}}, \tag{15.16}$$

其中, TP(真阳性) 表示 DNA 结合蛋白被预测为 DNA 结合蛋白的个数, TN(真阴性) 表示非 DNA 结合蛋白被预测为非 DNA 结合蛋白的个数, FP(假阳性) 表示非 DNA 结合蛋白被错误预测为 DNA 结合蛋白的个数, FN(假阴性) 表示 DNA 结合蛋白被错误预测为非 DNA 结合蛋白的个数.

ACC 表示预测结果中真阳性与真阴性之和在总测试实例中的百分比; SE 表示真阳性在所有预测为阳性测试数据中的百分比; SP 表示真阴性在所有预测为阴性测试数据中的百分比. 对于完美的预测系统, 这三指标都应该达到 100%. 然而, 对于非平衡数据集, 若 SE 增加时, 则 SP 必然下降, 反之亦然, 这些指标不能很好地评估预测结果, 相比较 MCC 是个更平衡的评估标准, 其取值范围在 $[-1, +1]$ 内, 值为 1 表示预测结果与真实类别完全相关, 值为 0 表示是完全随机的预测, 值为 -1 表示完全相反的相关性. 另外, ROC 曲线图中曲线下面积 (Area Under the Curve, AUC) 可以作为更加客观的分类性能评估标准. ROC 曲线图是一个单位平方, 两坐标轴 (真阳性率和假阳性率) 的数值从 0 到 1, AUC 最大值为 1, 对应于完美分类器.

必须指出的是, 本案例中用于比较的实验结果均是使用基分类器: 线性核 SVM(参数默认), 由于本案例更多专注于蛋白质序列的特征表示方法, 文中不对分类器做任何的优化. 事实上, 可以通过调整分类器与其参数, 以及选用更为有效的物化属性子集, 可以得到更高的预测结果.

15.3.2 二信息交互融合特征表示的评估

本节实验主要讨论特征表示的模型选择问题, 针对 DNA 结合蛋白的预测问题, 比较并评估基于物化属性与进化信息的二重信息交互式融合特征表示 IFFR 的性能.

首先, 在 4 个基准数据集上利用 Jackknife 验证比较 CovPCSM, CovPSSM, CFFR 和 IFFR 四个算法性能, 结果如表 15.3. 这里 CovPCSM 方法只单一的考虑物化属性自身, 识别效果一般. 同理, CovPSSM 方法也只单一的考虑进化信息自身, 但识别效果较好. 而 CFFR 方法是对它们二者进行简单串联组合, 所生成特征向量同时考虑物化信息和进化信息, 识别效果略优于 CovPSSM 的结果. IFFR 方法不仅考虑了物化属性内部和进化信息内部的相关性, 并且更进一步考虑了物化属性和进化信息之间的交互效应项, 也因此取得更好的识别性能.

表 15.3　IFFR(CFFR) 模型 (考虑进化信息和物化属性) 在不同的独立数据集上的性能比较 (Jackknife 测试)

DataSet	Measurements	Feature Representation Method			
		CovPCSM	CovPSSM	CFFR[a]	IFFR[b]
Alternate Dataset	MCC	0.3015	0.4701	0.4735	**0.4824**
	ACC(%)	63.62	73.11	73.29	**73.76**
	SE(%)	85.08	82.22	**82.31**	**82.31**
	SP(%)	42.15	64.01	64.27	**65.22**
PDB1075 Dataset	MCC	0.3882	0.5266	0.5504	**0.5533**
	ACC(%)	68.65	76.00	77.21	**77.40**
	SE(%)	57.27	69.64	71.09	**71.82**
	SP(%)	80.57	82.67	**83.62**	83.24
Independent1 Dataset	MCC	0.6881	0.9612	0.9612	**0.9624**
	ACC(%)	84.14	98.06	98.06	**98.12**
	SE(%)	78.01	97.57	97.45	**97.57**
	SP(%)	90.28	98.54	**98.66**	**98.66**
Independent2 Dataset	MCC	NaN	0.6826	0.6761	**0.6937**
	ACC(%)	72.59	87.23	86.92	**87.85**
	SE(%)	0.00	**78.41**	**78.41**	77.27
	SP(%)	100.00	90.56	90.13	**91.85**
Training Dataset	MCC	0.4050	0.6922	0.7099	**0.7197**
	ACC(%)	72.22	85.61	86.36	**86.87**
	SE(%)	77.60	88.00	88.00	**88.80**
	SP(%)	63.01	81.51	**83.56**	**83.56**

a. CFFR = Combined Fusion Feature Representation;

b. IFFR = Interaction Fusion Feature Representation.

注：黑体为最佳预测结果.

　　然后, 以下在 4 个独立数据集上, 进一步考察所提特征表示算法 IFFR 与三个经典的特征表示算法 (PsePSSM, PseAAC 和 AAC) 的性能比较, 为使比较的结果更加客观可信, 实验使用 30 次的 10-fold CV 校验结果进行分析.

　　从图 15.2 知, 在数据集 Alternate Dataset, PDB1075 Dataset 和 Independent2 Dataset 中, 基于 IFFR 特征表示算法具有卓越的性能, 其平均性能均优于其他算法 (PsePSSM, PseAAC 和 AAC). 在全部数据集中, IFFR 特征表示通常有较小的标准误差, 这在某种程度上说明 IFFR 特征表示对训练样本集的随机构成不敏感, 鲁棒性更好. 数据集 Independent1 Dataset 中, 基于 PsePSSM 特征表示算法也有很好的表现, 明显优于 PseAAC 和 AAC 的结果. 这是因为 IFFR 与 PsePSSM 都使用了 PSSM 进化信息, 也就是 PSSM 所携带的进化信息比序列自身所包含的信息更为丰富也更加重要, 因此, 考虑进化信息能够达到提升预测性能的目的. 总之, 相比较于经典算法 (PsePSSM, PseAAC 和 AAC), 在 4 个独立数据集中本案例的 IFFR 特征表示更具优势.

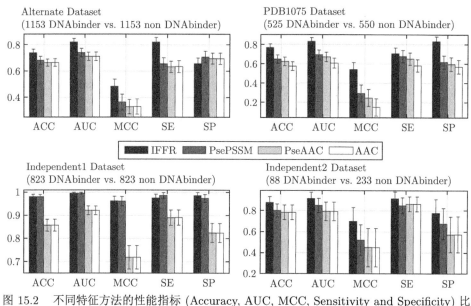

图 15.2　不同特征方法的性能指标 (Accuracy, AUC, MCC, Sensitivity and Specificity) 比较 (30 次的 10-fold CV)

综上, 由表 15.3 和图 15.2 可以观察到: 基于物化属性和进化信息的 (双信息) 交互融合 IFFR 的预测成功率要高于其他单信息特征表示算法 CovPCSM, CovPSSM 和 AAC, 也要高于其他双信息 (或组合式) 融合算法 CFFR, PseAAC, PsePSSM 等. 这些实验结果也表明: 在 DNA 结合蛋白中存在着物化属性与进化信息之间的交互效应, 并且这种交互效应的隐式特征能够提高识别率. 因此, 交互融合特征表示同时刻画了显式特征和隐式特征, 它可以更全面地描述 DNA 结合蛋白的信息. 这就验证了假设 1 的结论.

15.3.3　参数敏感性分析与模型比较

本节实验主要讨论多重信息融合特征表示模型中的参数选择问题, 考察算法的参数 λ 的敏感性, 也即在所提模型框架下, 不同的跳空距离 λ 对结果的影响. 为保证实验结果的可重复性以及后继的可比较性, 本案例仍使用 Jackknife 校验法进行分析.

以下在 4 个独立数据集上进行 Jackknife 校验比较, 其中算法参数 (跳空距离)λ 分别从 1 连续变化至 $L - 1$ (L 为蛋白质序列的长度), 观测三个不同算法 GapPSSM, GapCFFR 和 GapIFFR 在 4 个指标 (MCC, ACC, SE 和 SP) 上的变化. 结果如图 15.3.

从图 15.3 容易看出, 性能曲线的波动幅度较大, 也即不同跳空距离 (参数 λ) 对分类器性能指标的影响较明显, 说明识别结果对参数 λ 较敏感. 对于不同的数据集, 参数 λ 对预测结果的影响各不相同, 其中预测性能最优的参数 λ 值也都不相同. 例如, 对于性能指标 MCC 而言, 在数据集 Alternate Dataset 上最优参数 λ 取值为 2, 在数据集 PDB1075 Dataset 上最优参数 λ 取值为 23, 在数据集 Independent1 Dataset 上最优参数 λ 取值为 1, 在数据集 Independent2 Dataset 上最优参数 λ 取值为 12. 这也许是因为在序列中两个氨基酸残基的跳空距离为 λ, 与它们在三维空间上的实际距离并不存在必然联系.

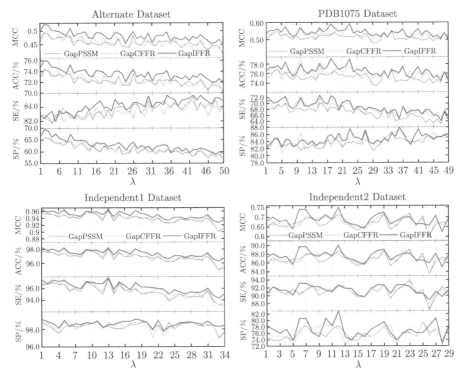

图 15.3　多信息融合特征表示 GapPSSM, GapCFFR 和 GapIFFR 的性能 (MCC, Accuracy, Sensitivity 和 Specificity) 比较以及参数 λ 对结果的影响 (Jackknife Validation test, Base Classifier: linear SVM)

从图 15.3 也容易看出, 三信息交互式融合 GapIFFR 的性能要优于组合式融合 GapCFFR, 并且也优于两信息交互式融合算法 GapPSSM. 更进一步, 利用图 15.3 的 Jackknife 校验结果做统计显著性检验, 为使结果更为可信, 同时选取配对参数 T 检验和配对非参数符号秩检验, 验证不同特征表示方法对预测性能是否存在显著性差异. 因为这些方法的预测性能是在相同的训练集和测试集上进行, 因此在配对统计检验中, 任何的差异均可认为来源于假设 (算法) 间的差异, 而不存在样本集的随机组成差异.

表 15.4 给出比较结果, 对于算法 GapPSSM(GapCFFR) 和 GapIFFR, 除在数据集 Independent2 Dataset 的 SE 指标以外, 全部数据集的 4 个性能指标的配对检验的 p-value 均小于显著水平 0.05, 说明两算法之间的预测性能存在统计意义上的差异, 也即在 4 个数据中, 特征表示算法 GapIFFR 的预测性能显著地高于GapPSSM 和 GapCFFR 的预测性能; 在数据集 Independent2 Dataset 的 SE 指标上两算法不存在统计意义上的差异.

表 15.4　统计显著性检验 (参数和非参数)

Dataset	Evaluation indice	GapPSSM vs. GapIFFR		GapCFFR vs. GapIFFR	
		Paired T-test	signed-rank test	Paired T-test	signed-rank test
Alternate Dataset	MCC	$(-)\ 1.353 \times 10^{-20}$	$(-)\ 7.557 \times 10^{-10}$	$(-)\ 1.018 \times 10^{-19}$	$(-)\ 7.557 \times 10^{-10}$
	ACC	$(-)\ 2.756 \times 10^{-20}$	$(-)\ 7.513 \times 10^{-10}$	$(-)\ 5.259 \times 10^{-19}$	$(-)\ 7.977 \times 10^{-10}$
	SE	$(-)\ 2.502 \times 10^{-8}$	$(-)\ 6.470 \times 10^{-7}$	$(-)\ 4.528 \times 10^{-14}$	$(-)\ 2.710 \times 10^{-9}$
	SP	$(-)\ 1.624 \times 10^{-15}$	$(-)\ 2.159 \times 10^{-9}$	$(-)\ 3.492 \times 10^{-12}$	$(-)\ 2.056 \times 10^{-8}$
PDB1075 Dataset	MCC	$(-)\ 2.753 \times 10^{-13}$	$(-)\ 3.775 \times 10^{-9}$	$(-)\ 0.0016$	$(-)\ 0.0026$
	ACC	$(-)\ 1.207 \times 10^{-13}$	$(-)\ 4.657 \times 10^{-9}$	$(-)\ 0.0013$	$(-)\ 0.0023$
	SE	$(-)\ 3.765 \times 10^{-13}$	$(-)\ 5.556 \times 10^{-9}$	$(-)\ 0.0037$	$(-)\ 0.0096$
	SP	$(-)\ 6.848 \times 10^{-7}$	$(-)\ 2.244 \times 10^{-6}$	$(-)\ 0.0248$	$(-)\ 0.0342$
Independent1 Dataset	MCC	$(-)\ 3.390 \times 10^{-12}$	$(-)\ 3.653 \times 10^{-7}$	$(-)\ 2.585 \times 10^{-9}$	$(-)\ 7.443 \times 10^{-7}$
	ACC	$(-)\ 2.768 \times 10^{-12}$	$(-)\ 3.444 \times 10^{-7}$	$(-)\ 2.325 \times 10^{-9}$	$(-)\ 6.871 \times 10^{-7}$
	SE	$(-)\ 5.013 \times 10^{-11}$	$(-)\ 3.495 \times 10^{-7}$	$(-)\ 2.159 \times 10^{-8}$	$(-)\ 4.131 \times 10^{-6}$
	SP	$(-)\ 5.993 \times 10^{-5}$	$(-)\ 1.278 \times 10^{-4}$	$(-)\ 6.478 \times 10^{-4}$	$(-)\ 8.413 \times 10^{-4}$
Independent2 Dataset	MCC	$(-)\ 0.0045$	$(-)\ 0.0064$	$(-)\ 0.0170$	$(-)\ 0.0264$
	ACC	$(-)\ 0.0067$	$(-)\ 0.0092$	$(-)\ 0.0202$	$(-)\ 0.0322$
	SE	$(=)\ 0.0994$	$(=)\ 0.0810$	$(=)\ 0.1160$	$(=)\ 0.1247$
	SP	$(-)\ 0.0011$	$(-)\ 0.0018$	$(-)\ 0.0202$	$(-)\ 0.0232$

注: $(-)$ 表示第二种算法在统计上优于第一种算法, $(=)$ 表示两种算法之间没有显著差异, 并且给出了相应的 p 值

因此, 在实验中基于 GapIFFR 的特征表示显著优于其他两算法. 可以认为在交互式融合特征表示模型框架下, 三信息融合 GapIFFR 显著地优于二信息融合GapPSSM. 同时, 交互式融合特征表示也显著地优于组合式融合特征表示. 以上实验也就验证了假设 2 的论断.

15.3.4　基于参数扰动的选择性集成的评估

本节实验主要讨论基于不同跳空距离 λ 的选择性集成问题, 也即对参数 λ 进行扰动, 生成不同的输入特征空间, 以构建具有差异性的基分类器, 从而提升整体学习器的泛化能力. 同样为保证实验结果的可比较性, 本案例仍使用 Jackknife 校

验法, 假设蛋白质数据集有 N 条序列, 把其中每条序列依次作为待测样本, 剩余 $N-1$ 条蛋白质序列采用 K-fold 交叉校验法 (本案例 $K = 10$), 其中 $(K-1)$ 拆作为训练集 $((K-1)/K \times (N-1)$ 个样本) 用于训练模型, 1 拆作为验证集 $(1/K \times (N-1)$ 个样本) 用于选择 (剪枝) 以确定集成学习器的结构.

为节省篇幅, 以下仅选取更能反映学习器泛化性能的 MCC 指标进行比较, 其他指标可作类似分析. 在 4 个数据集上进行实验, 考察所提选择性集成算法 GapIFFR-SE($k=3$) 与算法 IFFR(当作基准算法) 以及算法 GapIFFR 的性能比较. 结果如图 15.4.

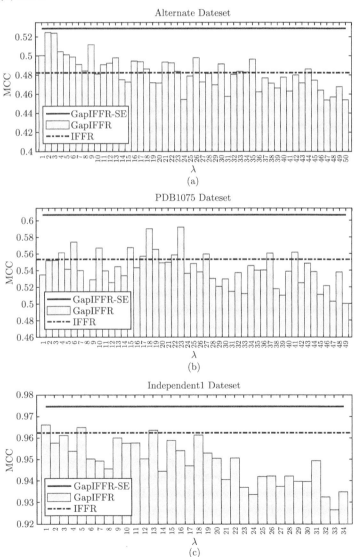

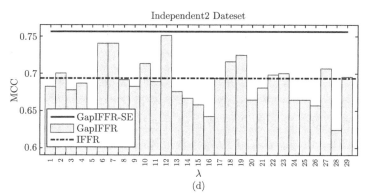

图 15.4　三信息融合特征表示 GapIFFR 的参数 λ 对 MCC 指标的影响 (柱状图), 其中以二信息融合特征表示算法 IFFR 为基准 (黑虚线), 并和选择性集成 GapIFFR-SE(黑实线) 进行比较 (Jackknife test)

　　以算法 IFFR 的 MCC 指标值作为基准线 (黑虚线) 进行比较, 从图 15.4 容易看出, 在每个数据集上, 柱状图的部分柱子穿过黑虚线出现在黑虚线上方, 这就是说算法 GapIFFR 总存在个别的参数 λ, 它们的 MCC 指标值能够超过基准线 (黑虚线). 同时, 参数 λ 对算法 GapIFFR 的性能指标 MCC 的影响非常大, 表现为柱状图柱子间高度差异较大, 这表明不同参数 λ 会产生具有差异性的基分类器.

　　选择性集成 GapIFFR-SE 的 MCC 指标值 (黑实线) 更是大幅度地超越特征表示算法 IFFR 对应的基准线. 从图 15.4 可以看出, 黑实线在全部柱状图的上方, 也就是选择性集成 GapIFFR-SE 所对应的 MCC 指标值均超越了算法 GapIFFR 的最大值, 说明选择性集成算法 GapIFFR-SE 能够显著提升集成分类器的性能. 因此, 对参数 λ 进行扰动的选择性集成方法, 一方面能够保证基分类器具有较高的准确性, 另一方面能够保证基分类器之间存在差异性, 进而达到提升整体学习器的泛化性能的目的.

15.3.5　与现有方法的进一步比较

　　对特征表示进一步做比较, 以下采用原始文献中训练集与测试集的固定分割, 也即使用 HoldOut 方法评估特征表示模型的性能, 即在给定的训练集上生成特征, 在所生成特征空间上训练分类器; 然后, 在给定的测试集的相应特征空间上验证分类模型; 最后, 分类器的识别率被用于间接评估不同的特征表示的性能. 表 15.5 给出所提模型框架下的不同特征表示方法 (CovPCSM, CovPSSM, CFFR 和 IFFR) 和 3 个经典特征表示算法 (PsePSSM, PseAAC 和 AAC) 在测试集上的实验结果.

　　从表 15.5 容易看出, 在三个综合指标 ACC, MCC 和 AUC 上, CFFR 取得最大值, 分别为 87.50%, 0.7562 和 0.9297. 然而, 本案例更加感兴趣的是正例 (DNA

结合蛋白), 从混淆矩阵和指标 SE(Sensitivity) 容易看出, 算法 PsePSSM 和 IFFR 的 SE 指标值均超过 80%, 它们分别识别出 77 个正例和 74 个正例. 同时, 本案例也注意到分类器 (LinearSVC) 所使用的支持向量 (nSV) 数目, 较少的 nSV 表明分类模型有更强的泛化能力. 因此, 综合比较容易看出, 基于 IFFR 的特征表示有更好的表现, 综合指标 MCC 达到 0.7204, 正例识别 74 个, 分类模型使用了最少的支持向量. 这在一定程度上也说明基于 IFFR 特征表示的有效性. 相比较, 特征表示 PsePSSM 的敏感性指标达到最大值 (SE = 83.70%), 但是特异性指标较低, 且综合指标 MCC 也不理想. 这种现象也符合前面图 15.2 的结果.

表 15.5　不同特征表示方法在测试集上的性能比较

Method	Confusion Matrix		SE/%	SP/%	ACC/%	MCC	AUC	nSV
	Evaluation indices							
AAC ($d=20$)	63	29	68.48	79.00	73.96	0.4781	0.7765	(87, 90)
	21	79						
PseAAC ($d=420$)	70	22	76.09	86.00	81.25	0.6252	0.8843	(99, 102)
	14	86						
PsePSSM (Ref.$\lambda=0\sim24$)	77	15	83.70	82.00	82.81	0.6564	0.8935	(89, 98)
	18	82						
CovPCSM	57	35	61.96	98.00	80.73	0.6492	0.9104	(127, 127)
	2	98						
CovPSSM	71	21	77.17	93.00	85.42	0.7138	0.9218	(74, 78)
	7	93						
CFFR	73	19	79.35	95.00	87.50	0.7562	0.9297	(72, 79)
	5	95						
IFFR	74	18	80.43	91.00	85.94	0.7204	0.9230	(69, 77)
	9	91						

a　b　a=True positive; b=False negative (Type II error);
c　d　c=False positive (Type I error); d=True negative.

　　对预测方法进一步做比较, 以下在基准数据集 PDB1075 上, 对所提预测方法选择性集成 GapIFFR-SE 和其他预测方法进行比较, 其中用于比较的 8 个卓越方法包括有: iDNA-Prot|dis, PseDNA-Pro, iDNA-Prot, DNA-Prot, DNAbinder, iDNAPro-PseAAC, Kmer1+AAC 和 Local-DPP. 基于 Jackknife 校验的比较结果如表 15.6 所示, 容易看出, 在众多的比较方法中, 本案例的选择性集成算法 GapIFFR-SE 具有最好的预测性能, 也即识别率达到最大值 79.91%, MCC 指标取得最大值 0.61, SE 指标也取得最大值 87.43. 因此, 相比较于现有的其他方法, 所提方法具有更加卓越的性能, 这也间接表明本案例所提交互融合特征表示能够生成携带有强判别信息的特征, 同时选择性集成还能进一步提升整体学习器的泛化能力, 最终能够保证对 DNA 结合蛋白的准确预测.

表 15.6　　本案例方法与其他经典预测方法的比较 (数据集 PDB1075; Jackknife 测试)

Methods	Evaluation indices			
	ACC (%)	MCC	SE (%)	SP (%)
iDNA-Prot|dis [37]	77.30	0.54	79.40	75.27
PseDNA-Pro [40]	76.55	0.53	79.61	73.63
iDNA-Prot [11]	75.40	0.50	83.81	64.73
DNA-Prot [38]	72.55	0.44	82.67	59.76
DNAbinder (dimension=400) [21]	73.58	0.47	66.47	**80.36**
DNAbinder (dimension=21) [21]	73.95	0.48	68.57	79.09
iDNAPro-PseAAC [22]	76.56	0.53	75.62	77.45
Kmer1+AAC [18]	75.23	0.50	76.76	73.76
Local-DPP($n = 3$, lambda=1) [25]	79.10	0.59	84.80	73.60
Local-DPP($n = 2$, lambda=2) [25]	79.20	0.59	84.00	74.50
The proposed method	**79.91**	**0.61**	**87.43**	72.73

15.4　案例小结

从蛋白质序列 (一级结构) 出发, 利用机器学习方法对蛋白质的结构和功能进行预测, 是目前生物信息学研究的热点问题, 也是一种重要研究手段. 如何从序列数据中充分且有效地表达特征信息, 是目前关注的焦点之一. 针对蛋白质序列, 通常是考虑氨基酸组成、多肽 (相邻残基) 组成、伪氨基酸 (非相邻残基) 组成, 以及不同物化属性和进化信息等, 生成显式的特征, 并将这些特征向量进行 (串联) 组合, 这类组合式融合特征表示 CFFR 能够取得较理想的效果.

本案例提出多信息交互融合的特征表示算法, 其实质是考虑蛋白质序列的不同物化属性和进化信息之间存在交互效应, 以及考虑蛋白质序列中不同氨基酸残基间的相互作用. 实验表明, 从交互作用的视角, 对不同种物化属性、进化信息和非相邻残基间的作用信息, 进行特征级融合, 可以显著提高 DNA 结合蛋白的预测性能, 这表明本案例的特征表示能够充分挖掘隐藏在蛋白质序列背后的潜在信息, 所生成特征向量能够更好地识别和理解 DNA 结合蛋白. 进一步, 对特征表示算法参数进行扰动, 生成不同的输入特征空间, 选择性集成算法通过选择 (或修剪) 得到具有差异性的基分类器, 提升整体分类器的泛化能力. 本案例所提方法可以应用于蛋白质的结构与功能预测的其他相关领域, 对辅助分析蛋白质序列信息及其前沿问题的理解, 有着信息学与生物学意义.

在本案例中为使比较结果具有可信性, 仅使用相关文献所列举的 6 组物化指数进行分析, 尽管所使用的 6 组物化指数, 在一定程度上能够反映氨基酸的性质, 例如其中亲水性和疏水性在蛋白质高级结构形成过程中起着极其重要的作用, 当某个亲水性残基变成疏水性残基就可能使该蛋白质功能丧失. 但是仅使用这 6 组物化指数还不够充分, 考虑使用其他物化指数, 从 AAindex 数据库中选取更加有效的物化指数进行分析, 以便更大程度提高识别效果, 是后继可以深入探讨的工作.

附　　录

首先, 下载一个去冗余的蛋白质序列数据集 nr(ftp://ftp.ncbi.nlm.nih.gov/blast/db/);

其次, 运行 PSI-BLAST, 输入待测蛋白质序列, 设置参数 E 值为 0.001(evalue =0.001) 和三次循环 (num_iterations=3), 比对该去除冗余蛋白质序列的数据集 nr;

最后, 得到待测蛋白质序列上每一个蛋白质残基关于 20 种氨基酸的得分, 即 PSSM 矩阵 (表 15.7).

表 15.7　氨基酸在 6 个物化属性上的指数

Amino Acid		Physicochemical Index					
		Hydropho-bicity	Hydrophi-licity	Mass	pKa1 (-COOH)	pKa2 (-NH2)	pI (25℃)
		$Q^{(1)}$	$Q^{(2)}$	$Q^{(3)}$	$Q^{(4)}$	$Q^{(5)}$	$Q^{(6)}$
A	Ala	0.62	−0.5	15	2.35	9.87	6.11
C	Cys	0.29	−1.0	47	1.71	10.78	5.02
D	Asp	−0.90	3.0	59	1.88	9.60	2.98
E	Glu	−0.74	3.0	73	2.19	9.67	3.08
F	Phe	1.19	−2.5	91	2.58	9.24	5.91
G	Gly	0.48	0.0	1	2.34	9.60	6.06
H	His	−0.40	−0.5	82	1.78	8.97	7.64
I	Ile	1.38	−1.8	57	2.32	9.76	6.04
K	Lys	−1.50	3.0	73	2.20	8.90	9.47
L	Leu	1.06	−1.8	57	2.36	9.60	6.04
M	Met	0.64	−1.3	75	2.28	9.21	5.74
N	Asn	−0.78	0.2	58	2.18	9.09	10.76
P	Pro	0.12	0.0	42	1.99	10.60	6.30
Q	Gln	−0.85	0.2	72	2.17	9.13	5.65
R	Arg	−2.53	3.0	101	2.18	9.09	10.76
S	Ser	−0.18	0.3	31	2.21	9.15	5.68
T	Thr	−0.05	−0.4	45	2.15	9.12	5.60
V	Val	1.08	−1.5	43	2.29	9.74	6.02
W	Trp	0.81	−3.4	130	2.38	9.39	5.88
Y	Tyr	0.26	−2.3	107	2.20	9.11	5.63

参 考 文 献

[1] Ptashne M. Regulation of transcription: From lambda to eukaryotes[J]. Trends in Biochemical Sciences, 2005, 30(6): 275-279.

[2] Jones K A, Kadonaga J T, Rosenfeld P J, et al. A cellular DNA-binding protein that activates eukaryotic transcription and DNA replication[J]. Cell, 1987, 48(1): 79-89.

[3] Cajone F, Salina M, Benelli-Zazzera A. 4-Hydroxynonenal induces a DNA-binding protein similar to the heat-shock factor[J]. Biochemical Journal, 1989, 262(3): 977-979.

[4] Buck M J, Lieb J D. ChIP-chip: considerations for the design, analysis, and application of genome-wide chromatin immunoprecipitation experiments[J]. Genomics, 2004, 83(3): 349-360.

[5] Chou C C, Lin T W, Chen C Y, et al. Crystal structure of the hyperthermophilic archaeal DNA-binding protein Sso10b2 at a resolution of 1.85 Angstroms[J]. Journal of bacteriology, 2003, 185(14): 4066-4073.

[6] Zhao H, Yang Y, Zhou Y. Structure-based prediction of DNA-binding proteins by structural alignment and a volume-fraction corrected DFIRE-based energy function[J]. Bioinformatics, 2010, 26(15): 1857-1863.

[7] Tjong H, Zhou H X. DISPLAR: An accurate method for predicting DNA-binding sites on protein surfaces[J]. Nucleic Acids Research, 2007, 35(5): 1465-1477.

[8] Langlois R E, Lu H. Boosting the prediction and understanding of DNA-binding domains from sequence[J]. Nucleic Acids Research, 2010, 38(10): 3149-3158.

[9] Huang H L, Lin I C, Liou Y F, et al. Predicting and analyzing DNA-binding domains using a systematic approach to identifying a set of informative physicochemical and biochemical properties[J]. Bmc Bioinformatics, 2011, 12(1): 1-13.

[10] Shao X, Tian Y, Wu L, et al. Predicting DNA-and RNA-binding proteins from sequences with kernel methods[J]. Journal of Theoretical Biology, 2009, 258(2): 289-293.

[11] Lin W Z, Fang J A, Xiao X, et al. iDNA-Prot: Identification of DNA binding proteins using random forest with grey model[J]. PloS one, 2011, 6(9): e24756.

[12] Cai Y D, Doig A J. Prediction of Saccharomyces cerevisiae protein functional class from functional domain composition[J]. Bioinformatics, 2004, 20(8): 1292-1300.

[13] Szilágyi A, Skolnick J. Efficient prediction of nucleic acid binding function from low-resolution protein structures[J]. Journal of Molecular Biology, 2006, 358(3): 922-933.

[14] Yu X, Cao J, Cai Y, et al. Predicting rRNA-, RNA-, and DNA-binding proteins from primary structure with support vector machines[J]. Journal of Theoretical Biology, 2006, 240(2): 175-184.

[15] Chou K C. Using amphiphilic pseudo amino acid composition to predict enzyme subfamily classes[J]. Bioinformatics, 2005, 21(1): 10-19.

[16]   Chou K C. Prediction of protein cellular attributes using pseudo-amino acid composition[J]. Proteins, 2001, 43(3): 246-255.

[17]   Ahmad S, Sarai A. PSSM-based prediction of DNA binding sites in proteins[J]. BMC Bioinformatics, 2005, 6(1): 1-6.

[18]   Dong Q, Wang S, Wang K, et al. Identification of DNA-binding proteins by auto-cross covariance transformation[C]. 2015 IEEE International Conference on Bioinformatics and Biomedicine (BIBM). IEEE, 2015: 470-475.

[19]   Ho S Y, Yu F C, Chang C Y, et al. Design of accurate predictors for DNA-binding sites in proteins using hybrid SVM-PSSM method[J]. Biosystems, 2007, 90(1): 234-241.

[20]   Xu R, Zhou J, Liu B, et al. Identification of DNA-binding proteins by incorporating evolutionary information into pseudo amino acid composition via the top-n-gram approach[J]. J. Biomol. Struct. Dyn., 2015, 33: 1720-1730.

[21]   Kumar M, Gromiha M M, Raghava G P S. Identification of DNA-binding proteins using support vector machines and evolutionary profiles[J]. BMC Bioinformatics, 2007, 8(1): 1-10.

[22]   Liu B, Wang S, Wang X. DNA binding protein identification by combining pseudo amino acid composition and profile-based protein representation[J]. Scientific Reports, 2015, 5(1): 1-11.

[23]   Zhang J, Gao B, Chai H, et al. Identification of DNA-binding proteins using multi-features fusion and binary firefly optimization algorithm[J]. BMC Bioinformatics, 2016, 17(1): 1-12.

[24]   Li L, Cui X, Yu S, et al. PSSP-RFE: accurate prediction of protein structural class by recursive feature extraction from PSI-BLAST profile, physical-chemical property and functional annotations[J]. PLoS One, 2014, 9(3): e92863.

[25]   Wei L, Tang J, Zou Q. Local-DPP: An improved DNA-binding protein prediction method by exploring local evolutionary information[J]. Information Sciences, 2017, 384: 135-144.

[26]   Zhou Z H. Ensemble Learning[M]//Machine learning. Singapore: Springer, 2021: 181-210.

[27]   Zhou Z H, Wu J, Tang W. Ensembling neural networks: Many could be better than all[J]. Artificial Intelligence, 2002, 137(1-2): 239-263.

[28]   Tsoumakas G, Partalas I, Vlahavas I. A taxonomy and short review of ensemble selection[C]//Workshop on Supervised and Unsupervised Ensemble Methods and Their Applications, 2008: 1-6.

[29]   Martinez-Munoz G, Hernandez-Lobato D, Suarez A. An analysis of ensemble pruning techniques based on ordered aggregation[J]. IEEE Transactions on Pattern Analysis and Machine Intelligence, 2008, 31(2): 245-259.

[30]   Rokach L. Ensemble-based classifiers[J]. Artificial Intelligence Review, 2010, 33(1): 1-39.

[31] Zhang C X, Zhang J S, Zhang G Y. Using boosting to prune double-bagging ensembles[J]. Computational Statistics & Data Analysis, 2009, 53(4): 1218-1231.

[32] Altschul S F, Madden T L, Schaffer A A, et al. Gapped BLAST and PSI-BLAST: a new generation of protein database search programs[J]. Nucleic Acids Research, 1997, 25(17): 3389-3402.

[33] Schaffer A A, Aravind L, Madden T L, et al. Improving the accuracy of PSI-BLAST protein database searches with composition-based statistics and other refinements[J]. Nucleic Acids Research, 2001, 29(14): 2994-3005.

[34] Kawashima S, Pokarowski P, Pokarowska M, et al. AAindex: amino acid index database, progress report 2008[J]. Nucleic Acids Research, 2007, 36(suppl_1): D202-D205.

[35] Shen H B, Chou K C. PseAAC: A flexible web server for generating various kinds of protein pseudo amino acid composition[J]. Analytical Biochemistry, 2008, 373(2): 386-388.

[36] Moreira M, Mayoraz E. Improved pairwise coupling classification with correcting classifiers[C]//European Conference on Machine Learning. Berlin, Heidelberg: Springer, 1998: 160-171.

[37] Liu B, Xu J, Lan X, et al. iDNA-Prot—dis: Identifying DNA-binding proteins by incorporating amino acid distance-pairs and reduced alphabet profile into the general pseudo amino acid composition[J]. PloS One, 2014, 9(9): e106691.

[38] Kumar K K, Pugalenthi G, Suganthan P N. DNA-Prot: identification of DNA binding proteins from protein sequence information using random forest[J]. Journal of Biomolecular Structure and Dynamics, 2009, 26(6): 679-686.

[39] Wang L, Brown S J. BindN: a web-based tool for efficient prediction of DNA and RNA binding sites in amino acid sequences. Nucleic Acids Res., 2006, 34: W243-W248. doi: 10.1093/nar/gkl298.

[40] Liu B, Xu J, Fan S, Xu R, Zhou J, Wang X. PseDNA-Pro: DNA-Binding protein identification by combining Chou's PseAAC and physicochemical distance transformation[J]. Mol. Inf., 2015, 34: 8-17.

第 16 章　测量数据的建模与计算

张　文ª　王泽文[b][①][②][③]

(a. 东华理工大学理学院, 江西省南昌市, 331100;

b. 广州航海学院基础教学部, 广东省广州市, 510725)

依托东华理工大学数学学科及相关优势学科平台, 基于数学、数据科学、测量学科的深度交叉融合, 本案例引入经典的最小二乘法思想并应用于测量平差建模中; 针对观测数据包含随机误差的情况, 介绍了对未知参数进行估计的 Gibbs 采样算法, 当观测数据包含冗余数据时, 介绍了常用于遥感图像信息压缩和提取的 KLT 算法以及算法背后的数学原理.

该案例适用于数学类专业、数据科学与工程类专业、测绘工程等领域本科生、研究生的课程教学与专题研究, 也适用于新工科专业和交叉学科研究生开展科研训练.

16.1　背景介绍

在测量学科中, 人们通过专用的测量仪器对物体进行测量, 希望通过测量数据反映出被测物体的某些特定性质, 进而了解被测物体的基本特征, 进一步掌握自然规律, 为人们生产生活提供便利条件. 这些数据通常由数值和单位组成, 其记录形式常表示为: 表格、图像或列表.

本章将以测量数据为切入点, 结合测量数据相关的实际背景, 建立相应的数学模型, 并展示对应的计算方法. 例题框架设计如下: 例 1 简单介绍呈现线性关系测量数据的处理方法. 设定背景为炎炎夏日里人们消费冰淇淋的数量, 通过进一步分析温度与冰淇淋销量之间的关系, 有利于帮助冰淇淋商家提供科学生产方案, 同时引出本章所需的预备知识; 例 2 针对包含随机误差的测量数据, 介绍了如何采用平差模型方法, 估算出更贴合实际的真实数据; 例 3 针对包含随机误差的测量数据, 介绍了如何利用 Gibbs 采样算法估计出表征随机误差的未知参数; 例

---

① 本案例的知识产权归属作者及所在单位所有.

② 本案例源自国家基金科研项目 (No.11861007; 11961002) 的部分研究成果, 不涉及企业保密.

③ 作者简介: 张文, 副教授, 从事数学模型与偏微分方程数值算法研究; 电子邮箱: zhangwenmath@126.com. 王泽文, 教授, 从事数学物理反问题及其解法、图像处理的数学方法、建模与科学计算研究; 电子邮箱: zwwang6@163.com.

4 针对包含冗余数据的遥感测量数据, 介绍了常用于遥感图像信息压缩和提取的 KLT 算法以及算法背后的数学原理.

16.2   预 备 知 识

16.2.1   最小二乘法

最小二乘法是一种数学优化算法, 它通过最小化误差的平方和, 来寻找数据的最优近似函数, 下面通过一个简单例题说明算法的思路.

例 1   某时某地的温度与冰淇淋的销量记录如表 16.1 所示.

表 16.1   不同温度下的冰淇淋销量

温度 a_i/℃	25	27	31	33	35
销量 b_i/根	110	115	155	160	180

直接在有刻度的图表中描点便可以得到图 16.1, 由于看上去符合线性关系, 于是假设这种线性关系为

$$f(a) = x_1 + ax_2.$$

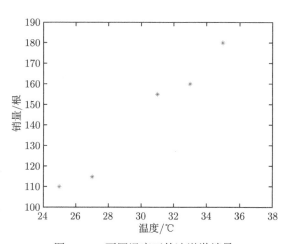

图 16.1   不同温度下的冰淇淋销量

根据最小二乘思想, 总误差的平方和为

$$s^2 = \sum_{i=1}^{5} \left(f(a_i) - b_i \right)^2.$$

不同的 x_1 和 x_2 将得出不同的误差和 s^2, 我们希望找出使得 s^2 最小的那组系数 $\hat{x}_1$ 和 $\hat{x}_2$, 根据多元函数极值必要条件, 当

$$
\begin{cases}
\dfrac{\partial s^2}{\partial x_1} = 2 \sum\limits_{i=1}^{5} (x_1 + a_i x_2 - b_i) = 0, \\[3mm]
\dfrac{\partial s^2}{\partial x_2} = 2 \sum\limits_{i=1}^{5} (x_1 + a_i x_2 - b_i) a_i = 0
\end{cases}
$$

时 s^2 达到最小, 此时有

$$
\begin{cases}
5x_1 + x_2 \sum\limits_{i=1}^{5} a_i = \sum\limits_{i=1}^{5} b_i, \\[3mm]
x_1 \sum\limits_{i=1}^{5} a_i + x_2 \sum\limits_{i=1}^{5} a_i^2 = \sum\limits_{i=1}^{5} a_i b_i
\end{cases}
$$

或者等价的矩阵形式

$$
\begin{pmatrix} 1 & 1 & \cdots & 1 \\ a_1 & a_2 & \cdots & a_5 \end{pmatrix}
\begin{pmatrix} 1 & a_1 \\ 1 & a_2 \\ \vdots & \vdots \\ 1 & a_5 \end{pmatrix}
\begin{pmatrix} x_1 \\ x_2 \end{pmatrix}
=
\begin{pmatrix} 1 & 1 & \cdots & 1 \\ a_1 & a_2 & \cdots & a_5 \end{pmatrix}
\begin{pmatrix} b_1 \\ b_2 \\ \vdots \\ b_5 \end{pmatrix}.
$$

直接计算便得出

$$
\begin{cases}
\hat{x}_1 = -73.7209, \\
\hat{x}_2 = 7.2093.
\end{cases}
$$

用矩阵形式将最小二乘算法抽象为: 已知 A 和 b, 寻找一组近似的解 $\hat{x}$, 使得 b 和 $A\hat{x}$ 各项差的平方和达到最小, 这组解表示为

$$
\hat{x} = (A^{\mathrm{T}} A)^{-1} A^{\mathrm{T}} b.
$$

通俗地说, 最小二乘法就是用方程组

$$
A^{\mathrm{T}} A x = A^{\mathrm{T}} b
$$

的解 $\hat{x}$, 作为原始方程组

$$
A x = b
$$

的最优近似解.

我们还可以从投影的角度去理解最小二乘法的求解思路.

将 Ax 看作矩阵 A 的列空间并抽象成一个超平面, 当原始方程组 $Ax = b$ 无解时, 意味着向量 b 不在矩阵 A 的超平面上, 最小二乘法则是在超平面上寻找一个最接近 b 的向量 $A\hat{x}$, 这个向量 $A\hat{x}$ 就是向量 b 在超平面上的投影 (图 16.2)!

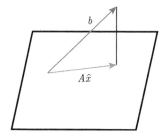

图 16.2   向量 b 在超平面上的投影

于是有向量 $A\hat{x} - b$ 与矩阵 A 的列空间 (超平面) 正交, 即

$$A^{\mathrm{T}}(A\hat{x} - b) = 0,$$

即可求出最优的近似解为

$$\hat{x} = (A^{\mathrm{T}}A)^{-1}A^{\mathrm{T}}b.$$

16.2.2   矩阵的奇异值分解

当矩阵 A 为 $n \times n$ 的实对称方阵时, 我们可以将 A 进行特征分解, 即

$$A_{n \times n} = W_{n \times n}\Sigma_{n \times n}W_{n \times n}^{\mathrm{T}},$$

其中 A 的 n 个特征值按由大到小顺序 $\lambda_1 \geqslant \lambda_2 \geqslant \cdots \geqslant \lambda_n$, 对应的单位特征向量 $\|w_i\|_2 = 1$, 且

$$Aw_i = \lambda_i w_i, \quad \Sigma = \mathrm{diag}(\lambda_1, \lambda_2, \cdots, \lambda_n), \quad W = (w_1, w_2, \cdots, w_n), \quad W^{-1} = W^{\mathrm{T}}.$$

当矩阵 A 不是方阵时, 我们就采用奇异值分解, 以便获得方阵特征分解的便利性.

假设 A 为 $m \times n$ 的矩阵, 则 A 的奇异值分解 (Singular Value Decomposition, SVD) 为

$$A_{m \times n} = U_{m \times m}\Sigma_{m \times n}V_{n \times n}^{\mathrm{T}},$$

其中, U 是 AA^{T} 的特征向量, V 是 $A^{\mathrm{T}}A$ 的特征向量, $U^{-1} = U^{\mathrm{T}}, V^{-1} = V^{\mathrm{T}}$, Σ 的非零值称为 A 的奇异值, 即 Σ 中除了主对角线上的元素以外全为 0, 非零值是 $A^{\mathrm{T}}A$ 特征值的平方根, 同时也是 AA^{T} 特征值的平方根.

奇异值分解的优点: 对于奇异值而言, 与特征分解中的特征值类似, 在奇异值矩阵中按照从大到小排列, 而且奇异值的减少特别快, 在很多情况下, 前 10% 甚至 1% 的奇异值的和就占了全部的奇异值之和的 99% 以上的比例. 通常, 利用最大的 k 个奇异值以及对应的左右奇异向量来近似矩阵, 即

$$A_{m \times n} = U_{m \times m} \Sigma_{m \times n} V_{n \times n}^{\mathrm{T}} \approx U_{m \times k} \Sigma_{k \times k} V_{k \times n}^{\mathrm{T}}.$$

常常将这个性质用于主成分分析降维, 来做数据压缩和去噪, 也可以用于推荐算法, 将用户和喜好对应的矩阵做特征分解, 进而得出潜在的用户需求信息等. 奇异值分解是数值线性代数最有用和有效的工具之一, 在统计分析、信号与图像处理、系统理论和控制领域被广泛使用.

16.3 案 例 内 容

16.3.1 平差模型

平差是测量学科中的概念, 目的是处理测量过程中存在的误差, 并评定测量结果的精度. 由德国数学家高斯 (Gauss) 于 1821—1823 年在汉诺威弧度测量的三角网平差中首次应用, 经过许多科学家的不断完善而得到发展以后, 测量平差已成为测绘学中重要的、内容丰富的基础理论与数据处理技术之一, 其核心内容是利用最小二乘原理求解高斯-马尔可夫模型. 测量数据 (观测数据) 是指用一定的仪器、工具、传感器或其他手段获取的反映地球与其他实体的空间分布等有关信息的数据, 由于种种原因, 测量数据与被测物理量的真值不完全一致, 包含信息和干扰 (误差) 两部分. 为了提高数据的质量和有效地应用测量数据, 如何处理具有各种测量误差的观测数据显得尤为重要, 在测量数据处理中, 最常用模型是高斯-马尔可夫模型

$$b = Ax + \Delta,$$

其中, b 为观测值向量, Δ 为随机误差向量, x 为未知参数向量, A 为系数矩阵, 误差 Δ 满足随机模型

$$E(\Delta) = 0, \quad \Sigma = \sigma_0^2 Q = \sigma_0^2 P^{-1},$$

E 为数学期望, Σ 为 Δ 或 b 的协方差矩阵, P 为观测向量 b 的权矩阵, Q 为协因数矩阵, σ_0^2 为单位权方差.

上述模型中, 观测值 b 表达为未知参数 x 的线性关系, 且包含有随机误差 Δ. 结合最小二乘思想, 我们将随机误差最小化便可推导出平差模型.

假设观测值的随机误差为

$$\Delta = Ax - b,$$

则随机误差的带权最小二乘模型为

$$\min_x F = \min_x \|\Delta\|_P^2 = \min_x \Delta^{\mathrm{T}} P \Delta.$$

根据极值必要条件

$$\frac{\partial F}{\partial x} = 0,$$

推导出

$$A^{\mathrm{T}} P A x = A^{\mathrm{T}} P b,$$

于是得到了未知参数 x 的最小二乘估计值

$$\hat{x} = (A^{\mathrm{T}} P A)^{-1} A^{\mathrm{T}} P b,$$

且 $\hat{x}$ 是 x 的无偏估计量, 即 $E(\hat{x}) = x$, 相应地,

$$\hat{b} = A\hat{x} = A(A^{\mathrm{T}} P A)^{-1} A^{\mathrm{T}} P b$$

称为观测值 b 的平差值.

　　另一种求解未知参数 x 的方法是对增广矩阵采用奇异值分解

$$[A, b] = U \Sigma V^{\mathrm{T}},$$

将正交矩阵 V 分成四块

$$V = \begin{bmatrix} v_{11} & \cdots & v_{1m} & v_{1,m+1} \\ \vdots & \ddots & \vdots & \vdots \\ v_{m1} & \cdots & v_{mm} & v_{m,m+1} \\ v_{m+1,1} & \cdots & v_{m+1,m} & v_{m+1,m+1} \end{bmatrix} = \begin{bmatrix} V_1 & V_2 \\ V_3 & v_{m+1,m+1} \end{bmatrix},$$

得出未知参数 x 的估计值为 $\hat{x} = -\dfrac{V_2}{v_{m+1,m+1}}$.

　　例 2　选取文献 [4] 中例 5-3 的数据, 测量数据是由 25 个数据构成的一组样本观测值, 如表 16.2.

表 16.2　例 2 的测量数据样本观测值

a	35.3	29.7	30.8	58.8	61.4	71.3	74.4	76.6	70.7	57.5	46.4	28.9	28.1
b	10.98	11.13	12.51	8.40	9.27	8.73	6.36	8.50	7.82	9.14	8.24	12.19	11.88
a	39.1	46.8	48.5	59.3	70.0	70.0	74.5	72.1	58.1	44.6	33.4	28.6	
b	9.57	10.94	9.58	10.09	8.11	6.83	8.88	7.68	8.47	8.86	10.38	11.08	

观测值的散点图如图 16.3 所示.

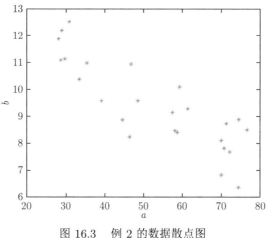

图 16.3 例 2 的数据散点图

从散点图可以看出观测值近乎直线, 于是假设观测值符合线性关系

$$b = x_1 + x_2 a.$$

由最小二乘法 (法 1) 可知

$$A = \begin{bmatrix} 1 & 35.3 \\ 1 & 29.7 \\ \vdots & \vdots \\ 1 & 28.6 \end{bmatrix}, \quad b = \begin{bmatrix} 10.98 \\ 11.13 \\ \vdots \\ 11.08 \end{bmatrix},$$

则未知变量的最小二乘估计值为

$$\hat{x} = \begin{bmatrix} \hat{x}_1 \\ \hat{x}_2 \end{bmatrix} = (A^{\mathrm{T}}A)^{-1}A^{\mathrm{T}}b = \begin{bmatrix} 13.6284 \\ -0.0799 \end{bmatrix}.$$

若采用奇异值分解方法 (法 2), 得到的未知变量估计值则为

$$\hat{x} = \begin{bmatrix} \hat{x}_1 \\ \hat{x}_2 \end{bmatrix} = -\frac{V_2}{v_{m+1,m+1}} = \frac{-1}{-0.0703} \begin{bmatrix} 0.9975 \\ -0.0063 \end{bmatrix} = \begin{bmatrix} 14.1952 \\ -0.0897 \end{bmatrix},$$

于是, 通过上述两种方法可分别得出观测值 b 的平差值 $A\hat{x}$, 如表 16.3 所示. 显然, 采用不同方法得到的平差值将不完全相同.

表 16.3　两种方法得到的平差值 $A\hat{x}$

a	35.3	29.7	30.8	58.8	61.4	71.3	74.4	76.6	70.7	57.5	46.4	28.9	28.1
b	10.98	11.13	12.51	8.40	9.27	8.73	6.36	8.50	7.82	9.14	8.24	12.19	11.88
法 1	10.81	11.25	11.17	8.93	8.72	7.93	7.68	7.51	7.98	9.03	9.92	11.32	11.38
法 2	11.03	11.53	11.43	8.92	8.69	7.80	7.52	7.32	7.85	9.04	10.03	11.60	11.67
a	39.1	46.8	48.5	59.3	70.0	70.0	74.5	72.1	58.1	44.6	33.4	28.6	
b	9.57	10.94	9.58	10.09	8.11	6.83	8.88	7.68	8.47	8.86	10.38	11.08	
法 1	10.50	9.89	9.75	8.89	8.03	8.03	7.67	7.87	8.98	10.06	10.96	11.34	
法 2	10.69	10.00	9.85	8.88	7.92	7.92	7.51	7.73	8.98	10.20	11.20	11.63	

16.3.2　处理随机数据的 Gibbs 采样算法

考虑到实际测量数据受测量仪器、环境、人为等方面的影响, 与真实值之间必将产生误差, 所以将随机误差引入到数学模型中, 可以提高模型的实用性和灵活性. 在同一条件下, 多次测量同一值, 绝对值和符号以不可预测规律变化的误差, 称为随机误差. 就随机误差整体而言, 具有统计规律, 假设每次测量的随机误差为

$$\delta_i = x_i - x^*,$$

其中 x^* 为真实值, 则随机误差服从正态分布 $N(0,\sigma^2)$, 概率密度函数为

$$p(\delta) = \frac{1}{\sigma\sqrt{2\pi}}e^{-\frac{\delta^2}{2\sigma^2}},$$

即随机误差整体期望为零, 方差为

$$\sigma^2 = \frac{1}{N}\sum_{i=1}^{N}\left(X_i - \bar{X}\right)^2.$$

贝叶斯方法由于能够将人们的经验信息融入统计推断中而备受青睐, 其基本思想为: 视未知参数为随机变量, 围绕先验知识和观测数据, 以观测值作为条件推断出随机变量的后验分布, 在后验分布基础上对未知参数进行估计. 其数学思路表达如下:

记 $f(x|\theta)$ 为随机变量 X 在 θ 给定时的条件概率密度函数, 未知参数 θ 看成随机变量, 其先验分布为 $\pi(\theta)$, 样本 $x_1, x_2, \cdots, x_n$ 和参数 θ 的联合概率密度函数满足关系

$$f(x_1, x_2, \cdots, x_n, \theta) = f(x_1, x_2, \cdots, x_n|\theta)\pi(\theta),$$

根据反问题的贝叶斯定理有, 当样本 $x_1, x_2, \cdots, x_n$ 给定时, 未知参数 θ 的后验分布为

$$\pi(\theta|x_1, x_2, \cdots, x_n) = \frac{f(x_1, x_2, \cdots, x_n|\theta)\pi(\theta)}{\displaystyle\int_{\mathbb{R}^n} f(x_1, x_2, \cdots, x_n|\theta)\pi(\theta)d\theta},$$

进一步利用后验均值

$$\hat{\theta} = \int_{\mathbb{R}^n} \theta \pi(\theta \,|\, x_1, x_2, \cdots, x_n) d\theta$$

作为 θ 的估计值.

　　然而, 实际问题中的未知参数 θ 维度往往很高, 以及后验分布 $\pi(\theta | x_1, x_2, \cdots, x_n)$ 也较为复杂, 上述通过求解积分得出 $\hat{\theta}$ 的办法往往不可行. 马尔可夫链 Monte Carlo 方法 (MCMC) 算法则提出了可以避免求解积分便能估计 θ 的有效途径, 基本思路为: 不是在给定的点处对概率密度函数估值, 而是先让密度函数自身确定一组点 (即样本) 来很好地支撑该分布, 然后利用样本逼近积分, 核心思想为: 通过构造一个平稳的马尔可夫链, 从后验分布 $\pi(\theta \,|\, x_1, x_2, \cdots, x_n)$ 中获取参数 θ 的一组后验样本 $\theta^{(1)}, \theta^{(2)}, \cdots, \theta^{(n)}$, 然后利用后验样本均值来估计未知参数 θ.

　　Gibbs 采样算法是一种特殊的 MCMC 算法, 常被用于解决包括矩阵分解、张量分解等在内的一系列问题, 也被称为交替条件采样 (alternating conditional sampling) 算法, 通过从单个参数的条件后验分布函数中抽取样本解决多维参数抽样问题. 假设已知观测值为 y, 未知参数 $\theta = (\theta_1, \theta_2, \cdots, \theta_d)^{\mathrm{T}}$, 记 θ_j^t, $j = 1, 2, \cdots, d$ 为第 j 个参数 θ_j 在第 t 次迭代的采样值, 则该采样值 θ_j^t 随机地取自一维条件后验分布 $\pi(\theta_j^t \,|\, \theta_1^t, \cdots, \theta_{j-1}^t, \theta_{j+1}^{t-1}, \cdots, \theta_d^{t-1}, y)$, 算法过程描述如下:

Algorithm 3 Gibbs 采样算法

步骤 1: 给定初始样本 $\theta^{(0)} = (\theta_1^{(0)}, \theta_2^{(0)}, \cdots, \theta_d^{(0)})^{\mathrm{T}}$.

步骤 2: 第 i 次迭代的采样值 $\theta^{(i)} = (\theta_1^{(i)}, \theta_2^{(i)}, \cdots, \theta_d^{(i)})^{\mathrm{T}}$, 由上一次迭代采样值通过条件后验分布依次抽取并更新, 即 $\theta_1^{(i)}$ 取自 $\pi(\theta_1^{(i)} | \theta_2^{(i-1)}, \theta_3^{(i-1)}, \cdots, \theta_d^{(i-1)}, y)$; $\theta_2^{(i)}$ 取自 $\pi(\theta_2^{(i)} | \theta_1^{(i)}, \theta_3^{(i-1)}, \cdots, \theta_d^{(i-1)}, y)$; $\theta_3^{(i)}$ 取自 $\pi(\theta_3^{(i)} | \theta_1^{(i)}, \theta_2^{(i)}, \theta_4^{(i-1)}, \cdots, \theta_d^{(i-1)}, y)$, 以此类推.

步骤 3: 假设 k 步收敛, 总迭代次数为 K, 则可得到样本集合 $\left\{ \theta^{(k+1)}, \theta^{(k+2)}, \cdots, \theta^{(K)} \right\}$.

步骤 4: 计算样本均值 $\hat{\theta} = \dfrac{1}{K-k} \sum\limits_{i=k+1}^{K} \theta^{(i)}$ 作为未知参数 θ 的估计值.

　　下面举例说明 Gibbs 采样算法的详细计算过程.

　　例 3　假设观测值 $y = (y_1, y_2)$ 服从均值 (未知) 为 $\theta = (\theta_1, \theta_2)$, 协方差 (已知) 为 $\Sigma = \begin{bmatrix} 1 & \rho_{12} \\ \rho_{21} & 1 \end{bmatrix}$ 的多元正态分布, 且参数 θ 服从均匀分布, 如何利用 Gibbs 采样方法来估计参数 θ?

　　解　假设 x, μ 均为 $n \times 1$ 列向量, Σ 为 $n \times n$ 非奇异矩阵, 则随机变量 X 服从以向量 μ 为均值, Σ 为协方差矩阵的多元正态分布, 即 $X \sim N(\mu, \Sigma)$, 其概率密度函数为

$$\pi(x\,|\,\mu,\Sigma) = \frac{1}{\sqrt{(2\pi)^n\,|\Sigma|}} \exp\left\{-\frac{1}{2}(x-\mu)^{\mathrm{T}}\Sigma^{-1}(x-\mu)\right\},$$

其中 $|\Sigma|$ 为协方差矩阵 Σ 的行列式.

根据题意知, Gibbs 采样过程中的条件概率分布分别为

$$\left(\theta_1^{(t)}\,\middle|\,\theta_2^{(t-1)}, y\right) \sim N\left(y_1 + \rho_{21}(\theta_2^{(t-1)} - y_2),\, 1 - \rho_{21}^2\right),$$

$$\left(\theta_2^{(t)}\,\middle|\,\theta_1^{(t)}, y\right) \sim N\left(y_2 + \rho_{12}(\theta_1^{(t)} - y_1),\, 1 - \rho_{12}^2\right).$$

下面通过具体的观测数据来看 Gibbs 采样估计参数 θ 的过程.

取 $y = (y_1, y_2) = (0, 0)$, $\rho_{21} = \rho_{12} = 0.85$, 随机初始化初始状态为 $(\theta_1^{(0)}, \theta_2^{(0)})$ $= (2.1649, 1.0314)$, 得到图 16.4.

图 16.4(a) 给出了 Gibbs 采样前 50 个样本点的采样路径, 从图 16.4 中可以看出迭代约 $k =500$ 步后算法收敛, 总共迭代 $K = 50000$ 次后, 未知参数 θ 的估计值为

$$\hat{\theta} = \frac{1}{K-k}\sum_{i=k+1}^{K}\theta^{(i)} = (0.0038, 0.0037).$$

注: 每次运行得到的结果不大一样.

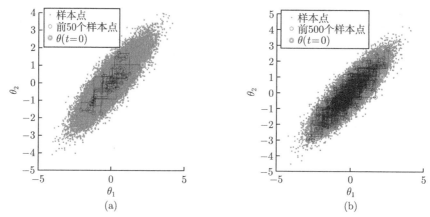

图 16.4   Gibbs 采样的前 50 个样本点轨迹 (a) 与前 500 个样本点轨迹 (b)

16.3.3 处理冗余数据的 KLT 算法

冗余数据是指数据之间的重复, 也可以说是同一数据存储在不同数据文件中的现象. 下面简单列举数据冗余的优缺点, 便于迅速了解数据冗余概念. 优点: 起到数据备份、数据恢复的作用, 增加了数据安全性; 同时提高数据核查性能, 如设

立数据校验位可以检查数据在存储、传输过程中的改变; 提高数据使用便利, 在海量数据库中将小粒度的数据制作成大粒度统计单位的冗余信息表或者指标信息表, 将直观、高效地呈现数据信息. 缺点: 需要占用大量存储空间, 增加了数据传输难度, 同时也增加了保持数据一致性、完整性的管理难度, 若某个冗余数据发生变化, 则需对所涉及的冗余数据作出相应改变.

随着高分辨率成像技术和光谱成像技术的广泛应用, 空间分辨率更高、光谱分辨率更细、覆盖宽度更广的遥感卫星陆续发射上天, 星上采集的数据量日益增大, 数据更新速度也不断加快. 尽管数据传输技术和星上存储技术在不断进步, 但仍赶不上由于遥感卫星性能的提高带来原始数据量的增长速度. 在现有卫星数据存储和数据传输系统的制约下, 难以直接将所有成像数据全部传回地面. 据统计, 光学遥感卫星下传有用信息仅占传输数据总量的较少部分, 如果在星上建立特定功能的图像处理系统, 去除冗余数据, 提炼出有用信息再下传, 则将极大地缓解数据传输通道压力, 用户可以直接根据卫星下传的数据, 更加快速、准确地挑选出有用的图像. 下面介绍遥感图像增强和信息提取常用的 KLT 算法.

KLT (Karhunen-Loeve Transform) 算法是一种正交变换, 与主成分分析方法 (Principal Component Analysis, PCA) 相比, PCA 仅仅针对离散信号的协方差矩阵做特征分析, 而 KLT 算法应用范围更广, 可用于连续信号、离散信号分析, 变换矩阵可包含二阶矩阵、协方差矩阵、自相关矩阵、总类内离散度矩阵等. KLT 算法将原图高维多光谱空间的像素亮度值投影到低维空间, 通过减少特征空间维数达到提取原图像特征信息、提高信噪比、数据压缩的目的. 该算法的主要优点是去除相关性, 根据图像统计特性决定变换矩阵, 是最小均方误差下的最佳变换. 从数学角度来看, KLT 算法就是寻找一个正交矩阵 P, 将待压缩 N 维向量 $\boldsymbol{x}$ 的协方差矩阵 (实对称阵) 对角化, 通过保留较大特征值和特征向量重构原向量的过程, 达到数据压缩和降维的目的. 详细 KLT 算法过程描述如下:

Algorithm 4 KLT 算法

步骤 1: 给定初始 N 维向量 $\boldsymbol{x} = (x_1, x_2, \cdots, x_N)^{\mathrm{T}}$, 计算均值 $\bar{x} = E[\boldsymbol{x}]$ 和协方差矩阵 $\Sigma_x = E[(\boldsymbol{x} - \bar{x})(\boldsymbol{x} - \bar{x})^{\mathrm{T}}]$;

步骤 2: 计算 Σ_x 由大到小排列的特征值 λ_i 及对应特征向量 $\boldsymbol{p}_i$ $(i = 1, 2, \cdots, N)$;

步骤 3: 根据累积贡献率 $\theta = \sum\limits_{i=1}^{M} \lambda_i \Big/ \sum\limits_{i=1}^{N} \lambda_i$ 选取 M 个主要特征值 $(M < N)$, 并将前 M 个特征值对应的特征向量重组为特征矩阵 $P_M = (\boldsymbol{p}_1, \boldsymbol{p}_2, \cdots, \boldsymbol{p}_M)$, 由 KLT 变换得到压缩向量 $\hat{\boldsymbol{y}} = P_M^{\mathrm{T}} \boldsymbol{x}$;

步骤 4: 由 KLT 逆变换 $\hat{\boldsymbol{x}} = P_M \hat{\boldsymbol{y}}$ 得出初始向量 $\boldsymbol{x}$ 的恢复值.

其中, 正交矩阵 $P_N = (\boldsymbol{p}_1, \boldsymbol{p}_2, \cdots, \boldsymbol{p}_N)$ 满足 $P_N^{\mathrm{T}} P_N = I_N$(单位矩阵) 以及 $P_N^{\mathrm{T}} \Sigma_x P_N = \Lambda = \mathrm{diag}[\lambda_1, \lambda_2, \cdots, \lambda_N]$.

注　KLT 算法去除相关性主要体现在: KLT 变换所得向量的协方差矩阵为对角阵.

事实上, 由于 $\boldsymbol{y} = P_N^{\mathrm{T}}\boldsymbol{x}$, $\bar{y} = E[P_N^{\mathrm{T}}\boldsymbol{x}] = P_N^{\mathrm{T}}\bar{x}$, 于是有

$$\Sigma_y = E[(\boldsymbol{y} - \bar{y})(\boldsymbol{y} - \bar{y})^{\mathrm{T}}] = E[\boldsymbol{y}\boldsymbol{y}^{\mathrm{T}}] - \bar{y}\bar{y}^{\mathrm{T}}$$

$$= P_N^{\mathrm{T}}(E[\boldsymbol{x}\boldsymbol{x}^{\mathrm{T}}] - \bar{x}\bar{x}^{\mathrm{T}})P_N = P_N^{\mathrm{T}}\Sigma_x P_N = \Lambda = \mathrm{diag}[\lambda_1, \lambda_2, \cdots, \lambda_N].$$

例 4　经典 lena 灰度图像的 KLT 算法压缩与重建.

由于经典 lena 灰度图像混合了细致部分、平滑区、阴影、纹理等特征, 常被用来测试各类图像处理算法. 以 512×512 的 lena 灰度图像为原图, 切分成大小为 4×4 的图像块, 于是得到长度为 16 的向量组, 经 KLT 算法得到特征值、累积贡献率及均方误差等信息 (如表 16.4 所示), 图 16.5 和图 16.6 为分别选用前 1、3、5、10 个特征值信息的重建图像, 从结果可以看出: 仅仅选用前 1 个特征信息重建的图像带有毛刺、失真明显, 但图像轮廓已很明朗; 选用前 3 个特征信息重建的图像与原图便难以分辨不同了, 说明 KLT 算法处理冗余数据十分高效.

表 16.4　lena 灰度图像中的特征值、累计贡献率及均方误差

i	1	2	3	4	5	6	7	8
λ_i	34532.691	1046.915	420.947	197.492	160.756	62.692	51.843	40.677
累计贡献率	0.942	0.971	0.983	0.988	0.992	0.994	0.995	0.997
均方误差	133.797	68.287	41.911	28.484	17.819	13.901	10.556	8.014
i	9	10	11	12	13	14	15	16
λ_i	35.737	22.265	19.426	12.935	10.939	10.642	8.912	6.764
累计贡献率	0.997	0.998	0.999	0.999	0.999	1.000	1.000	1
均方误差	5.774	4.354	3.138	2.330	1.645	0.980	0.423	4.917×10^{-27}

lena原始图像

前1个特征值, 累计贡献率: 0.9424,
均方误差: 133.797

(a)　　　　　　　　　　　　　　　　(b)

图 16.5　lena 原始灰度图像 (a) 与经前 1 个特征值恢复后的图像 (b)

前3个特征值,
累计贡献率: 0.9825,
均方误差: 41.9105

前5个特征值,
累计贡献率: 0.99228,
均方误差: 17.8193

前10个特征值,
累积贡献率: 0.9981,
均方误差: 4.3535

(a)　　　　　　　　　　(b)　　　　　　　　　　(c)

图 16.6　　分别经前 3、5、10 个特征值恢复后的图像

16.4　案 例 小 结

本案例介绍了三大算法以及算法背后的数学原理, 具体包括经典的最小二乘法思想在测量平差中的应用、处理随机数据的 Gibbs 采样算法以及处理冗余数据的 KLT 算法. 学有余力的同学可以此为基础进行拓展, 例如, 在获取数据过程中, 人们受物理的、机械的、技术的、仪器的或作业人员等实际观测条件的限制, 系数矩阵与观测向量同时存在误差的情况不可避免, 可以考虑采用总体最小二乘法求解平差模型, 即同时考虑观测值和系数矩阵的误差等等.

参 考 文 献

[1] Kaipio, Erkki Somersalo. 统计与计算反问题 [M]. 刘逸侃, 徐定华, 程晋, 译. 北京: 科学出版社, 2018.

[2] 李翰芳. 基于贝叶斯方法的随机效应面板数据模型研究 [D]. 武汉: 华中师范大学, 2020.

[3] 鲁铁定. 总体最小二乘平差理论及其在测绘数据处理中的应用 [D]. 武汉: 武汉大学, 2010.

[4] 腾素珍, 冯敬海. 数理统计学 [M]. 大连: 大连理工大学出版社, 2005.

[5] 纪强. 航天遥感图像去除冗余数据的若干算法研究 [D]. 武汉: 武汉大学, 2013.

[6] https://zhuanlan.zhihu.com/p/25072161.

[7] https://theclevermachine.wordpress.com/2012/11/05/mcmc-the-gibbs-sampler/.

[8] https://blog.csdn.net/qq_34517924/article/details/90450681.

第 17 章 基于后疫情时代与地域特征的消防救援优化问题的建模与计算

李雨真 郑 伟 [①②③]

(重庆邮电大学理学院, 重庆市南岸区, 400065)

本案例研究了消防队员排班、出警次数、消防事件与影响因子的关系、消防站新建选址等问题. 通过对 2016 年至 2020 年某地消防数据挖掘, 本案例运用灰色预测模型、多项式拟合、Floyd 算法、熵权法等对具体的问题展开求解. 最后, 本案例预测出 2021 年各月份的消防救援出警次数、每类事件发生次数, 分析了各影响因子对消防事件发生的影响程度大小, 同时制定出消防队员值班安排、消防站新建的选址方案.

17.1 问 题 叙 述

17.1.1 问题背景

随着我国经济的发展, 城市化进程的快速推进, 城市空间环境复杂性急剧上升, 各种事故灾害频发, 安全风险不断增大. 为防范化解重大安全风险、应对处置各类灾害事故, 我们既需要类似将原公安消防部队、武警森林部队转制为国家综合性消防救援部队这样的体制、机制建设, 让消防事业有主力军、国家队, 同时, 我们也要基于后疫情时代的消防救援信息化发展趋势, 用数据、用技术来协助消防救援队伍在防火、灭火、救援、救助等方面发挥更加有效、重要的作用. 针对消防救援队承担的任务呈现的多样化、复杂化的特点, 本案例拟从数据出发, 基于数据的科学建模与分析来处理消防救援中的系列问题. 这些问题既有值班人数安排问题, 也有消防事件影响因子分析, 还有消防站选址问题规划等.

---

① 本案例的知识产权归属作者及所在单位所有.

② 本案例源自 2021 年第十八届五一数学建模竞赛 B 题重庆邮电大学优秀学生论文, 案例不涉及企业保密, 相关资料及附件请查阅赛事官网 https://51mcm.cumt.edu.cn/1a/54/c14055a596564/page.htm.

③ 李雨真, 重庆邮电大学理学院数学与大数据科学专业本科生, 感兴趣方向为优化建模与模糊数学. 郑伟, 重庆邮电大学理学院讲师, 从事反问题与优化计算、医学图像重建研究; 电子邮箱: zhengwei@cqupt.edu.cn.

17.1.2 问题提出

某地有 15 个区域, 分别用 A, B, C, ⋯ 表示. 图 17.1 展示了各区域之间的邻接关系及距离. 题目附件 1 罗列了各区域的人口及面积. 附件 2 包含了该地消防救援队出警相关数据, 包括接警日期、时间点、事件所在区域以及事件类别. 要求依据该地的消防出警数据, 建立数学模型, 求解下面六个问题.

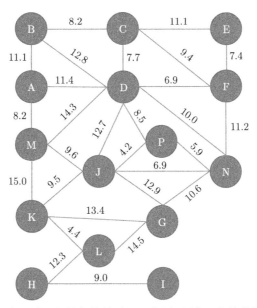

图 17.1 各区域之间的邻接关系及距离图 (图中距离的单位为 km)

问题一 将每天分为三个时间段 (0:00—8:00 为时段 I, 8:00—16:00 为时段 II, 16:00—24:00 为时段 III), 每个时间段安排不少于 5 人值班. 假设消防队每天有 30 人可安排值班, 请根据附件数据, 建立数学模型确定消防队在每年 2 月、5 月、8 月、11 月中第一天的三个时间段各应安排多少人值班.

问题二 以该地 2016 年 1 月 1 日至 2019 年 12 月 31 日的数据为基础, 以月份为单位, 建立消防救援出警次数的预测模型; 以 2020 年 1 月 1 日至 2020 年 12 月 31 日的数据作为模型的验证数据集, 评价模型的准确性和稳定性, 并对 2021 年各月份的消防救援出警次数进行预测, 给出预测值.

问题三 依据 7 种类别事件的发生时间, 建立各类事件发生次数与月份关系的多种数学模型, 以拟合度最优为评价标准, 确定每类事件发生次数的最优模型.

问题四 根据图 17.1, 请建立数学模型, 分析该地区 2016—2020 年各类事件密度在空间上的相关性, 并且给出不同区域相关性最强的事件类别 (事件密度指每周每平方公里内的事件发生次数).

问题五　依据附件 2, 请建立数学模型, 分析该地各类事件密度与人口密度之间的关系 (人口密度指每平方公里内的人口数量).

问题六　目前该地有两个消防站, 分别位于区域 J 和区域 N, 请依据附件 1和附件 2, 综合考虑各种因素, 建立数学模型, 确定如果新建 1 个消防站, 应该建在哪个区域? 如果在 2021—2029 年每隔 3 年新建 1 个消防站, 则应依次建在哪些区域?

17.2　问 题 分 析

问题一的分析. 结合现实情况, 出于方便, 消防队在 2 月, 5 月, 8 月, 11 月四个月的第一天对值班进行人数调整的策略应该会一直固定, 直到下个季度的人数调整, 如 2 月 1 日的值班安排应以五年内 2 月 1 日至 4 月 30 日的最大出警次数进行安排. 明确这一点后, 本小组首先对数据进行处理统计后, 得出 5 年内 2 月, 5月, 8 月, 11 月的第一天的三个时间段的最高出警次数. 值班人数安排策略为: 各时段值班人数可覆盖出警次数, 如无法覆盖则按照比例分配剩余值班人数.

问题二的分析. 本小组使用以年、季度、月为周期的灰色预测模型 GM(1, 1),使用 2016—2019 年的数据作为训练集, 使用 2020 年数据作为测试集, 进行模型准确性和稳定性的评价. 最后在加入 2020 年数据作为训练集后, 将修正后的模型应用在预测 2021 年的出警次数.

问题三的分析. 本小组使用的数据源为七个事件在 5 年里发生次数的均值, 并采用基于多项式的多次数最优拟合模型, 寻找最为合理的次数作为最优数学建模方法, 并选择其中误差最小且计算量最少者最优作为最终拟合结果.

问题四的分析. 本小组首先得找出在地理位置上有直接相连的两块区域并构建邻接矩阵, 编程计算对两个地域 2016 年到 2020 年五年间所有关于七个事件的事件密度进行基于 Pearson 相关系数的相关性分析, 之后可以得到可达的两个区域间各个事件的相关性.

问题五的分析. 本小组首先进行数据整理, 在数据源上进行相关分析后采用多项式拟合获得七个事件与人口密度的线性函数, 获取该七个事件的函数斜率作为考量事件密度与人口密度相关性的考量标准, 在获取最大斜率后可得到受影响人口密度最大的事件密度.

问题六的分析. 本小组结合前五个问题设条件, 综合经过次数、最短距离、人口密度、相关性、出警总数从 5 个方面综合考虑建立消防站, 并利用信息熵理论对专家打分进行客观赋权的方法减少专家主观因素及样本差异性的影响, 对各项指标进行标准化和归一化处理.

17.3 模型建立与求解

为本案例后续建模与求解的合理性计, 我们做如下的一些假设:

(1) 区域理想化, 不考虑区域大小, 即到达区域边缘和区域中心用时相同.

(2) 认为五年内的人口密度不发生大的改变, 即把附件 1 中的人口密度看作一个不随时间变化的常值.

(3) 认为出警数量与火情次数等直接挂钩, 即在问题六中认为火情越多的地方越应该建造消防站.

(4) 在分析人口密度与事件密度的相关性时, 认为事件密度的时效性对人口密度没有影响, 即不把 2016—2020 年每一年的变化数据纳作考量, 而是以这五年全年的数据作为考量标准.

本案例所使用的部分记号说明见表 17.1.

表 17.1　本案例所使用的部分记号说明

符号	说明
ω_1	出警距离
ω_2	出警经过区域次数
ω_3	各类事件密度在空间上的相关性
ω_4	区域的人口密度
ω_5	已有消防站到区域的距离
A_{ij}	区域 i 到区域 j 的最短距离矩阵
$Path_{ij}$	区域 i 到区域 j 的路径矩阵
X_i	出警量
P_{ij}	拟合多项式
Z	生成的紧邻均值序列
$\rho_{x,y}$	Pearson 相关系数
CorrMat	包含了七个相关系数的相关矩阵
CORR	样本总体矩阵, 内部包含了 CorrMat 的元胞
R^2	问题三中的拟合率

17.3.1　问题一的模型建立与求解

1. 问题一的模型建立

此问, 我们定义值班人数应保证高于最高出警次数. 考虑到后续题目中需要按照年份或月份对数据进行预测, 故利用 Excel 函数=year(serial_number), =month (serial_number), =day(serial_number), =hour(serial_number), =minute(serial_number) 将附件 2 中的日期时间的原数据分列, 将接警日期和时间点按年月日时分进行整理 (如表 17.2 所示) 并保存, 而后导入 MATLAB.

表 17.2　部分接警时间拆分表

数据处理前			数据处理后				
序号	接警日期	接警时间点	接警年	接警月	接警日	接警时	接警分
1	2020/12/31	22:54:00	2020	12	31	22	54
2	2020/12/31	22:23:00	2020	12	31	22	23
3	2020/12/31	12:13:00	2020	12	31	12	13
4	2020/12/30	23:51:00	2020	12	30	23	51
5	2020/12/30	21:56:00	2020	12	30	21	56
6	2020/12/30	16:20:00	2020	12	30	16	20
7	2020/12/30	12:07:00	2020	12	30	12	7
8	2020/12/30	8:19:00	2020	12	30	8	19

接着利用 Excel 分类汇总功能统计得出 2016—2020 年期间 2—4 月, 5—7 月, 8—10 月, 11—1 月的三个时段的最大出警次数, 表 17.3 展示了相应的统计结果.

这里说的三个时段是指 0:00—8:00 为时段 I, 8:00—16:00 为时段 II, 16:00—24:00 为时段 III.

表 17.3　初步统计最大出警数

月份	时段	最大出警数
2	I	3
2	II	8
2	III	11
5	I	4
5	II	26
5	III	23
8	I	3
8	II	6
8	III	4
11	I	3
11	II	6
11	III	7

2. 模型求解

根据最大出警次数, 可以得出各时段最合理的值班人数. 并且每个时段应至少安排 5 人, 若有某天的最大出警次数超过 30 次的情况则按其比例分配值班人数, 其余情况则按照最大出警次数即为安排值班人数处理.

如 2 月的时段 I 最大出警次数为 3, 但题目要求值班人数最少为 5 人, 故应该安排 5 人. 如 5 月的第一天各时间段最大出警次数之和大于 30 人, 只能按照比例分配, 其中时段 I 最大出警次数为 4, 则应安排 5 人, 其余 25 人按比例分配有 $25 \times \dfrac{26}{26+23} \approx 13$ (人), $25 \times \dfrac{23}{26+23} \approx 12$ (人). 其余情况则直接安排值班人数等于最大出警次数. 最后得出结果, 如表 17.4 所示.

表 17.4　值班人数预测

月份	时段	最大出警次数	应安排值班人数
2	I	3	5
2	II	8	8
2	III	11	11
5	I	4	5
5	II	26	13
5	III	23	12
8	I	3	5
8	II	6	6
8	III	4	5
11	I	3	5
11	II	6	6
11	III	7	7

17.3.2　问题二的模型建立与求解

1. 问题二的模型建立

GM(1,1) 模型的预测原理是[1]: 对某一数据序列用累加的方式生成一组趋势明显的新数据序列, 按照新的数据序列的增长趋势建立模型进行预测, 然后再用累减的方法进行逆向计算, 恢复原始数据序列, 进而得到预测结果.

2. 模型的求解

首先整理出 2016—2019 年各月份出警总次数得到原始序列:

$$X(0) = \left(x^0(1), x^0(2), x^0(3), \cdots, x^0(48)\right) \tag{17.1}$$

其中 $x^0(i) \geqslant 0, i = 1, 2, \cdots, 48$.

对原始序列做一次累加生成, 得到新序列

$$X(1) = \left(x^1(1), x^1(2), x^1(3), \cdots, x^1(48)\right), \tag{17.2}$$

其中 $x^1(k) = \sum_{i=1}^{k} x^0(i), i = 1, 2, \cdots, 48$.

接着, 对累加生成序列做紧邻均值生成

$$Z(1) = \left(z^1(1), z^1(2), z^1(3), \cdots, z^1(48)\right), \tag{17.3}$$

其中 $z^1(k) = 0.5x^1(k) + 0.5x^1(k-1), k = 2, 3, \cdots, 48$.

定义灰色微分方程:

$$x^0(k) + az^1(k) = b, \tag{17.4}$$

其中 a 为发展系数, b 为灰色作用量. 记 $\widehat{a} = \begin{bmatrix} a \\ b \end{bmatrix}$, 令

$$
B = \begin{bmatrix} -z^1(2) & 1 \\ -z^1(3) & 1 \\ \vdots & \vdots \\ -z^1(48) & 1 \end{bmatrix} = \begin{bmatrix} -\dfrac{1}{2}\big(x^1(1)+x^1(2)\big) & 1 \\ -\dfrac{1}{2}\big(x^1(2)+x^1(3)\big) & 1 \\ \vdots & \vdots \\ -\dfrac{1}{2}\big(x^1(47)+x^1(48)\big) & 1 \end{bmatrix}, \quad Y_n = \begin{bmatrix} x^0(2) \\ x^0(3) \\ \vdots \\ x^0(48) \end{bmatrix}, \quad (17.5)
$$

从而由最小二乘解得灰度参数 $\widehat{a} = \begin{bmatrix} a \\ b \end{bmatrix} = (B^{\mathrm{T}}B)^{-1}B^{\mathrm{T}}Y_n$.

构建白化方程:

$$
\frac{dx^1}{dt} + ax^1 = b, \tag{17.6}
$$

求解微分方程, 即得预测模型:

$$
x^1(k+1) = \left[x^0(1) - \frac{b}{a}\right]e^{-ak} + \frac{b}{a}, \quad k = 0, 1, 2, \cdots, 48. \tag{17.7}
$$

还原原始序列的预测值:

$$
x^0(k+1) = x^1(k+1) - x^1(k), \quad k = 1, 2, \cdots, 47. \tag{17.8}
$$

综上, 预测结果如图 17.2 所示.

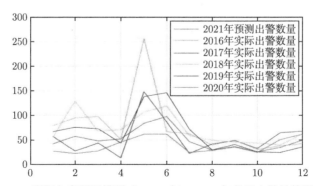

图 17.2   利用灰度预测模型对 2020 年、2021 年各月出警量的预测图

经过对结果分析, 我们不难看出使用灰色模型对 2020 年的预测与 2020 年真实的数据之间差距不小, 这个是有迹可循的, 我们认为原因在于 2020 年新冠疫情的突然暴发使得出警次数大幅度降低, 而本次比赛中提供的数据不足以体现突发疫情的特征. 所以采用 2016 年到 2019 年的数据对 2020 年的出警预测会出现偏差较大的现象.

因此在预测 2021 年出警次数时, 本小组灰色预测模型的训练集中加入了 2020 年真实的出警次数数据来修正模型, 从而得到了如图 17.2 所示的 2021 年预测值. (注: 结果也包含在表 17.5 中, 其中的 2021 年预测是引入 2020 年数据到训练集当中, 即对原有模型进行修正后的结果.)

表 17.5 利用灰色预测模型对 2020 年、2021 年各月出警次数的预测表

月份	2016 年	2017 年	2018 年	2019 年	真实的 2020 年	2021 年 (预测)	预测的 2020 年
1	79	58	54	67	28	42	70
2	95	28	129	76	23	58	122
3	98	44	68	73	28	48	94
4	51	14	71	44	46	52	71
5	257	148	107	138	62	84	120
6	67	87	119	146	62	98	188
7	63	23	59	72	25	47	115
8	40	42	50	30	29	30	31
9	50	49	46	41	36	37	38
10	31	33	44	26	25	26	29
11	38	65	40	25	51	35	16
12	43	68	63	36	62	50	32

3. 模型的检验

检验 GM(1, 1) 模型的精度, 通常采用残差检验、后验差检验、级比偏差检验. 设原始序列 $x^{(0)}$ 的 k 点的实际值为 $x^{(0)}(k)$, 由 $x^{(0)}$ 所得出灰色模型的计算值为 $\widehat{x}^{(0)}(k)$, 则称 $q(k) = x^{(0)}(k) - \widehat{x}^{(0)}(k)$ 为 k 点 (或时刻) 的残差.

4. 残差检验

这是一种逐点检验法, 定义相对误差 $\epsilon(k)$、平均相对误差 ϵ (avg) 与精度 p^0 如下:

$$\epsilon(k) = \frac{q(k)}{x^{(0)}(k)} \times 100\% = \frac{x^{(0)}(k) - \widehat{x}^{(0)}(k)}{x^{(0)}(k)} \times 100\%, \tag{17.9}$$

$$\epsilon(\text{avg}) = \frac{1}{n-1} \sum_{k=2}^{n} |\epsilon(k)|, \tag{17.10}$$

$$p^0 = (1 - \epsilon(\text{avg})) \times 100\%. \tag{17.11}$$

对于 $\epsilon(k)$, 一般要求 $\epsilon(k) < 20\%$, 最好 $\epsilon(k) < 10\%$; 对于 p^0, 一般要求 $p^0 > 80\%$, 最好 $p^0 > 90\%$.

5. 后验差检验

设 $x^{(0)}$ 为原始序列, $\widehat{x}^{(0)}$ 为模型序列, q^0 为残差序列, 则 $x^{(0)}$ 的均值与方差分别为 $\bar{x} = \dfrac{1}{n} \sum\limits_{k=1}^{n} x^{(0)}(k), S_1^2 = \dfrac{1}{n} \sum\limits_{k=1}^{n} (x^{(0)}(k) - \bar{x})^2$, q^0 的均值与方差分别为 $\bar{q} = \dfrac{1}{n} \sum\limits_{k=1}^{n} q(k), S_2^2 = \dfrac{1}{n} \sum\limits_{k=1}^{n} (q(k) - \bar{q})^2$. 称 $C = \dfrac{S_2}{S_1}$ 为后验差比值, 对于给定的 $C_0 > 0$, 当 $C < C_0$ 时, 称模型为后验差比合格模型; 称 $P = P\{|q(k) - \bar{q}| < 0.6745 S_1\}$ 为小误差概率, 对于给定的 $p_0 > 0$, 当 $p > p_0$ 时, 称为小误差概率合格模型.

6. 级比偏差 (指数律差异值) 检验

对于给定的序列设 $x^{(0)}$ 及其模型序列 $\widehat{x}^{(0)}$, 序列级比 $\sigma^{(0)}(k)$ 与模型级比 $\widehat{\sigma}^{(0)}(k)$ 分别为 $\sigma^{(0)}(k) = \dfrac{x^{(0)}(k-1)}{x^{(0)}(k)}, \widehat{\sigma}^{(0)}(k) = \dfrac{\widehat{x}^{(0)}(k-1)}{\widehat{x}^{(0)}(k)} = \dfrac{1 + 0.5a}{1 - 0.5a}$, 则级比偏差 $\rho(k) = \dfrac{\widehat{\sigma}^{(0)}(k) - \sigma^{(0)}(k)}{\sigma^{(0)}(k)} \times 100\% = \dfrac{1 + 0.5a}{1 - 0.5a} \dfrac{x^{(0)}(k)}{x^{(0)}(k)} \times 100\% - 1$, 若 ϵ 为指定实数, 当 $\rho(k) < \epsilon$ 时, 称 $x^{(0)}$ 的 GM(1, 1) 模型具有 ϵ 指数符合率.

根据以上检验方法对 GM(1, 1) 的准确性进行检验, 检验结果如表 17.6 所示.

表 17.6　GM(1,1) 的准确性检验

计算的 2016—2019 年的数据			计算的 2016—2020 年的数据		
残差检验	后验差检验	级比偏差检验	残差检验	后验差检验	级比偏差检验
0.4205	1.003	0.4831	0.2193	0.404	0.3812
1.5402	1.4657	1.5502	0.9288	0.8861	1.2501
0.6544	1.2355	0.6782	0.3858	0.4287	0.5735
0.6423	1.0635	0.8575	0.5501	0.861	0.8173
0.3332	0.1716	0.4488	0.1919	0.0986	0.3384
0.5238	2.5031	0.5377	0.3135	0.7729	0.5091
1.0471	3.2372	1.1185	0.5885	0.8653	0.8953
0.1355	0.4585	0.229	0.1216	0.4531	0.2318
0.022	0.029	0.0255	0.0167	0.0168	0.0237
0.1769	0.667	0.2612	0.1483	0.6432	0.2665
0.1785	1.0955	0.1813	0.3215	0.7229	0.3676
0.2057	1.0736	0.2781	0.2026	0.6491	0.2821

由表 17.6 可知, 在未引入 2020 年数据的情况下, 残差、后验差与级比偏差均

不理想, 是十分不可信的预测模型, 这是 2020 年疫情的特殊情况所导致的. 而引入了 2020 年的数据作为模型的修正以后, 检验的各个结果均远远优于未修正的情况, 且残差绝大多数都小于 0.3, 即认为它们是可行的预测数据, 因此用该模型预测 2021 年的数据将会十分有效可信.

模型的稳定性检验

关于灰色预测模型[2,3], GM(1, 1) 模型的定义型有如下定义

$$\text{GM}(1,1,D) : x^{(0)}(k) + az^{(1)}(k) = b, \tag{17.12}$$

定义型的解就是方程本身, 或者用内涵型来表示

$$\text{GM}(1,1,C) : \widehat{x}^{(0)}(k) = \left(\frac{1-0.5a}{1+0.5a}\right)^{k-2} \frac{b - ax^{(0)}(1)}{1+0.5a}. \tag{17.13}$$

GM(1,1) 模型的白化型为

$$\text{GM}(1,1,W)_1 : \widehat{x}^{(1)}(k+1) = \left(x^{(0)}(1) - \frac{b}{a}\right)e^{-ak} + \frac{b}{a}, \tag{17.14}$$

$$\text{GM}(1,1,W)_2 : \widehat{x}^{(0)}(k+1) = \widehat{x}^{(1)}(k+1) - \widehat{x}^{(1)}(k), \tag{17.15}$$

白化型的解显然为 GM(1, 1) 模型对应的白化方程的解

$$\frac{dx^1}{dt} + ax^{(1)} = b. \tag{17.16}$$

根据

(1) 当 $|a| < \dfrac{2}{n+1}$ 时, 白化型与内涵型可以互相取代;

(2) 当 $\dfrac{2}{n+1} \leqslant |a| < 2$ 时, 应该使用内涵型, 白化型慎用;

(3) 当 $|a| \geqslant 2$ 时, 应使用 $\text{GM}(1,1|\tau,r)$ 模型, 内涵型与白化型均慎用.

从而我们可以知道, GM(1,1) 模型即内涵型的解与白化模型的解是有误差的, 而且其误差与发展系数 α 的取值有关. 当 α 很小时, 误差很小, 两个解可以相互取代, 这也是在平常使用中用白化型来代替内涵型的原因. 但当 α 增大时, 两者间的误差也变大, 此时如果仍然用白化型的解去作为 GM(1, 1) 模型的解, 稳定性将会越来越差.

所以凡是从 GM(1, 1) 白化型及其白化响应式得到的结果, 只有与灰色模型 GM(1, 1) 不矛盾时才有价值, 即 GM(1, 1) 模型的本质是内涵型, 白化型只有当 α 很小时才有价值, 不能认为所有序列都应用白化型及其白化响应式去拟合.

通过调用 MATLAB 的工作区, 可以发现在本题中 $a = 0.1303$, 故针对基于 GM(1, 1) 的灰色预测模型中, 内涵型具有较高的稳定性, 而白化模型不稳定的情形也多是 a 过大导致的. 根据 (1), 当 $a < 13$ 时, 内涵型与白化型可以相互取代, 即数学上等价, 因此该题建立的模型是有较高稳定性的.

17.3.3　问题三的模型建立与求解

1. 问题三的思路

根据 7 种类别事件的发生时间, 建立各类事件发生次数与月份关系的多种数学模型. 首先通过画图初步分析该数据结构, 注意到大多数都不是显著的正相关形态, 因此若采用线性拟合、指数拟合等表征这种相关性的数学模型显然不能有效地显示出数据特征, 而采用插值的数学模型更加难以预测各个月份 (因为插值各个月份的点就是落在插值函数上的). 因此拟合度最优为评价标准, 考虑基于改变次数的多项式回归分析的数理统计思路, 确定每类事件发生次数的最优模型.

2. 模型建立

多项式回归的主要思想[4] 就是通过历史数据拟合出多项式回归的方程, 并利用多项式回归的方程对新的数据进行预测. 在研究或生活中常常会遇到这样一类问题: 假设有一堆离散点 $(x_i, y_i)(i = 0, 1, \cdots, m)$, 需要找到一个多项式函数, 使得离散点到函数上的欧氏距离和最小. 假设多项式函数表示如下

$$P_n(x) = \sum_{k=0}^{n} a_k x^k, \tag{17.17}$$

其中 $a_i, i = 0, 1, \cdots, n$ 为多项式系数. 为了求出这些系数, 我们需要求解如下的极小化问题

$$\min \sum_{i=0}^{n} [P_n(x_i) - y_i]^2, \tag{17.18}$$

也即我们需要求解使得 $\sum_{i=0}^{n}\sum_{k=0}^{n}[a_k x_i^k - y_i]^2$ 取极小的多项式系数 $a_i, i = 0, 1, \cdots, n$. 根据多元函数解算极值的原理, 关于 $a_0, a_1, a_2, \cdots, a_n$ 的线性方程组, 可以用矩阵表示为

$$\begin{bmatrix} m+1 & \sum_{i=0}^{m} x_i & \cdots & \sum_{i=0}^{m} x_i^n \\ \sum_{i=0}^{m} x_i & \sum_{i=0}^{m} x_i^2 & \cdots & \sum_{i=0}^{m} x_i^{n+1} \\ \vdots & \vdots & & \vdots \\ \sum_{i=0}^{m} x_i^n & \sum_{i=0}^{m} x_i^{n+1} & \cdots & \sum_{i=0}^{m} x_i^{2n} \end{bmatrix} \begin{bmatrix} a_0 \\ a_1 \\ \vdots \\ a_n \end{bmatrix} = \begin{bmatrix} \sum_{i=0}^{m} y_i \\ \sum_{i=0}^{m} x_i y_i \\ \vdots \\ \sum_{i=0}^{m} x_i^n y_i \end{bmatrix}. \tag{17.19}$$

解出 $a_0, a_1, a_2, \cdots, a_n$, 这样就可以得到一个离散点集的多项式拟合曲线. 而拟合率采用如下的定义方式. 假设

$$\text{SSR} = \sum_{i=1}^{n} \alpha_i (\bar{y}_i - y_{i0})^2 \tag{17.20}$$

和

$$\text{SST} = \sum_{i=1}^{n} \alpha_i (\bar{y}_i - y_i)^2. \tag{17.21}$$

SSR 是预测数据原始数据均值差的平方和, SST 是原始数据与原始数据均值的平方和. α_i 为权重此处取 1, y_i 为原始数据, y_{i0} 为预测数据, n 为数据个数. 拟合率定义式

$$R^2 = \frac{\text{SSR}}{\text{SST}} \tag{17.22}$$

具体的计算过程可以在 SSR.m 和 SST.m (见附件) 中见到.

3. 模型求解

在拟合过程中, 借助高次多项式拟合可能带来类似龙格现象的拟合情况, 同时我们发现, 在多项式的次数取到第八次的时候绝大多数事件对应的拟合图像都出现了过拟合的现象, 因此本小组选择了 8 作为最大拟合次数.

(如图 17.3, 下面出现了小于零的预测情况, 而事件发生次数必须大于零, 因此不需要也没有必要采取更高次数的多项式拟合.)

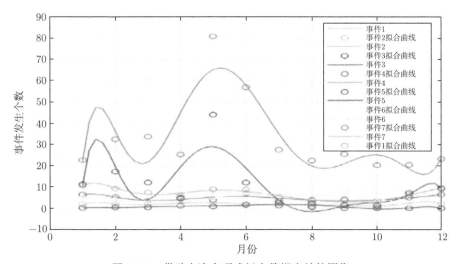

图 17.3 借助高次多项式拟合数据失效的图像

首先从一次多项式开始拟合, 直到拟合到最高次数为 8 的多项式, 分别观察每次的多项式拟合情况. 在此过程中, 我们发现绝大部分的事件都开始出现过拟合的现象了, 例如事件 3 和事件 5 在超过 5 次多项式拟合之后的结果中出现了事件出警次数小于 0 的数据, 因此使用 5 次多项式模型来拟合事件 3 和事件 5 较为合理. 再有, 采用 8 次多项式拟合的事件发生预测情况, 总拟合度为 0.71233, 事件 1—7 对应的曲线拟合度为 0.9095, 0.5952, 0.6345, 0.6694, 0.7566, 0.6686, 0.7525.

除此之外, 本小组还根据每个事件的次数拟合率定义了一个 7×8 的拟合率矩阵, 即把每一次多项式对每一个事件的拟合率都记录下来, 每一列代表对应多项式次数下拟合每个事件的拟合率. 通过观察拟合率矩阵, 我们不难发现除了事件 3 和事件 5 的其他事件的拟合率都在随着多项式次数的增加而逐步收敛. 所以基于收敛这个特质, 本小组设置了一个条件来判断使用何种次数的多项式模型, 也就是在拟合率变化差值小于 0.05 的次数中选择较小的多项式次数. 最终, 得出了本小组拟合结果.

在表 17.7 中, 第 i 行对应次数代表第 i 类事件最适合用多项式拟合系数最高次数. 如第一行中对事件 1 的最优拟合次数为 6, 后面的 x^8 到 x^1 再到常数分别对应着该拟合多项式的各个系数. 若要计算结果, 则仅需代入月份即可.

表 17.7　多项式拟合结果

事件	次数	次数 (拟合率变化 < 0.05)	x^8	x^7	x^6	x^5
1	6	6	0.0000	0.0000	-0.0042	0.1562
2	8	8	-0.0003	0.0157	-0.3386	3.9421
3	5	3	0.0000	0.0000	0.0000	-0.0689
4	5	5	0.0000	0.0000	0.0000	-0.0034
5	7	7	0.0000	-0.0005	0.0238	-0.4212
6	7	7	0.0000	0.0014	-0.0647	1.2154
7	6	7	0.0000	0.0000	-0.0187	0.6261

事件	x^4	x^3	x^2	x^1	常数	拟合率
1	-2.1916	14.2489	-42.9079	48.0996	36.1364	0.9067
2	-26.8066	107.4269	-243.1067	277.8665	-110.0227	0.5952
3	2.3166	-27.7716	140.8100	-281.6902	234.0455	0.4086
4	0.1474	-2.2254	14.6528	-41.4324	62.0455	0.5716
5	3.8108	-18.8252	50.0071	-63.5758	30.0909	0.7407
6	-11.8952	63.9910	-182.5005	243.7374	-92.8182	0.6641
7	-7.4440	36.4520	-63.2622	32.7355	124.0076	0.5682

17.3.4　问题四的模型建立与求解

1. 问题四的思路

首先通过邻接矩阵找出在地理位置上有直接相连的两个区域, 在这两个区域获取从 2016 年到 2020 年五年间所有关于七类事件的事件密度的记录, 对这些数据分别进行基于 Pearson 的相关性分析. 最后根据 Pearson 系数的取值, 选择系数最大的对应的消防事件为区域在消防事件类别上的强相关事件.

2. 模型建立

相关系数可以用来表征两个量之间的相关程度. 设有向量 X 和 Y, 它们的 Pearson 相关系数可通过如下公式得出

$$
\begin{aligned}
\rho_{X,Y} &= \frac{\mathrm{Cov}(X,Y)}{\sigma_X \sigma_Y} = \frac{E((X - \mu_X)(Y - \mu_Y))}{\sigma_X \sigma_Y} \\
&= \frac{E(XY) - E(X)E(Y)}{\sqrt{E(X^2) - E^2(X)}\sqrt{E(Y^2) - E^2(Y)}}.
\end{aligned}
\tag{17.23}
$$

对计算出的相关系数, 我们可经验地通过表 17.8 来判别 X 和 Y 的相关程度. 特别地, 相关系数绝对值取值在 0 与 1 之间. 相关系数的绝对值越接近 1, 相关性越强; 相关系数的绝对值越接近于 0, 相关度越弱. 相关系数为正, 表明两个量之间呈正相关, 反之呈负相关.

表 17.8 相关系数和相关性的关系

相关系数	相关性强度
0.8—1.0	极强相关
0.6—0.8	强相关
0.4—0.6	中等程度相关
0.2—0.4	弱相关
0.0—0.2	极弱相关或无关

3. 模型求解

首先根据图 17.1, 确立区域间的邻接矩阵, 见表 17.9.

注: 考虑到问题的复杂性, 在第四问中认为若区域与区域之间有距离就认为是可达的, 并且记作 $A_{ij} = 1$, 在第六问计算最短路径时再着重讨论距离.

然后, 借助 Excel 统计和计算出 2016—2020 年全部区域各类事件的事件密度以及各区域的人口密度. 对有路径直接相连的两个区域, 获取它们从 2016 年到 2020 年五年间所有关于七类事件的事件密度的记录, 对这些数据按消防事件类别分别进行基于 Pearson 相关系数的相关性分析. 表 17.10 展示了区域 N 和区域 P 之间在七类消防事件上的关联性. 显然, 事件 6 在区域 N 与区域 P 之间的相关性最强, 事件 3 次之. NaN 代表该类事件在某区域或两个区域上没有发生.

事实上, 通过计算 (见附件 MATLAB 代码 Corr_Analysis.m), 我们得到如下关于区域间各类消防事件相关性分析的 Pearson 相关系数阵列 CORR. 其中, 1, 2, 3 分别对应区域的 A, B, C, "无" 代表两个区域间无直接路径, 不予计算. 1×7

的 cell 元胞内包含如表 17.10 所示的数据列, 即两个区域间的七类事件的 Pearson 相关系数.

表 17.9　邻接矩阵

	A	B	C	D	E	F	G	H	I	J	K	L	M	N	P
A	0	11.1	Inf	11.4	Inf	Inf	Inf	Inf	Inf	Inf	Inf	Inf	8.2	Inf	Inf
B	11.1	0	8.2	12.8	Inf	Inf	Inf	Inf	Inf	Inf	Inf	Inf	Inf	Inf	Inf
C	Inf	8.2	0	7.7	11.1	9.4	Inf	Inf	Inf	Inf	Inf	Inf	Inf	Inf	Inf
D	11.4	12.8	7.7	0	Inf	6.9	Inf	Inf	Inf	12.7	Inf	Inf	14.3	10	8.5
E	Inf	Inf	11.1	Inf	0	7.4	Inf	Inf	Inf	Inf	Inf	Inf	Inf	Inf	Inf
F	Inf	Inf	9.4	6.9	7.4	0	Inf	Inf	Inf	Inf	Inf	Inf	Inf	11.2	Inf
G	Inf	Inf	Inf	Inf	Inf	Inf	0	Inf	Inf	12.9	13.4	14.5	Inf	10.6	Inf
H	Inf	Inf	Inf	Inf	Inf	Inf	Inf	0	9	Inf	12.3	Inf	Inf	Inf	Inf
I	Inf	Inf	Inf	Inf	Inf	Inf	Inf	9	0	Inf	Inf	Inf	Inf	Inf	Inf
J	Inf	Inf	Inf	12.7	Inf	Inf	12.9	Inf	Inf	0	9.5	Inf	9.6	6.9	4.2
K	Inf	Inf	Inf	Inf	Inf	13.4	Inf	9.5	0	4.4	15	Inf	Inf		
L	Inf	Inf	Inf	Inf	Inf	14.5	12.3	Inf	Inf	4.4	0	Inf	Inf	Inf	Inf
M	8.2	Inf	Inf	14.3	Inf	Inf	Inf	Inf	Inf	9.6	15	Inf	0	Inf	Inf
N	Inf	Inf	Inf	10	Inf	11.2	10.6	Inf	Inf	6.9	Inf	Inf	Inf	0	5.9
P	Inf	Inf	Inf	8.5	Inf	Inf	Inf	Inf	Inf	4.2	Inf	Inf	Inf	5.9	0

表 17.10　区域 N 与区域 P 就各类消防事件关联性的分析

1	2	3	4	5	6	7
−0.0970	0.2372	0.8089	0.1743	NaN	0.8837	0.4907

　　将 CORR 数据表 17.11 中元胞数据整理出来, 我们得到表 17.12, 区域间各类消防事件相关性分析的 Pearson 相关系数. 以表头下第一行数据为例, 它表明区域 A 和区域 B 在消防事件 7 上具有极强相关的关系.

　　通过表 17.12, 我们以区域间事件相关系数绝对值最大为依据, 整理出相连的两区域间最相关的消防事件类别, 见表 17.13. 同时, 我们也能从表 17.13 中分析出对特定的消防事件类别, 关联性最强的两个区域. 如对消防事件 7, 通过比较相关系数, 我们发现 A 区域和 B 区域相比较其他两个区域, 它们的相关性最高. 也即区域 A 和区域 B 在消防事件 7 的发生次数上走势相近. 反过来, 这说明 A 区域同 B 区域间, 关于事件 7 的相关性最强. 这也可理解为当消防事件 7 在 A 区域发生了, 那么在 B 区域也可能容易发生. 在现实中这很直观, 如 A 和 B 区域均为居住区, 它们发生某种类别的消防事件的可能性都更高.

表 17.11 区域间各类消防事件相关性分析的 Pearson 相关系数

CORR

	1	2	3	4	5	6	7	8	9	10	11	12	13	14	15
1	"无"	1×7 cell	"无"	1×7 cell	"无"	"无"	"无"	"无"	"无"	"无"	"无"	"无"	1×7 cell	"无"	"无"
2	1×7 cell	"无"	1×7 cell	1×7 cell	"无"	"无"	"无"	"无"	"无"	"无"	"无"	"无"	"无"	"无"	"无"
3	"无"	1×7 cell	"无"	1×7 cell	"无"	1×7 cell	"无"	"无"	"无"	"无"	"无"	"无"	"无"	"无"	"无"
4	1×7 cell	1×7 cell	1×7 cell	"无"	1×7 cell	1×7 cell	1×7 cell	"无"	"无"	1×7 cell	"无"	"无"	1×7 cell	1×7 cell	1×7 cell
5	"无"	"无"	"无"	1×7 cell	"无"	"无"	"无"	"无"	"无"	"无"	"无"	"无"	"无"	"无"	"无"
6	"无"	"无"	1×7 cell	1×7 cell	"无"	"无"	"无"	1×7 cell	"无"	"无"	1×7 cell	"无"	"无"	"无"	"无"
7	"无"	"无"	"无"	1×7 cell	"无"	"无"	"无"	1×7 cell	"无"	1×7 cell	1×7 cell	"无"	1×7 cell	"无"	"无"
8	"无"	"无"	"无"	"无"	"无"	1×7 cell	1×7 cell	"无"	1×7 cell	"无"	"无"	"无"	"无"	"无"	"无"
9	"无"	"无"	"无"	"无"	"无"	"无"	"无"	1×7 cell	"无"	"无"	"无"	"无"	"无"	"无"	"无"
10	"无"	"无"	"无"	1×7 cell	"无"	"无"	1×7 cell	"无"	"无"	"无"	"无"	"无"	1×7 cell	1×7 cell	1×7 cell
11	"无"	"无"	"无"	"无"	"无"	1×7 cell	1×7 cell	"无"	"无"	"无"	"无"	1×7 cell	"无"	"无"	"无"
12	"无"	"无"	"无"	"无"	"无"	"无"	"无"	"无"	"无"	"无"	1×7 cell	"无"	"无"	"无"	"无"
13	1×7 cell	"无"	"无"	1×7 cell	"无"	"无"	1×7 cell	"无"	"无"	1×7 cell	"无"	"无"	"无"	1×7 cell	"无"
14	"无"	"无"	"无"	1×7 cell	"无"	"无"	"无"	"无"	"无"	1×7 cell	"无"	"无"	1×7 cell	"无"	1×7 cell
15	"无"	"无"	"无"	1×7 cell	"无"	"无"	"无"	"无"	"无"	1×7 cell	"无"	"无"	"无"	1×7 cell	"无"

表 17.12　区域间各类消防事件相关性分析的 Pearson 相关系数

相关的两地点	相关系数 1	相关系数 2	相关系数 3	相关系数 4	相关系数 5	相关系数 6	相关系数 7
A, B	0.48	0.39	0.67	−0.24	NaN	0.67	0.98
A, D	0.58	−0.11	0.86	0.07	−0.41	0.67	0.92
A, M	0.44	−0.61	0.24	0.31	NaN	NaN	0.29
B, C	0.44	−0.61	0.24	0.31	NaN	NaN	0.29
B, D	0.37	0.25	0.23	0.75	NaN	1	0.94
C, D	−0.13	0.61	0.5	−0.33	1	NaN	0.38
C, E	0.49	−0.53	0.93	0.64	−0.67	NaN	0.96
C, F	0.7	1	0.96	0.18	0.17	NaN	0.91
D, F	0.56	0.61	0.67	−0.21	0.17	−0.41	0.56
D, J	0.82	0.76	0.94	0.61	0.61	−0.48	0.93
D, M	0.36	0.87	0.95	−0.54	−0.17	0.91	0.89
D, N	−0.03	0.46	0.9	0.21	NaN	0.61	0.32
D, P	0.96	0.22	0.79	0.14	0.36	0.8	0.7
E, F	0.13	−0.53	0.96	−0.03	0.17	−0.61	0.95
F, N	−0.39	0	0.9	−0.26	NaN	−0.25	0.65
G, J	0.58	−0.87	0.77	0.35	0.87	−0.78	0.51
G, K	0.62	−0.1	0.87	0	NaN	−0.41	0.02
G, L	0.48	1	0	0.85	0.1	0.34	0.59
G, N	0.48	−0.91	0.82	0.62	NaN	1	0.53
H, I	0.08	0.53	0.91	−0.41	NaN	NaN	0.02
H, L	0.15	0.33	0.81	−0.67	−0.17	NaN	0.45
J, K	0.87	0.37	0.98	−0.28	NaN	0.72	0.84
J, M	0.53	0.43	0.83	−0.15	0.41	−0.61	0.9
J, N	−0.44	0.9	0.71	−0.09	NaN	−0.78	0.5
J, P	0.82	0.33	0.71	0.51	−0.33	−0.49	0.78
K, L	−0.19	−0.1	0.02	−0.23	NaN	0.21	0.75
K, M	0.64	0.13	0.89	−0.74	NaN	−0.49	0.75
N, P	−0.1	0.24	0.81	0.17	NaN	0.88	0.48

表 17.13　区域间最相关的事件类别 (问题四部分答案)

相连两区域	对应区域名称	区域最相关事件类别
1 2	AB	7
1 4	AD	7
1 13	AM	2
2 3	BC	2
2 4	BD	6
3 4	CD	5
3 5	CE	7
3 6	CF	2
4 6	DF	2
4 10	DJ	3
4 13	DM	3

续表

相连两区域	对应区域名称	区域最相关事件类别
4 14	DN	3
4 15	DP	1
5 6	EF	3
6 14	FN	3
7 10	GJ	5
7 11	GK	3
7 12	GL	4
7 14	GN	6
8 9	HI	3
8 12	HL	3
10 11	JK	3
10 13	JM	7
10 14	JN	2
10 15	JP	1
11 12	KL	7
11 13	KM	7
14 15	NP	3

17.3.5 问题五的模型建立与求解

1. 求解思路

我们对数据做了汇总整理, 统计出 2016—2020 年五年各类消防事件发生的频次数, 然后利用附件 1 提供的区域信息计算出各类消防事件的事件密度 (次/(周 × 公里 ^{2})) 以及区域人口密度 (万人/公里 ^{2}). 在此数据基础上, 我们借助散点图对消防事件密度与人口密度数据进行可视化, 计算各事件密度与区域人口密度的 Pearson 相关系数, 进一步, 用线性函数拟合, 获得斜率值, 进而判断人口密度对消防事件类别的影响程度.

2. 模型的建立与求解

首先根据附件 1 和附件 2, 统计并计算出 2016—2020 年五年各类消防事件发生的总次数、各类消防事件的事件密度 (次/周/平方公里) 和区域人口密度 (万人/平方公里), 见表 17.14.

然后, 根据各区域的人口密度和各类事件密度数据做散点图和进行关联性分析, 可以得到如表 17.15 所示的计算数据.

初步的描点画图如下: 以人口密度作为横坐标, 以各个区域发生的事件密度作为纵坐标, 描点画图 (图 17.4), 初步评估人口密度与事件密度之间的变化趋势.

基于 Pearson 相关系数的相关性分析以及描点画图的结果可以看出: 人口密度同各类事件的事件密度呈现显著的正相关性. 它们之间的正相关性可以采用线性拟合的方法进行量化, 进而测算比较.

通过采用同多项式拟合类似的方法做线性函数拟合, 我们获得七类事件的事件密度关于人口密度的线性函数, 通过比较斜率来判断它们受人口密度影响程度的大小. 通过编程计算, 我们得到七类事件的事件密度关于人口密度的线性函数斜率值, 进而给出它们受人口密度影响的程度, 见表 17.16.

表 17.14　区域的人口密度 (万人/平方公里) 及事件密度 (次/周/平方公里)

区域	人口密度	事件密度 1	事件密度 2	事件密度 3	事件密度 4	事件密度 5	事件密度 6	事件密度 7
A	0.0736	0.0007	0.0002	0.0008	0.0007	0	0.0001	0.0033
B	0.073	0.0006	0.0001	0.0005	0.0002	0	0.0001	0.0022
C	0.0631	0.0005	0	0.0006	0.0004	0.0001	0	0.0024
D	0.081	0.001	0.0005	0.0013	0.0007	0.0001	0.0001	0.0042
E	0.0833	0.0009	0.0001	0.0022	0.0003	0.0001	0.0001	0.0048
F	0.0775	0.0012	0	0.0011	0.0004	0.0001	0	0.004
G	0.0684	0.0007	0.0001	0.0011	0.0006	0.0001	0.0001	0.004
H	0.0654	0.0006	0.0002	0.0005	0.0005	0.0001	0	0.0025
I	0.062	0.0002	0	0.0003	0.0002	0	0	0.0015
J	0.073	0.001	0.0007	0.0014	0.0006	0.0001	0.0004	0.0038
K	0.0666	0.0006	0.0001	0.0009	0.0003	0	0.0001	0.0033
L	0.0458	0.0001	0.0001	0.0007	0.0004	0.0001	0.0002	0.0014
M	0.0824	0.0005	0.0002	0.0016	0.0004	0.0001	0.0002	0.004
N	0.0842	0.0006	0.0002	0.0013	0.0003	0	0	0.0019
P	1.6061	0.0677	0.0194	0.0909	0.0495	0.0074	0.0902	0.31

表 17.15　各个事件密度关于人口密度的相关性

事件 1	事件 2	事件 3	事件 4	事件 5	事件 6	事件 7
0.99980261	0.999357409	0.999819439	0.99960451	0.999421313	0.999668894	0.999799955

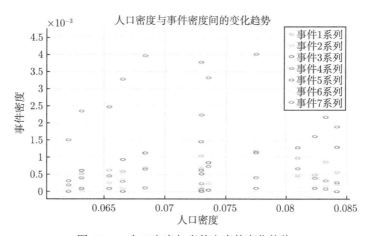

图 17.4　人口密度与事件密度的变化趋势

表 17.16　　事件受人口密度影响的线性函数拟合斜率及影响程度

各个事件	拟合斜率	受人口密度影响程度
事件 1	0.0437	第四
事件 2	0.0125	第六
事件 3	0.0586	第三
事件 4	0.032	第五
事件 5	0.0048	第七
事件 6	0.0587	第二
事件 7	0.1999	第一

我们发现, 在此地, 事件 7 受到人口密度影响程度最大, 位于第一, 其次是事件 6. 之后分别是事件 3, 1, 4, 2, 5.

17.3.6　问题六的模型建立与求解

1. 问题六的思路

在问题六的求解上, 本小组从以下 5 个指标出发, 给各区域建立消防站进行评估: 出警距离、出警经过区域次数、各类事件密度在空间上的相关性、区域的人口密度以及各地的出警数量. 接着利用 TOPSIS 模型求解, 得到各区域建立消防站顺序的排序.

本小组选用 5 个指标的原因分别在于:

(1) 消防出警就是和时间赛跑, 时间越短越好, 故出警距离越短, 评分越高.

(2) 出警经过某区域次数越多, 说明此区域四通八达, 可以看作交通枢纽, 占据着有利地形.

(3) 由问题四的分析可以得知, 不同区域中存在着相关性最强的事件类别, 即在某一片区域里, 会经常性地发生某起事件, 因此可以有针对性地设立消防站.

(4) 由问题五的分析可以得知人口密度与消防事件发生呈正相关性, 因此人口越多, 该地的消防隐患越高, 越应该在这里建消防站.

(5) 由问题三的分析可以得知各地的出警数量, 这显然是同火情的出现次数相挂钩的. 因此可以作为评估建设消防站的标准.

2. 模型建立

Floyd 算法思想[7,8]: 从任意节点 A 到任意节点 B 的最短路径不外乎两种可能, 一是直接从 A 到 B; 二是从 A 经过若干个节点到 B.

假设 dsit(AB) 为节点 A 到节点 B 的最短路径的距离, 对于每一个节点 K, 检查

$$\text{dist}(AK) + \text{dist}(KB) < \text{dist}(AB) \tag{17.24}$$

是否成立. 如果成立, 证明从 A 到 K 再到 B 的路径比 A 直接到 B 的路径短, 即设置

$$\mathrm{dist}(AB) = \mathrm{dist}(AK) + \mathrm{dist}(KB), \tag{17.25}$$

遍历完 K, $\mathrm{dist}(AB)$ 所有节点中记录的便是 A 到 B 的最短路径的距离.

已知图 $G = \{V, E\}$, 构筑权值邻接矩阵

$$N = [a(i,j)](n \times n), \tag{17.26}$$

同时还可引入一个后继节点矩阵

$$\mathrm{path} = [a(i,j)](n \times n) \tag{17.27}$$

来记录两点间的最短路径. 具体算法步骤如下:

(1) 从任意一条单边路径开始. 所有两点之间的距离是边的权, 如果两点之间没有边相连, 则权为无穷大, 构筑出图权值邻接矩阵 A 和节点矩阵 path.

(2) 插入节点, 对于每一对顶点 i 和 j, 看看是否存在一个顶点 k, 使得从 i 到 k 再到 j 比已知的路径更短. 如果存在顶点 k, 更新结果.

(3) 重复上述步骤 (2), 直到遍历所有节点直至结束.

熵权法[5,6] 可以用来判断某个指标对方案的综合评价的影响. 借助信息熵计算公式, 我们可以计算各个指标的评分, 进而计算各个方案的总得分来辅助决策. 设有 n 项评价指标、m 个方案 (本案例中及候选的消防站选址区域), 熵权法的计算步骤如下:

(1) 设 x_{ij} 表示第 i 项指标对应第 j 个方案的打分, 从而我们有数据矩阵列 $(x_{ij})_{n \times m}$. 为了后续处理, 我们对数据进行归一化和非负数化处理, 记处理后结果为 y_{ij}, 如果指标值越大越好, 那么

$$y_{ij} = \frac{x_{ij} - \min(x_{i1}, x_{i2}, \cdots, x_{im})}{\max(x_{i1}, x_{i2}, \cdots, x_{im}) - \min(x_{i1}, x_{i2}, \cdots, x_{im})}. \tag{17.28}$$

如果指标值越小越好, 那么

$$y_{ij} = \frac{\max(x_{i1}, x_{i2}, \cdots, x_{im}) - x_{ij}}{\max(x_{i1}, x_{i2}, \cdots, x_{im}) - \min(x_{i1}, x_{i2}, \cdots, x_{im})}. \tag{17.29}$$

从而我们可以得到标准化处理后的矩阵 $\begin{pmatrix} y_{11} & y_{12} & \cdots & y_{1m} \\ y_{21} & y_{22} & \cdots & y_{2m} \\ \vdots & \vdots & & \vdots \\ y_{n1} & y_{n2} & \cdots & y_{nm} \end{pmatrix}$.

(2) 依据标准化矩阵, 计算各个方案的熵值:

$$H_j = -\frac{1}{\log n} \sum_{i=1}^{n} f_{ij} \ln f_{ij}, \quad j = 1, 2, \cdots, m, \tag{17.30}$$

其中 f_{ij} 表示第 i 项指标对应第 j 个方案的值所占该项指标的比重, 计算如下

$$f_{ij} = \frac{y_{ij} + 1}{\sum\limits_{i=1}^{n} y_{ij} + 1}. \tag{17.31}$$

传统的熵权法采用 $f_{ij} = \dfrac{y_{ij}}{\sum\limits_{i=1}^{n} y_{ij}}$ 且约定当 $f_{ij} = 0$ 时 $f_{ij} \log f_{ij} = 0$, 该方法有一定的局限性, 为此本案例采用了上式来进行计算.

(3) 依据信息熵, 各个方案的权值可计算如下

$$v_j = \frac{1 - H_j}{n - \sum\limits_{j=1}^{m} H_j}, \tag{17.32}$$

其中 H_j 表示第 j 个方案对应的熵值, v_j 表示第 j 个方案的权值, m 表示方案数量.

3. 模型求解

指标一 ω_1: 对特定区域, 通过 Floyd 算法计算其他区域到这个区域的最短距离, 获得最短路径矩阵 M_d. 对距离求和, 得到该区域到其他各个区域的距离总和, 记为 ω_1. 表 17.17 展示了指标 ω_1 的结果.

表 17.17 最短路径矩阵 M_d

	A	B	C	D	E	F	G	H	I	J	K	L	M	N	P
A	0	11.1	19.1	11.4	25.7	18.3	30.7	39.9	48.9	17.8	23.2	27.6	8.2	21.4	19.9
B	11.1	0	8.2	12.8	19.3	17.6	33.4	51	60	25.5	34.3	38.7	19.3	22.8	21.3
C	19.1	8.2	0	7.7	11.1	9.4	28.3	46.6	55.6	20.4	29.9	34.3	22	17.7	16.2
D	11.4	12.8	7.7	0	14.3	6.9	20.6	38.9	47.9	12.7	22.2	26.6	14.3	10	8.5
E	25.7	19.3	11.1	14.3	0	7.4	29.2	51.7	60.7	25.5	35	39.4	28.6	18.6	22.8
F	18.3	17.6	9.4	6.9	7.4	0	21.8	44.3	53.3	18.1	27.6	32	21.2	11.2	15.4
G	30.7	33.4	28.3	20.6	29.2	21.8	0	26.8	35.8	12.9	13.4	14.5	22.5	10.6	16.5
H	39.9	51	46.6	38.9	51.7	44.3	26.8	0	9	26.2	16.7	12.3	31.7	33.1	30.4
I	48.9	60	55.6	47.9	60.7	53.3	35.8	9	0	35.2	25.7	21.3	40.7	42.1	39.4
J	17.8	25.5	20.4	12.7	25.5	18.1	12.9	26.2	35.2	0	9.5	13.9	9.6	6.9	4.2
K	23.2	34.3	29.9	22.2	35	27.6	13.4	16.7	25.7	9.5	0	4.4	15	16.4	13.7
L	27.6	38.7	34.3	26.6	39.4	32	14.5	12.3	21.3	13.9	4.4	0	19.4	20.8	18.1
M	8.2	19.3	22	14.3	28.6	21.2	22.5	31.7	40.7	9.6	15	19.4	0	16.5	13.8
N	21.4	22.8	17.7	10	18.6	11.2	10.6	33.1	42.1	6.9	16.4	20.8	16.5	0	5.9
P	19.9	21.3	16.2	8.5	22.8	15.4	16.5	30.4	39.4	4.2	13.7	18.1	13.8	5.9	0

由图 17.1 并结合表 17.17 可知, 能使得出警距离最小的区域为 J 区域, 其次是 P 区域, N 区域, M 区域, K 区域······, 已知 J 处和 N 处已经设立了消防站, 从侧面反映出我们的选择标准一是合理的.

在计算最短路径 M_d 的同时, 我们给出路径矩阵 M_p, 见表 17.18.

表 17.18　实验数据信息

	A	B	C	D	E	F	G	H	I	J	K	L	M	N	P
A	1	2	4	4	4	4	13	13	13	13	13	13	13	4	4
B	1	2	3	4	3	3	4	1	1	4	1	1	1	4	4
C	4	2	3	4	5	6	4	4	4	4	4	4	4	4	4
D	1	2	3	4	6	6	14	10	10	10	10	10	13	14	15
E	6	3	3	6	5	6	6	6	6	6	6	6	6	6	6
F	4	3	3	4	5	6	14	14	14	14	14	14	4	14	4
G	10	14	14	14	14	14	7	12	12	10	11	12	10	14	14
H	12	12	12	12	12	12	12	8	9	12	12	12	12	12	12
I	8	8	8	8	8	8	8	8	9	8	8	8	8	8	8
J	13	4	4	4	14	14	7	11	11	10	11	11	13	14	15
K	13	13	10	10	10	10	7	12	12	10	11	12	13	10	10
L	11	11	11	11	11	11	7	8	8	11	11	12	11	11	11
M	1	1	4	4	4	4	10	11	11	10	11	11	13	10	10
N	4	4	4	4	6	6	7	10	10	10	10	10	10	14	15
P	4	4	4	4	4	4	14	10	10	10	10	10	10	14	15

指标二 ω_2: 借助 Excel, 本小组统计出各个区域发生消防事件的总次数, 同时, 基于最短路径矩阵 M_d 和路径矩阵, 统计出各个区域被经过的次数. 表 17.19 展示了相关结果. 我们可以考虑将区域发生的消防事件总次数作为指标 ω_2, 也可以考虑将区域被最短路径经过的总次数作为 ω_2.

表 17.19　各区域发生消防事件次数与被经过的次数

地区编号	各个地点经过次数	发生事件的次数
A	10	157
B	4	117
C	9	92
D	44	153
E	3	245
F	18	153
G	5	196
H	17	105
I	2	73
J	32	155
K	21	180
L	20	101
M	14	216
N	22	99
P	4	1641

指标三 ω_3: 由问题四的结果我们不难发现 P 区域事件 7 的发生率相当之高, 说明 P 区域与事件 7 具有很强的相关性. 同理, J 区域事件 6 的发生率较之其他区域也偏高. J 区域已经设立了消防站, 故也从侧面印证出指标三有理可循. 表 17.20 展示了 2016 年各区域各类消防事件的事件密度 (次/(周·平方公里)). 其他年份的数据在支撑材料中. 此处不做展示. 指标 ω_3 代表各类消防事件的事件密度.

表 17.20 2016 年各区域各类消防事件的事件密度 (次/(周·平方公里))

事件所在的区域	事件 1 事件密度	事件 2 事件密度	事件 3 事件密度	事件 4 事件密度	事件 5 事件密度	事件 6 事件密度	事件 7 事件密度
A	0.00073	0.00023	0.00084	0.00073	0.00004	0.00011	0.00332
B	0.00061	0.0001	0.00051	0.00022	0	0.00006	0.00223
C	0.00052	0.00004	0.00061	0.00039	0.00009	0	0.00235
D	0.00097	0.00046	0.00128	0.00066	0.0001	0.0001	0.00424
E	0.00086	0.00014	0.00217	0.00031	0.00007	0.0001	0.0048
F	0.00117	0.00005	0.00113	0.00041	0.00009	0.00005	0.00402
G	0.00068	0.00007	0.00112	0.00064	0.0001	0.00007	0.00397
H	0.00062	0.00025	0.00045	0.00045	0.00008	0	0.00247
I	0.00018	0.00003	0.00031	0.00018	0	0.00003	0.0015
J	0.00104	0.00067	0.00145	0.00062	0.00005	0.00041	0.00378
K	0.00058	0.00009	0.00093	0.00029	0	0.00006	0.00328
L	0.00015	0.00006	0.00069	0.00042	0.00009	0.00018	0.00144
M	0.00048	0.00019	0.00161	0.00039	0.0001	0.00019	0.00399
N	0.00056	0.00022	0.00129	0.00026	0	0.00004	0.00189
P	0.06773	0.01935	0.09095	0.04954	0.00735	0.09017	0.31

指标四 ω_4: 由问题五分析可知事件 7、事件 6、事件 3 和事件 1 受人口密度影响程度较大 (表 17.2 和图 17.5).

指标五 ω_5: 将之前第二问和第三问统计完成的出警数量作为 ω_5. 以此五个评价标准作为执行熵权计算的评估指标.

利用 TOPSIS 模型求解:

(1) G1 赋权法.

分别用 $\omega_1, \omega_2, \omega_3, \omega_4, \omega_5$ 代表出警距离、出警经过区域次数、各类事件密度在空间上的相关性、区域的人口密度、各地的出警数量. 并确定四个指标之间的序关系为

$$\omega_1 > \omega_2 > \omega_3 > \omega_4 > \omega_5. \tag{17.33}$$

根据重要程度分析法对 r_k 进行赋值, 构造 r_k 的赋值表, 见表 17.21.

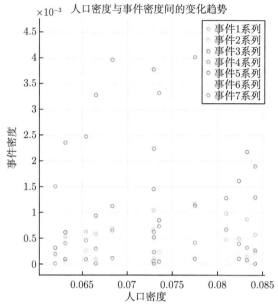

图 17.5　第五问题的变化趋势

表 17.21　r_k 的含义

r_k	含义
1.0	指标 ω_{k-1} 与指标 ω_k 同等重要
1.2	指标 ω_{k-1} 比指标 ω_k 稍重要
1.4	指标 ω_{k-1} 比指标 ω_k 明显重要
1.6	指标 ω_{k-1} 比指标 ω_k 极其重要
1.8	指标 ω_{k-1} 比指标 ω_k 强烈重要

根据表 17.21 标准, 通过赋权计算可以得到以下四部分:

$$r_2 = \frac{\omega_1}{\omega_2} = 1.2, \quad r_3 = \frac{\omega_2}{\omega_3} = 1.2, \quad r_4 = \frac{\omega_3}{\omega_4} = 1.2, \quad r_5 = \frac{\omega_4}{\omega_5} = 1, \tag{17.34}$$

$$r_2 r_3 r_4 r_5 = 1.7280, \quad r_3 r_4 r_5 = 1.4400, \quad r_4 r_5 = 1.2000, \quad r_5 = 1, \tag{17.35}$$

$$r_2 r_3 r_4 r_5 + r_3 r_4 r_5 + r_4 r_5 + r_5 = 5.3680, \tag{17.36}$$

$$\omega_5 = \left(1 + \sum_{k=2}^{6} \prod_{i=k}^{6} r_i\right)^{-1} = (1 + 5.3680)^{-1} = 0.1570, \tag{17.37}$$

$$\omega_4 = \omega_5 r_5 = 0.1570, \quad \omega_3 = \omega_4 r_4 = 0.1184, \quad \omega_2 = \omega_3 r_3 = 0.2261 \tag{17.38}$$

$$\omega_1 = \omega_2 r_2 = 0.2713. \tag{17.39}$$

之后赋权计算可以得到如下权重比例:

$$\bar{v}_1 = (0.2713, 0.2261, 0.1184, 0.1570, 0.1570). \tag{17.40}$$

(2) 熵值法.

以 15 个地区和 5 项评价指标, 形成一个数据矩阵 $W_{m \times n}$, 其中 $m = 15$, $n = 4$.

$$W = \begin{bmatrix} w_{11} & \cdots & w_{1n} \\ \vdots & & \vdots \\ w_{m1} & \cdots & w_{mn} \end{bmatrix}, \tag{17.41}$$

其中 w_{ij} 表示第 i 个地区的第 j 个指标数值. 得到数据矩阵 $W_{m \times n}$ 后计算在第 j 项指标下第 i 个未评价地区占该指标的比重, 公式如下 (其中 $j = 1, 2, \cdots, n$):

$$P_{ij} = \frac{w_{ij}}{\sum\limits_{i=1}^{m} w_{ij}}. \tag{17.42}$$

计算第 j 项指标的熵值, 公式如下:

$$e_j = -k \sum_{i=1}^{m} p_{ij} \ln(p_{ij}), \tag{17.43}$$

其中 $\ln(\cdot)$ 为自然对数. 公式中 $k > 0$, 与样本数 n 有关. 若取

$$k = \frac{1}{\log n}, \tag{17.44}$$

则 $0 \leqslant e_j \leqslant 1$.

计算第 j 项指标的差异系数, 指标 x_{ij} 的差异越大、熵值越小. 公式如下:

$$g_j = 1 - e_j. \tag{17.45}$$

最后求权 $(j = 1, 2, \cdots, m)$:

$$v_j = \frac{g_j}{\sum\limits_{j=1}^{m} g_j}. \tag{17.46}$$

用 MATLAB 计算得到结果为

$$\bar{v}_2 = (0.3247, 0.2538, 0.1684, 0.1658, 0.0351) \quad (\beta = 0.5). \tag{17.47}$$

(3) 组合权重.

由于 G1 赋权法确定权重偏向主观性强, 熵值法确定权重客观性强, 而综合评价时主观性与客观性都需要考虑, 因此采用组合权重的方法, 即

$$V = \beta V_1 + (1-\beta)V_2, \tag{17.48}$$

其中 $0 < \beta < 1$, 由决策者讨论得到 $\beta = 0.5$ 将两个方法的权重加权求和并进行归一化处理, 得到结果如下:

$$V = \beta \bar{v}_1 + (1-\beta)\bar{v}_2 = (0.3247, 0.2538, 0.1684, 0.1658, 0.0351). \tag{17.49}$$

(4) TOPSIS 综合评价.

TOPSIS 综合评价的基本原理是将 n 个评价指标看作 n 条坐标轴, 从而构造出一个 n 维空间. 将每个待评价的单位看作是这个 n 维空间上的一个点. 在这个 n 维空间中找到对于所有评价指标而言的最优点坐标与最差点坐标, 即正理想解与负理想解. 再求出空间中每个点的坐标正理想值与负理想值的坐标距离.

首先对指标进行规范化处理, 运用 MATLAB 进行计算公式如下:

$$b_{ij} = \frac{\omega_{ij}}{\sqrt{\sum_{i=1}^{n} \omega_{ij}^2}}, \tag{17.50}$$

其中 ω_{ij} 表示第 i 个待评价地区在第 j 个指标上的取值. 得到一个新的矩阵 B, 见表 17.22. 根据 $C = BV$, 计算出正理想解 C^+ 与负理想解 C^-:

$$C^+ = [C_1^+, C_2^+, C_3^+, C_4^+, C_5^+], \quad C^- = [C_1^-, C_2^-, C_3^-, C_4^-, C_5^-], \tag{17.51}$$

其中 $j = 1, 2, \cdots, n$, 而

$$C_j^+ = \begin{cases} \max_i C_{ij}, & \text{若第 } j \text{ 评价指标是正向指标 (值越大越好)}, \\ \min_i C_{ij}, & \text{若第 } j \text{ 评价指标是负向指标 (值越小越好)}, \end{cases} \tag{17.52}$$

$$C_j^- = \begin{cases} \min_i C_{ij}, & \text{若第 } j \text{ 评价指标是正向指标 (值越大越好)}, \\ \max_i C_{ij}, & \text{若第 } j \text{ 评价指标是负向指标 (值越小越好)}, \end{cases} \tag{17.53}$$

五个评价指标分别为出警距离、出警经过区域次数、各类事件密度在空间上的相关性、区域的人口密度、各地的出警数量, 其中出警经过区域次数、各类事件密度在空间上的相关性、区域的人口密度、各地的出警数量四个指标均为值越大指标越好, 但出警距离应是值越小指标越好.

表 17.22 B 矩阵

B 矩阵	1	2	3	4	5
1	0.0663	0.0275	0.0016	0.0425	0.0201
2	0.0769	0.011	0.0009	0.0567	0.015
3	0.0669	0.0248	0.0025	0.0416	0.0041
4	0.0522	0.1212	0.002	0.0354	0.0196
5	0.0798	0.0083	0.0037	0.0524	0.0314
6	0.0624	0.0496	0.0034	0.0402	0.0196
7	0.065	0.0138	0.0033	0.0534	0.0174
8	0.094	0.0468	0.0012	0.0439	0.0135
9	0.118	0.0055	0.0005	0.059	0.0094
10	0.0489	0.0881	0.0019	0.035	0.0199
11	0.0588	0.0578	0.0012	0.00624	0.0231
12	0.0663	0.0551	0.0008	0.0605	0.013
13	0.058	0.0386	0.0021	0.0562	0.0277
14	0.0521	0.0606	0.0011	0.042	0.0127
15	0.0505	0.011	0.2215	0.0047	0.2104

然后, 计算各评价对象到正理想解与负理想解的距离.

第 i 个指标对象到正理想解的距离为

$$s_i^* = \sqrt{\sum_{i=1}^{5}(C_{ij} - C_j^*)^2}, \quad i = 1, 2, \cdots, 15. \tag{17.54}$$

第 i 个评价对象到负理想解的距离为

$$s_i^0 = \sqrt{\sum_{i=1}^{5}(C_{ij} - C_j^0)^2}, \quad i = 1, 2, \cdots, 15. \tag{17.55}$$

各方案的排序指标值

$$f_i^* = \frac{s_i^0}{s_i^0 + s_i^*}, \quad i = 1, 2, \cdots, 15. \tag{17.56}$$

计算排序指标值 f_i^* 如表 17.23 所示.

由结果可知, 综合考虑五个指标及主客观因素, 选取排序第一的区域 P 为新建消防站, 依次每隔 3 年新建消防站区域应为 D, K, L.

表 **17.23**　各区域排序

地区排序	排序指标值
P	0.6877
D	0.3297
K	0.2586
L	0.24
M	0.2307
F	0.2104
G	0.1912
E	0.186
B	0.1834
H	0.182
A	0.1809
C	0.1673
I	0.1652

17.4　模型的评价

17.4.1　模型优点

(1) 建立了规划模型能与实际紧密联系, 结合实际情况对问题进行求解, 使得模型具有很好的通用性和推广性.

(2) 模型的计算采用专业的数学软件, 可信度较高.

(3) 对附件中的表格进行了大量的处理, 找到了许多变量之间的潜在关系.

(4) 对模型中涉及的众多影响因素进行了量化分析, 使得论文有说服力.

17.4.2　模型缺点

(1) 灰色预测模型只适用于中短期的预测和指数增长的预测, 像 2020 年突然暴发的疫情显然打乱了出警次数的增长, 使得预测结果与真实值差距不小.

(2) 熵权法缺乏各指标之间的横向比较, 且各指标的权数随样本的变化而变化, 权数依赖于样本, 在应用上受限制.

(3) 最小二乘法是线性估计, 已经默认了两者是线性的关系, 使用具有一定的局限性.

17.5　模型改进推广

17.5.1　模型改进

问题二可以采用多种预测模型求解, 例如神经网络、时间序列等方法. 也可以将考虑每日出警次数借助马尔可夫预测模型计算, 最后按月求和来得到 2021 年每月出警次数的预测数据.

问题四是基于有连接的区域来计算得到事件的区域相关性和不同区域相关性最强的事件类别的. 事实上, 我们完全可以摒弃连接的区域这个要求, 而计算任意两个区域之间的事件相关性. 当然, 本案例的做法也是合理的. 没有连接, 则没有相关.

对于问题六, 当制定新建消防站选址决策后, 还应结合实际情况, 再次评估场上环境, 验证决策的最终可行性.

17.5.2　模型推广

通过对本例消防救援数据以及求解问题的分析, 我们不难发现这是一类基于数据的分析与决策规划问题. 规划问题是运筹学的一个重要分支, 它在解决工业生产、经济组织、人机系统管理中都发挥着重要作用. 本案例是在历史数据基础上来合理安排消防值班人员, 探究消防事件类别与区域、区域人口密度等因素之间的关联度. 进一步, 通过基于路径最优的策略来决策新的消防站选址问题.

合理选址设立新的消防站, 使得成本最小, 效益最高, 通过资源配置最优化来杠杆平衡分配关系. 决策者要通过概念抽象关系分析, 将各类影响因子放入规划模型中, 可以通过相关的计算机软件得到兼顾全局的最优解, 因此模型的使用范围非常广泛. 比如涉及投资时有限的资金如何分配到各种投资方式上, 工厂选址时要兼顾距离原料区和服务区的路程这一类问题均能得到较好的解决.

17.6　案 例 小 结

该案例旨在让本科生、研究生了解数据建模与计算, 掌握多模型融合、多算法集成的理论与方法. 具体来说, 就是要掌握数学思想, 培养数学思维, 学会数据建模, 建立数学与工业应用的桥梁; 深入学习交叉学科知识, 学会算法设计与数值模拟, 以解决工程技术中的数学问题; 激励大家多学多用数学与统计, 活学活用数学与统计, 在学习与研究中, 学有所获, 积累成果和信心.

参 考 文 献

[1] 姜启源, 谢金星, 叶俊. 数学模型 [M]. 北京: 高等教育出版社, 2011.

[2] 武群丽, 滕全福, 孟明. 基于灰色模型的天津市住宅项目人工费预测研究 [J]. 数学的实践与认识, 2021, 51(16): 289-293.

[3] Gao T T, Liu X F, Zhang R. Research on the development trend of new energy vehicles based on GM(1.1)[J]. IOP Conference Series: Earth and Environmental Science, 2019, 233(5): 052010.

[4] 王昭文, 姚毅, 唐碧莹, 伍秋谱. 基于最小二乘法的电化学传感器温漂补偿研究 [J]. 工业仪表与自动化装置, 2021(2): 69-73.

[5]   杜红乐, 张燕. 基于 APH-熵权法的影响因素研究——以商洛市旅游特色小镇可持续发展为例 [J]. 湖北农业科学, 2021, 60(9): 170-174.

[6]   Men B H, Fu Q, Zhao X J. Study on entropy weight coefficient method and application for water quality evaluation[J]. 东北农业大学学报 (英文版), 2004, 11(1): 66-68.

[7]   刘芳, 李思凡, 张超平. 基于 Floyd 算法的景区游历路线规划问题 [J]. 农村经济与科技, 2021, 32(3): 83-84, 126.

[8]   Wei D C. An optimized Floyd algorithm for the shortest path problem[J]. Journal of Networks, 2010, 5(12): 1496-1504.

后记 模型融合和算法集成是上策

掩书而思. 本书撰写完毕, 即将交由出版, 顿时有着一种如释重负之感, 心中追求的 "多模型结合、多算法集成" 的数据建模与计算案例宛若天上的群星, 灿烂闪烁、伸手可摘!

回顾两年来, 参加新工科项目 "数据计算及应用专业跨学科多主体协同育人模式的探索与实践"(批准号: E-DSJ20201110) 的二十所高校的教授和骨干教师, 围绕应用理科数学类专业建设和人才培养, 勠力同心, 孜孜研习, 聚焦立德树人和数据建模与计算, 开展了人才培养模式之探索.

课题组的专家同行坚持线下研讨、线上交流, 并依托数据计算及应用虚拟教研室开展研讨活动, 在人才培养目标确立、知识体系构建、课程体系与培养方案完善、多主体协同育人、研究性学习模式、科研促教学、资源共建共享、师资培训等方面形成了诸多共识, 积累了丰富的成果. 尤其值得一提的是, 数据建模与计算案例、教学设计案例、课堂教学艺术充分体现了课题组的高水平的学术贡献!

正如序言所言: "让模型和算法点亮数据的光芒," 编写本书, 目的是为数智时代的大学生、研究生、教师和感兴趣的研究人员提供一本聚焦数据建模与计算案例的交叉学科书, 让读者思考数据计算、活学活用数学的思维与热情.

第 1 章数据建模与计算概述中, 特别强调数学类专业、统计类专业、数据科学类专业学生需接受数据思维、数据建模与计算综合训练, 以适应并引领数智时代的数字中国建设之需求.

在共性算法篇中, 示例性地撰写了交替方向乘子法求解若干图像处理问题、基于径向基函数隐式表示的几何图形重建、数据拟合的梯度型优化算法、数值微分的计算方法及应用等算法, 这些算法在数据处理与分析中应用广泛并持续改进发展中.

在数据建模与计算篇中, 作者们撰写了低剂量 CT 成像模型及算法研究、心电图识别的深度神经网络算法、数据驱动下新冠肺炎基本再生数的计算方法、基于高斯-马尔可夫模型的量化择时策略、化学反应的 pH 值变化回归与机理融合模型、财务预警模型与实证分析、音乐流派分类案例、热防护服装 (TPC) 参数优化的多算法集成、DNA 结合蛋白质预测、测量数据的建模与计算、消防救援优化问题的建模与计算等专题案例.

这些案例大多都是来源于数据建模与计算案例科研项目, 有的是与数据行业单位共同撰写的, 这些案例的解决方案是开放的, 期待作者和读者继续优化上述案例中的模型和算法, 获得有创新的成果, 更期待今后持续补充更多领域中的数据建模与计算的案例!

基于机理模型和数据统计生成性模型的融合模型, 是本书强调的数据建模策略, 其优势在于揭示了事物发展的规律性, 又获取了有价值的数据补充. 基于融合模型的计算结果更加可信、精度更高、可解释性和泛化能力进一步提升. 鉴于此, 我们将进一步探索统计模型、优化模型、机理模型的深度融合, 进一步研究统计计算方法、机器学习方法、深度神经网络方法、优化算法、微分方程数值解法的有效集成. 另外, 期待数据科学学界、数据工程业界协同努力、潜心合作, 编写出更多更有趣的高水平数据建模与计算案例, 共同促进数据人才培养和科研创新.

本书作为一种数据建模与计算案例研究与学生训练的探索, 唯愿抛砖引玉, 诚望学界专家、业界学者多多审阅、批评指正, 年轻学生和各方读者多多研读、躬行实践, 我们将吸收大家意见与建议, 不断完善本书.

索　引